Erich Preuß

Eisenbahn-Attentate

Erich Preuß

Eisenbahn-Attentate

- Anschläge
- Erpressungen
- Sabotage

Einbandgestaltung: Andreas Pflaum
Titelbild: Entgleisung des Güterzuges in Klein Bünzow am 18. 12. 1998.
Fotos: dpa/Sauer, BGS

ISBN: 3-613-71145-1

Ein Unternehmen der Paul Pietsch Verlage GmbH+Co
1. Auflage 2000

Lektorat: Claus-Jürgen Jacobson
Innengestaltung: Viktor Stern
Druck: Gulde-Druck, 72072 Tübingen
Bindung: E. Riethmüller, 70176 Stuttgart
Printed in Germany

Vorwort

Nicht erst Ende 1998, als die Medien ihre Nachrichten und Berichte über gegen die Deutsche Bahn gerichtete Erpressungen und Attentate zum herausragenden Thema machten, hatte ich die Idee, diese bizarre Seite von Eisenbahngeschichte auszuleuchten. Vielmehr recherchierte ich bereits seit Jahren zu diesem Thema.

Dass eine Bahn unter Druck gesetzt wird, war mir nichts Neues, wohl aber jenen Redaktionen und Journalisten, die seit der ICE-Katastrophe von Eschede am 3. Juni 1998 entdeckt hatten, dass Eisenbahnbetrieb auch seine dunklen Seiten hat. Dass unter dem Druck der Konkurrenz jede Zeitung und jeder Sender seine Sensation benötigt, erweckte in der Öffentlichkeit den Anschein, als sei eine Erpressung der Deutschen Bahn etwas Außergewöhnliches. Das war und ist sie nicht, allenfalls eine Spezialität von Produkterpressung, mit denen die Konzerne immer wieder unter Druck gesetzt werden. Die meisten Erpresser treibt der Wahn, auf leichte Weise viel Geld in die Hände zu bekommen. Sie rechnen mit der Angst der Verbraucher – hier der Bahnkunden – und auch der Angst im Unternehmen. Sie meinen, der Erpresste werde deshalb schnell auf die Forderungen eingehen.

Dass Verbrechen sich nicht lohnt, diese simple Behauptung wurde einigen recht bald zur Erkenntnis, und auch der Leser dieses Buches wird dieser These beipflichten.

1986 glaubte ich, den Lesern der »Fahrt frei«, Zeitung der Eisenbahner [in der DDR], mit der – heute harmlos anmutenden – Serie »Drohung, Erpressung, Bomben« spannende Lektüre anbieten zu können. Obwohl ich nur die historischen Attentate des Monsieur X, die von Leiferde, Jüterbog und Biatorbagy schilderte, obendrein in Kurzform, sollte es bald Ärger geben. Generalmajor Manfred Zeuner, Leiter der Hauptabteilung Transportpolizei im Ministerium des Innern, gab sich erzürnt. »Weißt Du, was die Tschekisten im MfS [Ministerium für Staatssicherheit] tagtäglich unternehmen, damit wir von solchen Anschlägen verschont bleiben? Und Du beschreibst, wie man Züge in die Luft jagen kann!« Ich wusste nicht, sondern ahnte nur, was der Geheimdienst der DDR gegen Flugzeugentführungen und Sabotage unternahm, und ich hatte nicht mehr »Anleitung« für Attentate gegeben, als andere Autoren der DDR bereits darüber geschrieben hatten.

Doch die anderen am Tisch Sitzenden, der Abteilungsleiter Agitation und Propaganda der Politischen Verwaltung der Deutschen Reichsbahn und der Chefredakteur der »Fahrt frei«, nickten ergeben. Ich hatte die letzte, noch unveröffentlichte Folge zu entschärfen und über die Worte des Generals Zeuner nachzudenken. Vielleicht hat mich das Thema gerade deswegen nicht mehr losgelassen.

Die Zeiten haben sich geändert. Manche Freunde der Eisenbahn zucken beim Thema Erpressung und Attentat zusammen, aber es gehört nun einmal zur Geschichte der Eisenbahn und leider auch zu manchem Alltag des Eisenbahnbetriebs, auch wenn nur wenige darüber eingeweiht sind.

Die Eigenart dieser Straftaten bringt die Schwierigkeit mit sich, Genaues zu erfahren. Die Bahn geht mit den Einzelheiten von Erpressungen nicht an die Öffentlichkeit, misstraut jedem, der danach fragt. Gerichte und Staatsanwaltschaften scheinen überlastet, so dass ich geradezu glücklich bin, wenn jemand auf meine Fragen antwortet, und sei es nur die nach einem Gerichtstermin. Im Prozess erhält man Informationen über die Einzelheiten der Tat, zum Motiv, zur Verfassung des Täters und über das Morbide in der Gesellschaft.

Dieses Buch erlaubt einen Blick in diese spezielle Art von Kriminalität. Wer meine Bitten um Unterstützung nicht erfüllte, möchte ich nicht aufzählen, aber diejenigen nennen, denen ich für Ihre Hilfe dankbar bin: Reiner Haehling von Lanzenauer, Baden-Baden; Pater Dr. Daniel Hörnemann, Billerbeck; Dieter Kämmer, Stadtarchiv Kaiserslautern; Eberhard Wiese, Leverkusen; Job Tilmann, Sprecher der Staatsanwaltschaft Frankfurt am Main; der Generalstaatsanwaltschaft Zweibrücken, der Justizpressestelle Berlin-Moabit und den Kollegen der Mittelbayerischen Zeitung, Regensburg.

Berlin, im Mai 2000 Erich Preuß

Inhalt

1. Der Anschlag wird zum Hobby

Das Wort »attentat« ist aus dem Lateinischen über das Französische in unsere Sprache gekommen. Es bezeichnet im Allgemeinen Mordanschläge gegen Prominente. Aber auch die Eisenbahn wurde, seitdem es sie gibt, zum Schauplatz von Anschlägen. Attentate behandeln die Bahnverwaltungen zwar als »außergewöhnliche Ereignisse« wie Unfälle, sie sind aber keineswegs selten. Kein Wunder, dass sie sogar Eingang in die Vorschriften gefunden haben, beispielsweise als Paragraph 1, Absatz 5 A 3., der Bahnbetriebsunfallvorschrift der Deutschen Reichsbahn von 1957:

»Sonstige Ereignisse

b) Verbrecherische Anschläge; hierunter fallen Gefährdungen und Behinderungen des Bahnbetriebs, Anschläge gegen Betriebseisenbahner im Dienst, Schießen und Werfen auf Züge ohne Rücksicht auf Umfang und Folgen (grober Unfug).«

Diese Definition ist nichts Anderes als eine Klassifizierung der außergewöhnlichen Ereignisse, und sie bewertet keineswegs, wie gefährlich Attentate, grober Unfug oder Bahnfrevel sein können. Das geht eher aus den Vorschriften des Strafgesetzbuches hervor, insbesondere aus den Paragraphen 315 »Gefährliche Eingriffe in den Bahn-, Schiffs- und Luftverkehr« und 316 b »Störung öffentlicher Betriebe«. Dem Täter werden Freiheitsstrafen von drei Monaten bis zu fünf Jahren, bei besonders schweren Fällen der Störung öffentlicher Betriebe bis zu zehn Jahren angedroht. Auch der Versuch ist strafbar. Schließlich sei auf die Vorschriften »Bildung terroristischer Vereinigungen« (§ 129 a) und »Anleitung zu Straftaten« (§ 130 a) verwiesen, Vorschriften, die nach schweren Anschlägen (Stichwort »Rote Armee Fraktion«) durch ein Gesetz vom 19. Dezember 1986 erweitert oder deren Strafandrohung verschärft wurden. Schließlich haben Ankläger und Gericht zu prüfen, ob mit dem Attentat ein versuchter Mord vorliegt.

Das Urteil des Bundesgerichtshofs vom 1. Oktober 1998 (Aktenzeichen 4 StR 332/98) macht uns auf einen Erpresser in Thale aufmerksam. Er war vom Landgericht Magdeburg zu zwei Jahren Freiheitsstrafe auf Bewährung verurteilt worden, wogegen die Staatsanwaltschaft in Revision ging. Dem Bundesgerichtshof lag daran, dass Erpresser hart bestraft und potenzielle Täter durch die Strafandrohung abgeschreckt werden. Es stellte fest: Die Drohung, Waren zu vergiften, Bomben zu zünden und Züge entgleisen zu lassen, sei auch dann als räuberische und nicht nur als einfache Erpressung zu werten, wenn die Tat nicht unmittelbar bevorstehe. Die 5. Strafkammer

Zum Kriegshandwerk gehören die Anschläge auf Bahnanlagen, um die Infrastruktur des Gegners zu zerstören. 1871 fiel dieser deutsche Zug bei Mézières ins Wasser. Slg. Hörnemann

des Landgerichts Magdeburg hatte nur den Tatbestand der einfachen Erpressung (Paragraph 253 Absatz 1 des Strafgesetzbuches: »Wer einen anderen rechtswidrig mit Gewalt oder durch Drohung mit einem empfindlichen Übel zu einer Handlung, Duldung oder Unterlassung nötigt und dadurch dem Vermögen des Genötigten oder eines anderen Nachteil zufügt, um sich oder einen Dritten zu Unrecht zu bereichern, wird mit Freiheitsstrafe bis zu fünf Jahren oder mit Geldstrafe bestraft.«) angenommen, da der Täter seine Drohung nicht innerhalb weniger Tage bzw. überhaupt nicht verwirklichen wollte.

Bei der Dauergefahr ist der Straftatbestand der räuberischen Erpressung (Paragraph 255: »Wird die Erpressung durch Gewalt gegen eine Person oder unter Anwendung von Drohungen mit gegenwärtiger Gefahr für Leib oder Leben begangen, so ist der Täter gleich einem Räuber zu bestrafen.«) gegeben. »Der wirksame Schutz von Erpressungsopfern erfordert es, den Begriff der Gegenwärtigkeit angedrohter Gefahren nicht zu eng zu verstehen«, hieß es im Urteil des Bundesgerichtshofes.

Warum die Verschärfung? Was im Strafgesetzbuch plausibel erscheint, gibt bei der Bewertung des konkreten Tatbestandes immer wieder Anlass zu Meinungsverschiedenheiten, insbesondere was die Abgrenzung zwischen dem Frevel, dem so genannten Dummen-Jungen-Streich, zwischen einfacher und räuberischer Erpressung betrifft. Weder Volkes Meinung (das »gesunde Volksempfinden«) noch der »gesunde Menschenverstand« sind hilfreich, will man eine Rechtsverletzung objektiv beurteilen. Das macht ein Leserbrief in den »Potsdamer Neuesten Nachrichten« am 21. November 1998 deutlich. Vorausgegangen war ein Hindernis, das zwei Jugendliche

Tatort Havelbrücke bei Rathenow: An der Hochgeschwindigkeitsstrecke lagernde Betonplatten waren für zwei Jugendliche die Gelegenheit, dem InterCityExpress ein Hindernis zu bereiten (1998). Foto: Preuß

am 12. November 1998 westlich des Bahnhofes Rathenow auf die Gleise gelegt hatten.

Der Intercity-Express 658 »Anna Seghers« fuhr mit einer Geschwindigkeit von 180 km/h auf Kabelabdeckplatten. Der Lokomotivführer hatte das Hindernis erkannt und die Schnellbremsung eingeleitet, kam aber nicht rechtzeitig zum Halten. Die Betonteile schlugen von unten gegen den Zug und beschädigten den Triebkopf. Die Polizei nahm drei verdächtige Jugendliche im Alter von 15, 16 und 18 Jahren fest und ließ sie am nächsten Tag frei. Ihr Geständnis bekam sie erst Wochen später. Zunächst fehlten die Beweise für ihre Täterschaft.

Das leuchtete dem Leser der »Potsdamer Neuesten Nachrichten« nicht ein. »Am 14. 11. wurden sie alle wieder freigelassen, obwohl sie den Tatverdacht offenbar nicht entkräften konnten.« Das ist keineswegs die Aufgabe von Beschuldigten! Gemäß dem Prinzip von der Präsumtion der Nichtschuld müssen dem Beschuldigten bzw. Angeklagten Taten nachgewiesen werden; keinesfalls hat er seine Nichtschuld zu beweisen. »Nicht ein Staatsanwalt, sondern ein Offizier des Bundesgrenzschutzes hat das öffentlich ‚begründet' mit der Aussage, es bestehe ‚kein Haftgrund'. Ein Haftbefehl war also noch nicht einmal beantragt worden.« Wie sollte er auch, es fehlten ja Geständnis und Beweise, es gab nur einen Verdacht.

»Das halte ich als ein an der Sicherheit des Eisenbahnverkehrs und an rechtsstaatlichen Grundsätzen interessierter Staatsbürger für einen ungeheuerlichen Vorgang [...] Der oder die Täter haben weit über 100 kg Betonplatten auf die Schienen gelegt, in der offenkundigen Absicht, den Zug zum Entgleisen zu bringen und dadurch den Tod von vielen Menschen in Kauf zu nehmen. Zumindest ist ihr Verhalten als ‚heimtückisch' zu werten, sodass man nicht nur wegen Transportgefährdung nach § 315 (1) Ziffer 2

Am 3. Januar 1999 hatten Jugendliche beim Bahnhof Zepernick (Strecke Berlin–Bernau) mehrere Hindernisse, darunter rund 50 Betonabdeckplatten, auf das S-Bahn-Gleis gelegt und einen S-Bahn-Zug zum Entgleisen gebracht. Polizei und Staatsanwaltschaft bewerteten diesen Anschlag als Dummen-Jungen-Streich.
Foto: dpa/Kumm

sowie nach (2) (»Der Versuch ist strafbar«) und (3), sondern auch nach 211 des StGB wegen versuchten Mordes ermitteln müsste. ›Niedrige Beweggründe‹ liegen unzweifelhaft auch vor. Damit wäre von vornherein Fluchtgefahr gegeben [...] Wer als Verantwortlicher der Justiz das alles missachtet und den Vorgang mit der Begründung, es habe keine Verletzten gegeben, praktisch zu einem ›harmlosen‹ Dummenjungenstreich herunterspielt, macht sich selber schuldig.«

Weder dem Recht noch der Gerechtigkeit erwiesen die Polizei, die Staatsanwälte und die Gerichte einen Dienst, gingen sie derart ungeniert mit den Vorwürfen um, und der letzte Vorwurf in dem Leserbrief erinnert an ähnliche Beschuldigungen, die die Deutsche Reichsbahn in den Zwanzigerjahren trafen (siehe 5. Abschnitt): »Der skandalöse Vorgang ist allerdings nicht vorstellbar ohne das Dauerversagen der Deutschen Bahn AG. Das Sicherheitsbedürfnis und die Bewegungsfreiheit der Reisenden scheinen ihr seit Jahren mehr oder weniger gleichgültig zu sein, sonst hätte es längst ein entschlosseneres Vorgehen geben müssen.« Auch der brandenburgische Innenminister Alfons Ziel ließ sich zu der öffentlichkeitswirksamen Bemerkung hinreißen, die Täter seien mit aller Härte zu bestrafen.

Auf das Attentat bei Rathenow gehe ich noch ein. Enthalten wir uns erst einmal der Polemik und betrachten die Vorgänge um Erpressung und Attentat nüchtern. Der Straftäter kann bei solchen Delikten kaum die Folgen seiner Tat berechnen, wenngleich das Gericht bei der Strafzumessung berücksichtigt, welche Absichten er im Schilde führte. Der mehr oder weniger harmlose Dumme-Jungen-Streich (auch grober Unfug genannt) oder ein Anschlag, der einer vorausgegangenen Drohung Nachdruck verleihen sollte, kann zum schweren Eisenbahnunfall führen. Deshalb ist das Einlegen eines Steines zwischen Weichenzunge und Backenschiene als gefährlich anzusehen, ebenso der von einer Brücke geworfene Stein. Vielleicht fällt er in einen leeren Güterwagen. Genauso gut kann er die Stirnscheibe der Lokomotive treffen und den Lokomotivführer plötzlich fahruntauglich machen. Die gelösten Schrauben einer

Schienenverbindung brauchen nicht zur Entgleisung zu führen, sie können es aber. Der Täter weiß auch nicht mit Sicherheit, welcher Zug als Nächstes sein Hindernis erreicht. Nur der Zufall hat mitunter die schrecklichen Folgen von Attentaten abgewendet oder aber auch »die Falschen« getroffen.

Wie verhielt es sich mit dem genannten Vorfall bei Rathenow, für den sich John O. (15) und Matthias M. (18) am 8. April 1999 vor dem Jugendschöffengericht Rathenow zu verantworten hatten? Bis zur Hauptverhandlung hatten sie mehrmals ihre Geständnisse widerrufen und bezeichneten sich als unschuldig. Dem Bundesgrenzschutz waren sie aber aufgefallen, weil sie sich am Unfallort für den Hergang interessierten und später im Bahnhof Rathenow, wohin der beschädigte Zug gebracht worden war, die Beschädigungen musterten und abermals die Polizisten nach dem Hergang fragten. Die schrieben die Personalien der Beiden auf und meinten Tage später, das müssten die Täter gewesen sein.

Die waren auch recht stolz auf das, was sie angestellt hatten und dass sie im Blickfeld der Öffentlichkeit, zumindest unter ihresgleichen, standen. Am Anfang war die Idee, in ein Rathenow benachbartes Dorf zu laufen und dort Unfug anzustellen. Als die Beiden zur Hochgeschwindigkeitsstrecke kamen, meinten sie, man könnte hier etwas probieren. Neben den Gleisen lagen aufgetürmte Betonplatten, von denen sie zwei – je 50 kg schwer – zum Gleis schleppten und auf die Schiene legten. Die wegen der Brücke eingelegte Schutzschiene bot den Platten Halt.

Hinsichtlich der Betonplatten gab es einige Widersprüche, die weder im Ermittlungsverfahren noch während der Hauptverhandlung geklärt wurden. Ein Sprecher des Bundesgrenzschutzes muss den Medien von 15 aufgetürmten Betonplatten berichtet haben. In der Anklageschrift war von drei Platten die Rede, die Angeklagten gaben nur zu, zwei Platten gelegt zu haben, und zwar horizontal auf die Schienen. Der »Notfallmanager« der Deutschen Bahn hielt sich zur Tatzeit nahe des Tatortes auf, weil ein Interregio über aufgelegte Steine gefahren war und der Lokomotivführer dies gemeldet hatte (ein Vorgang, der bis zur Aussage des Notfallmanagers in der Hauptverhandlung unbekannt geblieben war). Er will Betonplatten gesehen haben, die gleichsam verschachtelt waagerecht und senkrecht lagen.

Gleichwohl interessierte die Jugendlichen nicht, was mit ihrem Hindernis geschehen werde. Sie liefen zu dem Dorf und wieder zurück und sahen, dass ein Hochgeschwindigkeitszug vor der Havelbrücke stand. Nun dämmerte es ihnen, dass das ihr Werk gewesen sein könnte. Hatten sie damit gerechnet, der Zug werde entgleisen? Während sie die Platten ablegten, nicht, aber bald danach. »Wir haben gehofft, dass der Zug nicht entgleist, aber es für möglich gehalten«, sagte O.

Richter Axel Teckemeyer baute den Angeklagten eine goldene Brücke, um sie vor dem schlimmen Vorwurf des versuchten Mordes zu bewahren. Angeklagt waren sie ja wegen des gefährlichen Eingriffs in den Bahnverkehr. So bequemten sich O. und M. (M. konnte übrigens keinen Satz aussprechen, sodass sein Verteidiger Dolmetscher spielen musste), gleich lautend zu sagen: »Ich habe gehofft, dass das (sie meinten die Entgleisung und eventuell Tötung von Menschen) nicht passiert.«

Ihnen bescheinigte der Staatsanwalt »erhebliche intellektuelle Schwierigkeiten« und sprach von der »Wahrscheinlichkeit, dass der Zug entgleisen konnte. Die war gering, aber sie hat bestanden.« O. wurde zu zwei Jahren Freiheitsstrafe bei einer Bewährungszeit von zwei Jahren verurteilt. Für M. kam keine Bewährungsstrafe infrage. Ihm waren seit 1997 fünfmal – zum Teil schwere – Straftaten vorgeworfen worden,

Wie sichert man Spuren?

Leitsätze für die Sicherung der Spuren und Beweisstücke bei Entdeckung eines Eisenbahnfrevels

(1) Der Tat- oder Unfallort ist möglichst unverändert zu erhalten, daher abzusperren und durch Wachposten oder Streifen zu sichern. Das Betreten des abgesperrten Platzes ist möglichst zu vermeiden und der Zutritt in einem Umkreis von mindestens 20 - 50 m zu verbieten. Dies bezweckt, Spuren den zur Aufnahme berufenen Beamten und Sachverständigen zu erhalten.

(2) Es ist darauf zu achten, dass niemand vor Eintreffen der sofort herbeigerufenen Gendarmerie-, Polizei- oder Eisenbahnfahndungsbeamten und Polizeihundführer Spuren und Gegenstände, die von Verbrechern berührt oder zur Verübung des Verbrechens benutzt worden sind, berührt. Hindern solche Gegenstände die Aufrechterhaltung des Betriebs, so sind sie behutsam in unmittelbarer Nähe des Tatorts beiseite zu nehmen. Es ist nach Möglichkeit zu vermeiden, die vorgefundenen Gegenstände mit den Händen oder Hilfsmitteln - Stangen, Haken usw - zu berühren, die mit einem starken Geruch behaftet sind.

(3) Dem die Untersuchung führenden Beamten sind alle Personen zu bezeichnen, die vor dem Polizeibeamten und dem Polizeihundführer am Tatort erschienen waren.

(4) Beachtenswerte Spuren sind: Fußabdrücke, nackte, solche mit Stiefeln, Strümpfen oder Socken; Abdrücke von Fingern, Handflächen, besonders an glatten Flächen und Glasscheiben; solche von Knien, Kleidungsstücken, Korbböden, Fahrrad- und Kraftwagenreifen, Stockzwingen, Hufen von Tieren usw; Eindrücke von Werkzeugen (Meißel, Stemmeisen, Pickel bei Einbrüchen und Aufbrechen von Kisten); Eindrücke von Rädern, von Karren und Fuhrwerken in die Erde; Schnitt- und Hiebflächen von Sägen, Messern, Beilen usw, Haare und Blutreste.

(5) Solche Spuren sind, um sie vor der Vernichtung zu schützen, durch Überdecken mit einer Kiste, einem großen Topf, einem auf zwei Latten ruhenden Brett u dgl zu sichern. Zur Überdeckung dürfen starkriechende Gegenstände – frischgestrichene Bretter, Wagenteile, frischimprägnierte Holzschwellen usw – nicht benutzt werden. Alle Spuren sind möglichst gegen Witterungseinflüsse zu schützen.

(6) Spuren, wie Fußabdrücke usw im Schnee, werden gegen das Auftauen geschützt, indem man sie mit einer Kiste, einem Eimer oder Kübel bedeckt und darüber Schnee anhäuft. Je größer der Haufen Schnee ist, der den übergestülpten Gegenstand umgibt, um so länger erhält sich der darunter befindliche Abdruck. Wenn mehrere Fußabdrücke derselben Person vorhanden sind, so wähle man nach Feststellung der Schrittrichtung den besten Abdruck vom rechten und den besten vom linken Fuß und schütze sie vor Vernichtung wie oben beschrieben. Fußabdrücke mit besonderen Merkmalen, z B Fleckstücke auf den Stiefelsohlen, Nägel usw, sind auch dann als wichtige Anhaltspunkte anzusehen und zu schützen, wenn der Abdruck unvollständig ist.

Entnommen Dienstvorschrift 026 der Deutschen Reichsbahn, Dienstanweisung für die Beamten des Weichen- und Stellwerksdienstes, gültig vom 1. Mai 1943 an.

und die Tat an der Rathenower Havelbrücke fand während einer Bewährungszeit statt. M. fehlt jede Fähigkeit, einem geregelten Tagesablauf nachzugehen, nur mit Anleitung ist er zu einem geregelten Leben fähig, hieß es im Urteil. So war es kein Wunder, wenn M. auf eine Tat kam, die nach Ansicht des Gerichtes irgendwo zwi-

Immer blieb das Treiben der Bahnattentäter rätselhaft. Darstellung eines Anschlages auf die Eisenbahn in einer britischen Eisenbahnzeitschrift der Jahrhundertwende. Slg. Hörnemann

schen einem Dumme-Jungen-Streich und einem Anschlag lag. M. wurde zu zwei Jahren Freiheitsstrafe verurteilt.

War das die harte Strafe, die abschrecken sollte? Abgesehen davon: Die Eisenbahn ist ein öffentliches und ein offenes Unternehmen. So viele Zäune kann sie nicht aufstellen, um ihr Gelände abzusperren, so viel Wachschutz kann sie sich nicht leisten, der jeden Quadratmeter eines Bahnhofs im Auge hat, so viele Streckenwärter schickt sie nicht auf die Strecke, um Übeltäter entdecken zu können.

Jeder, der sich bei einer Eisenbahn mit Sicherheitsfragen beschäftigt, wird von der Übereinkunft in der Gesellschaft ausgehen, die darin besteht, dass man bestimmte Dinge einfach nicht tut, dass man weiß, was gut und was verwerflich ist, dass die Moral eine Hemmschwelle ist, die man nicht überschreitet, wenn man nicht die Macht des Staates und die Ächtung der Gesellschaft hinnehmen will.

Max Maria von Weber drückte das bereits 1854 so aus: »Es spricht für den Culturzustand der Völker, deren Wohnsitze von Eisenbahnen durchkreuzt werden, dass sich die Rache zu ihrer Befriedigung sehr selten des Mittels der Herbeiführung von Eisenbahnunfällen bedient. Der Charakter nordischer Nationen lässt die Leidenschaften nur in Ausnahmefällen so wild über den Kopf wachsen, dass nicht gesunder Sinn genug zu der Ueberlegung übrig bleiben sollte, dass die in dieser Weise am Einzelnen versuchte Rache, unausbleiblich das Unglück vieler Unschuldigen mit sich führen müsse, ohne dass dabei die Sicherheit geboten wäre, dass die Rache ihren Gegenstand erreicht. In den wenigen vorkommenden Fällen sind meist die verbrecherischen Handlungen von bestraften und entlassenen Beamten, oder deren Angehörigen ausgegangen.«

Ob Webers Behauptung von 1854 stimmt oder ob sich die Umstände in der Neuzeit derart geändert haben? Dass Eisenbahner das Attentat oder die Drohung zur Rache benutzen, mag vorkommen. Dass unter den Attentätern hauptsächlich verärgerte Eisenbahner (die Beamten!) sind, diese Meinung Webers ist nicht zutreffend. So wie in den Siebzigerjahren die Geiselnahme als politische Erpressungswaffe von arabischen Fedajins entwickelt, mit spektakulären Folgen eingesetzt, aber auch stumpf geworden ist, so sind Bombendrohungen und Erpressungen zum Volkssport geworden, Bahnhöfe und Züge nicht ausgenommen, eher bevorzugt.

Die Eisenbahn ist angreifbar und verletzlich. Wer meint, der Eingriff in die Sicherungseinrichtungen der Bahn setze fachliche Kenntnis voraus, die nur ein einschlägig ausgebildeter Eisenbahner besitzt, wie man in einem Erpressungsverfahren beim Landgericht Neuruppin 1997 annahm, geht fehl. Man muss sich die Begehungsweise schon genau ansehen, um einschätzen zu können, was nur ein Fachmann wissen konnte und was auch der fachlich interessierte Laie. Es gibt genügend Fachliteratur, um sich Kenntnis über technische Zusammenhänge der Eisenbahn zu verschaffen, und es mag auch – siehe auch die Ausarbeitung von Webers – verärgerte, rachsüchtige Eisenbahner oder ehemalige Eisenbahner geben, die mit Rat und Tat bei einer abscheulichen Tat zu helfen bereit sind.

Ritzau schrieb: »Anschläge auf Züge und Bahnanlagen – aus welchem Grunde auch immer sie erfolgen – sind verbrecherische Auswüchse des Geistes oder einer Zeit.« Dem kann man zustimmen. Es gibt alle möglichen Schattierungen der Tatmotive, wie auch das Werkzeug für ein Attentat nicht unbedingt Bomben und Sprengstoff sein müssen. Manchem genügen Seil und Drahthaken.

Mitunter wird leichtfertig auf ein Attentat geschlossen, wenn es tatsächlich nur fahrlässig verschuldete Straftaten oder nur Ordnungswidrigkeiten sind. In der politisch finstersten Zeit der DDR – das waren die Fünfzigerjahre – wurde rasch der Fehlgriff am Hebel oder eine andere Fahrlässigkeit als Sabotage oder Diversion interpretiert. Aber auch in der Demokratie kennt man Fälle, wo der Protest voreilig als Straftat ausgelegt wurde.

Die Motive, einem Unternehmen wie der Bahn Schaden zuzufügen, sind mannigfaltig. Im 11. Abschnitt werden der Täter und sein Motiv im Mittelpunkt der Betrachtungen stehen, aber selbst wenn ein Gericht tage- und wochenlang verhandelt, dringt es nicht immer bis zur absoluten Wahrheit vor, bleibt vieles rätselhaft.

Ob nun der Attentäter oder Erpresser sein Ziel erreichte oder nicht (meistens nicht), immer ist man verwundert oder ratlos bei der Frage, in welcher Gedankenwelt sich der Attentäter wohl befunden haben mag. Eignet sich das Attentat als »ein spannendes Hobby für die nächsten Jahre«, wie »Monsieur X« (siehe 3. Abschnitt) in einem Brief erklärte? Konnte die Bombenattrappe wirklich etwas verändern? Konnte man mit einem entgleisten Zug tatsächlich zu Geld gelangen? Sind Bahnvorstände auf eine Drohung hin bereit, Millionen Mark zu zahlen, ohne dass sich der Apparat der Ermittlungsbehörden bewegt? Stürzt ein entgleister Zug mit Toten und Verletzten eine Regierung, verändert er ein politisches System? Wie naiv oder dumm müssen jene Personen sein, die im Attentat oder in der Erpressung die Lösung ihrer Probleme sehen, wie gleichgültig sind sie, wenn sie wegen einer Meinungsverschiedenheit, wegen ihres Geltungsbedürfnisses oder ihrer Verbohrtheit ganz Unbeteiligte und Ahnungslose ins Verderben reißen? Die politisch motivierten Täter möchten vielleicht gar keinen »Umsturz«. Sie verfolgen meist nur ein Ziel, sie wollen politische Zeichen setzen und durch spektakuläre Aktionen öffentliche Aufmerksamkeit für ihren »Kampf« gewinnen, äußerte sich Prof. Dr. Bernd Gallhofer, Chef des Psychiatriezentrums an der Justus-Liebig-Universität Gießen, in der Zeitung »DIE WELT« am 22. Dezember 1998.

Beinahe hätte es die Deutsche Bundesbahn mit einem später berühmt-berüchtigt gewordenen Attentäter zu tun bekommen, der überhaupt nicht in das Raster der Tätertypen gepasst hätte und außerdem raffiniert vorgegangen wäre. Der Oetker-Entführer Dieter Zlof erpresste nicht, weil er Geld brauchte. Ihn reizte es, »die selbstherrlichen Herren Polizisten aus ihren bequemen Stühlen zu reißen.« Und er spielte

Anhang 5
zur Dienstanweisung für
Lokomotivführer.

Leitsätze

für

die Sicherung der Spuren und Beweisstücke bei Entdeckung eines Eisenbahnfrevels.

1. Der Tatort ist möglichst in unverändertem Zustande zu erhalten, daher abzusperren und durch Wachtposten zu sichern. Das Betreten des abgesperrten Teiles ist tunlichst zu vermeiden und der Zutritt in einem Umkreis von mindestens 50 m zu verbieten.
2. Es ist darauf zu achten, daß niemand vor Eintreffen der sofort herbeizurufenden Polizeibeamten und Polizeihundeführer vorhandene Spuren und vom Verbrecher berührte oder zur Verübung des Verbrechens benutzte Gegenstände berührt. Sind solche Gegenstände der Aufrechterhaltung des Betriebes hinderlich, so sind sie behutsam in unmittelbarer Nähe des Tatortes beiseite zu nehmen. Es ist nach Möglichkeit zu vermeiden, die vorgefundenen Gegenstände mit den Händen oder solchen Hilfsmitteln — Stangen usw. — die mit einem starken Geruch behaftet sind, zu berühren.
3. Dem die Untersuchung leitenden Vorstande des Betriebsamtes sind alle Personen zu bezeichnen, die vor den Polizeibeamten und dem Polizeihundeführer am Tatort erschienen waren.
4. Vorhandene Fußspuren sind vor der Vernichtung durch Überdecken mit einer Kiste, einem großen Blumentopf, einem auf 2 Latten ruhenden Brette und dergl. zu schützen. Zur Überdeckung dürfen stark riechende Gegenstände — Bretter, Wagenteile, frisch imprägnierte Holzschwellen — nicht benutzt werden. Das Ganze ist tunlichst gegen Witterungseinflüsse zu schützen.
5. Fußabdrücke im Schnee werden gegen das Abtauen geschützt, indem man sie mit einer Kiste bedeckt, über welche man Schnee aufhäuft. Je größer der Haufen Schnee ist, der die Kiste bedeckt, um so länger erhält sich der Abdruck. Wenn mehrere Fußabdrücke derselben Person vorhanden sind, so wähle man nach Feststellung der Schrittrichtung den besten Abdruck vom rechten Fuß und den besten vom linken Fuß und schütze sie vor Vernichtung auf oben beschriebene Weise. Fußabdrücke mit besonderen Merkmalen, z. B. Flecken an den Stiefelsohlen, Nägel usw., sind auch dann als wichtige Anhaltspunkte anzusehen und zu schützen, wenn der Abdruck nicht vollständig ist.

Seit jeher erzog die Eisenbahn ihre Beschäftigten zur Wachsamkeit. Die »Leitsätze für die Sicherung der Spuren und Beweisstücke bei Entdeckung eines Eisenbahnfrevels« stammen aus der preußischen Dienstanweisung für Lokomotivführer von 1911.

mit dem Gedanken, eine Fluggesellschaft oder die Bundesbahn zur Zahlung einer großen Summe zu bewegen. »Ich hätte nur mit einer Transportgefährdung drohen müssen, zum Beispiel durch einen Sprengstoffanschlag, auch die Ankündigung, Schienen zu zersägen, wäre vielleicht eindrucksvoll gewesen. Doch solche Leute würden mir erst glauben, wenn ich ein 'Arbeitsmuster' abgegeben hätte – eine für mich indiskutable Lösung, weil ihre Folgen für Unbeteiligte absolut unberechenbar sind.« Diese Absicht und die Erkenntnis sind dem Buch »Die Oetker-Entführung« zu entnehmen, das die Ehefrau des Verteidigers von Zlof nach Interviews mit dem Verurteilten verfasst hat.

Das gekaperte Kreuzfahrtschiff oder die Geiselnahme von Flugzeugpassagieren, die mithilfe vergifteter Lebensmittel erpressten Hersteller oder Ladenketten, Bombendrohungen in Schulen, auf Bahnhöfen, sogar in Krankenhäusern und die Entführungen sind Zeiterscheinungen. Nur die DDR und die sozialistischen Länder schienen frei von solchen Erscheinungen des Verbrechens zu sein. Vielleicht weil nicht jedes Verbrechen in aller Öffentlichkeit ausgebreitet wurde oder weil ein übermächtiger Sicherheitsapparat die Bürger im Griff hatte oder weil das Geld nichts taugte. Und doch waren auch die sozialistischen Länder vor Attentaten nicht gefeit, wenn auch selten jemand von ihnen erfahren hat, abgesehen von den aufgebauschten, angeblichen Sabotageakten der Fünfzigerjahre (siehe 6. Abschnitt). So erschütterte am 15. Februar 1989 eine starke Explosion im Zentrum von Usti nad Labem (Aussig an der Elbe) das Atrium zwischen dem Kreisnationalausschuss und dem Nationalausschuss. Die Bewohner der Stadt waren einige Tage vorher durch anonyme Anrufe beunruhigt worden, es käme bald zu Anschlägen in verschiedenen öffentlichen Gebäuden. Stunden nach der Explosion mussten wegen ähnlicher Drohungen der Bahnhof und das Interhotel »Bohemia« geräumt und untersucht werden. Die Polizei ermittelte den Anrufer: Frantisek B. aus Usti. Im gleichen Jahr hatten Anrufer in Liberec (Reichenberg) und in Jablonec nad Nisou (Gablonz an der Neiße) Explosionen in Kaufhäusern und Gaststätten angekündigt und waren festgenommen worden. Mehr ist darüber nicht bekannt.

Der bereits zitierte Bernd Gallhofer meinte, die deutsche Gesellschaft lebe in einer Kriminalfilmkultur. Für Abenteuertäter und solche, die am Rande der Gesellschaft stehen, sei die wesentlichste Botschaft der »Krimikultur«, dass ein kleiner Mensch große Macht entfalten könne. Nicht bevorzugt junge Leute seien anfällig, sondern Menschen mittleren Alters, die versuchten, mit spektakulären Straftaten aus ihrer Misere herauszukommen. Diese Misere benannte Gallhofer nicht.

Sie heißt: Viel Geld. Das nämlich fehlt für ein sorgenfreies, luxuriöses Leben, wie es das erstrebenswerte Ziel in der heutigen Gesellschaft zu sein scheint, und es fehlt zum Tilgen der Schulden jener, die mit ihrem Geschäft vor dem Bankrott stehen. Wo Geld die Welt regiert, meint mancher, sich bei den Reichen etwas holen zu können. Unbekümmert gestand der anfangs erwähnte Erpresser des Maggi-Konzerns (und der Deutschen Bahn), er sei davon ausgegangen, dem Konzern mache es nicht viel aus, wenn er eine erkleckliche Summe überweise.

Die Forderungen werden immer dreister. Nicht 100 000 Mark, sondern 10 Millionen Mark oder Rohdiamanten im Wert von 25 Millionen Mark werden verlangt. Ein Erpresser forderte 1998 einen Betrag von 10 Millionen Mark vom Daimler-Benz-Konzern in Stuttgart. Er drohte, von Autobahnbrücken Gegenstände wie Gullydeckel auf Autos vom Typ Mercedes zu werfen. Von der Drohung zur Tat: Bei Neuss hatte der Unbekannte von einer Autobahnbrücke Pflastersteine auf einen Mercedes geworfen;

der Fahrer blieb trotz beschädigter Windschutzscheibe unverletzt. Das war 1998 nicht der erste Fall, bei dem der Konzern erpresst wurde. Anfang des Jahres hatte ein Mann gedroht, jede Woche einen beliebigen Mercedesfahrer zu erschießen, falls das Unternehmen nicht fünf Millionen Mark zahle. Im Februar wurde er bei der Geldübergabe gefasst, und das Landgericht Stuttgart verurteilte ihn zu einer Freiheitsstrafe von vier Jahren und neun Monaten. Ein anderer Erpresser hatte mit Manipulationen an Autos gedroht, solange er nicht 30 Millionen Mark erhalte. Auch er wurde gefasst und zu einer Gefängnisstrafe von zwei Jahren und neun Monaten verurteilt.

Viele solcher Drohungen, Erpressungen und Anschläge werden nicht bekannt, weil die Betroffenen aus den verschiedensten Gründen nicht wünschen, dass die Öffentlichkeit davon erfährt, etwa um sich vor Nachahmern zu schützen. Die meisten Fälle gehen in der Fülle der Tagesnachrichten unter, werden gelesen und vergessen. Selbst Attentate und Erpressungen, die tage- und wochenlang Schlagzeilen lieferten, gehen in der Nachrichtenvielfalt unter. Als S., der Erpresser und Attentäter, dessentwegen sogar Tornado-Flugzeuge und Hubschrauber zur Beobachtung der Hochgeschwindigkeitsstrecke Berlin–Oebisfelde eingesetzt wurden, am Landgericht Berlin die entscheidende Aussagen gemacht hatte, rutschte die Nachricht in eine Spalte der Zeitungsinnenseite ganz unten (siehe 2. Abschnitt). Was auf eine Erpressung oder ein Attentat folgt, scheint nach Meinung der Redaktionen für die Leser, Hörer und Zuschauer weniger interessant zu sein, es ist »der Schnee von gestern«.

Attentäter, die auf Titelseiten bekannt gemacht wurden, sind bald vergessen. Sie kennt kaum jemand. Wer weiß heute noch vom Monsieur X, der zu den gefährlichsten Attentätern der Nachkriegszeit (siehe 3. Abschnitt) zählte? Wer war eigentlich Sylvester Matuschka, der so viele Rätsel aufgab (siehe 4. Abschnitt)? Molukken sollen einen Zug gekapert haben – nie davon gehört (siehe 7. Abschnitt)? Eine »Mumie« forderte zwei Millionen Mark von der Deutschen Bahn AG und wurde durch einen Zufall gefasst (siehe 11. Abschnitt)? Was ist von den Gegnern der CASTOR-Transporte zu halten (siehe 9. Abschnitt)?

Bevor in den folgenden Abschnitten die Täter, ihre Taten und Motive in die Erinnerung gebracht werden, sollen in diesem Abschnitt einige Fälle dieser bizarren Seite der Eisenbahngeschichte aus der jüngeren Vergangenheit angerissen werden.

Im Prinzip geht es immer um das gleiche Muster:

Anruf oder Brief mit der Drohung, eventuell bereits »Arbeitsmuster«, wie angesägte Schienen

Forderung des Betrages

Verhandlung über die Geldübergabe

»Nachdruck« der Drohung bzw. Erpressung durch mehr oder weniger schwerwiegende Anschläge.

Einige Täter geben sich auch nur mit einem dieser Schritte zufrieden.

Am 27. Oktober 1968 rief ein Unbekannter, der sich »Schwarze Maske« nannte, bei der Zentralen Zugauskunft der Österreichischen Bundesbahnen an und teilte mit, dass am nächsten Tag der Zug 4811 (Praterstern–Wolfsthal) in die Luft gesprengt werde. Die Polizei bewachte den Zug, konnte aber nichts feststellen. Der Redakteur der Wiener Zeitschrift »Eisenbahn«, der wir diese Nachricht entnahmen, hatte ihr hinzugefügt: »Unmaßgebliche Anm.: Wahrscheinlich ein zorniger Reisender, der über die ständigen Verspätungen der Preßburger Bahn verärgert war.«

Nicht ein verärgerter Reisender, vielmehr ein oder mehrere wütende(r) Eisenbahner könnte(n) der oder die Täter des Attentats vom 15. Oktober 1968 gewesen

Keine „heiße Spur" vom Eisenbahn-Attentäter

Gestern an der D-Zug-Unglücksstelle in Hauptstuhl. Die umgestürzten vier Waggons wurden inzwischen aufgerichtet und zum Abtransport vorbereitet. Die Gleisanlagen zu dem Munitionsdepot Miesau sind wieder in Ordnung gebracht. Unser Bild zeigt Schweißarbeiten an den wieder aufgerichteten Wagen. Bild: Bachem

Plakataktion soll helfen

Kaiserslautern. Eine Woche nach dem Attentat auf den D-Zug Frankfurt–Paris bei Hauptstuhl im Landkreis Kaiserslautern fehlt noch immer jede „heiße Spur" von dem Täter. Bei dem Unglück waren ein Mann getötet und 17 Fahrgäste zum teil schwer verletzt worden. Der mit der Untersuchung des Falles betraute Oberstaatsanwalt Weibel (Zweibrücken) räumte gestern ein, daß es sich bei dem Sabotageakt um die Tat eines Wahnsinnigen gehandelt haben könne. Die in Kaiserslautern stationierte Sonderkommission der Kriminalpolizei sei in den letzten Tagen weiterhin verstärkt worden und bestehe jetzt aus 15 Spezialisten. Der Oberstaatsanwalt appellierte an die Bevölkerung, noch mehr Hinweise zu geben, die Licht in das Dunkel um das Attentat bringen könnten. Vor allem erbittet man Hinweise auf in der Nähe des Tatortes abgestellte Autos und Wahrnehmungen über Personen am Bahnkörper oder in dessen Nähe. Für die nächsten Tage kündigte Weibel eine Plakataktion an, die die Öffentlichkeit auf die ausgesetzte Belohnung von 15 000 Mark für Hinweise auf den Täter aufmerksam machen soll. Es sei beabsichtigt, mehrere tausend Plakate vor allem in Bahnhöfe und öffentliche Gebäude zwischen Mainz und Saarbrücken auszuhängen.

»Keine »heiße Spur« vom Eisenbahn-Attentäter« titelte am 17. Oktober 1968 die »Pfälzer Volkszeitung«, und dabei blieb es.
Stadtarchiv Kaiserslautern

sein, der auf dem Bahnhof Hauptstuhl (Strecke Kaiserslautern–Homburg [Saar]) den D 218 Frankfurt (Main)–Paris bei einer Geschwindigkeit von 120 km/h zum Entgleisen brachte. Jemand hatte bei der Weiche 2 die so genannten Ringbolzen gezogen und anschließend die Weichenzungen derart bewegt, dass sie auf ein Anschlussgleis wiesen.

Das Herausziehen der Halbkugelkopfbolzen (kurz Ringbolzen genannt) gehört zum Abbinden von Weichen und Riegeln. Darunter ist beim mechanischen Stellwerk die Trennung des Weichenantriebs vom Drahtzug zu verstehen, wie sie beim Bruch der Drahtzugleitung notwendig ist. Ist eine Weiche abgebunden, ist sie auch nicht mehr signalabhängig. Sie kann unabhängig von der Stellung des Signals umgestellt werden. Normalerweise werden zusätzliche Vorkehrungen getroffen, damit es nicht infolge der aufgehobenen Signalabhängigkeit zu einem Unfall kommt.

In diesem Fall schien im Stellwerk alles in Ordnung zu sein, tatsächlich entsprach die Weichenstellung jedoch nicht der eingestellten und gesicherten Fahrstraße. Bundesbahn-Fachleute meinten seinerzeit, für das Abbinden der Weiche benötige man 30 Minuten. Zwischen dem Zug vor dem Attentat und dem Unglückszug standen allenfalls sieben Minuten zur Verfügung, sonst wäre das »Handwerk« bemerkt worden. Folglich mussten mehrere Täter gleichzeitig tätig gewesen sein und sich die Aufgaben geteilt haben.

Die starke Seitenbeschleunigung, die die Wagen durch die Ablenkung in das andere Gleis erfuhren, hielt sie nicht auf dem Gleis, sechs Wagen stürzten um, einige fielen eine Böschung hinunter und verkeilten sich ineinander. Von den 60 Reisenden waren vor allem die Insassen der Schlafwagen betroffen. Ein Toter und elf Schwerverletzte waren zu beklagen. Ein tschechischer Arzt, der zu einem Kongress nach Paris wollte und selbst schwer verletzt war, half bei der Bergung anderer Verletzter. Er hatte seine Geldbörse verloren, die noch am Unglückstag gefunden wurde – allerdings enthielt sie nur tschechischen Kronen. Die Dollars und Francs hatte jemand stiebitzt.

Weder Hinweise »auf Personen, die an den Weichen gesehen worden sein sollen« noch 15 000 Mark Belohnung, auch nicht die vor allem an Bundesbahner gerichtete Plakataktion, führten zu einer heißen Spur. Das Ermittlungsverfahren wurde eingestellt. Die Frage nach dem Warum des Verbrechens blieb unbeantwortet. Es gab nicht einmal einen Bekennerbrief.

»Um 17 Uhr wird der Saarbrücker Hauptbahnhof in die Luft fliegen!« So lautete die Ankündigung, die am 16. Januar 1970 zu hören war. Es geschah allerdings nichts. Ähnlich war es neun Tage später, als ein Erpresserbrief einging. Innerhalb von vier Stunden sollten 3000 Mark im Papierkorb des Hotels Astoria hinterlegt werden. Auch hier geschah nichts. Anders jedoch am 24. November 1970, als in der Toilette eines Wagens des Schnellzuges 650 eine Zeitbombe lag. Der Zug wurde gestoppt, der Wagen in Merzig ausgesetzt. Die Strecke von Merzig bis nach Mettlach war von 13.57 Uhr bis 16.57 Uhr gesperrt. Die Bombe wurde entschärft, Sachschaden entstand nicht. Am 2. Dezember 1970 gab es erneut Bombenalarm. Diesmal sollte in der Bahnhofsgaststätte von Saarbrücken Hbf um 13.15 Uhr eine Bombe in die Luft gehen, kündigte ein anonymer Anrufer an. Falscher Alarm!

Am 29. Dezember 1970 kündigte ein Anonymer an, dass im Falle der Nichteinstellung einer »Gangsterfahndung« in Saarbrücken ein Zug entgleise. Die Fahndung stand im Zusammenhang mit einem Raubüberfall auf eine Kölner Bank, bei dem insgesamt 300.000 Mark geraubt wurden. Die Kriminalpolizei wurde sehr schnell fündig.

Kein Zug entgleiste, und im saarländischen Ort Baltersweiler wurden die Täter gefasst, zwei Franzosen und ein Österreicher.

Im August und im September 1982 wurde die Deutsche Bundesbahn gleich zweimal erpresst, einmal die Bundesbahndirektion Saarbrücken, von der ein Anrufer 1,2 Millionen Mark forderte, zum Zweiten die Bundesbahndirektion Stuttgart, die 3 Millionen Mark zahlen sollte. Würde nicht gezahlt, wollten die Erpresser einen Eilzug entgleisen lassen.

Akteure dieser Anrufe waren ein 35 Jahre alter Kreditvermittler aus Wiesbach und ein 40 Jahre alter Handelsvertreter aus dem Kreis Kusel – beide hoch verschuldet –, die mit ihren Forderungen bei der Geldübergabe in Kaiserslautern scheiterten.

In Stuttgart hatte Bert G. ebenfalls Geldsorgen, die er mithilfe seines kolumbianischen Freundes Carlos zu beheben gedachte. Er weihte ihn und seine Verlobte in die Erpressungsidee ein. Die Verlobte Veronika S. wiederum prahlte bei ihrer Freundin voreilig, demnächst gehöre sie zu den Millionären. Carlos zögerte. Er wollte zuerst auf legale Weise Geld beschaffen, indem er seine begüterten Verwandten überredete, ihm Geld zu leihen.

Während Carlos nach Kolumbien telefonierte, schrieb Bert der Deutschen Bundesbahn mehrere Briefe. Ein Motorradfahrer sollte an der Strecke Esslingen–Ulm eine (nicht bekannt gegebene) Summe hinterlegen; doch als der vereinbarte Termin gekommen war, wagte Bert nicht, das vereinbarte Signal zu geben. Carlos ließen die Verwandten abblitzen, weshalb er nun die Initiative übernahm. Die Deutsche Bundesbahn sollte »mehr Druck« spüren. Beide legten am 24. August 1983 dicke Knüppel in das Gleis der Strecke Plochingen–Tübingen. Der Lokomotivführer erkannte jedoch die Hindernisse, sodass für den Zug keine konkrete Gefahr entstand.

Bei der Bundesbahndirektion Stuttgart kamen weitere Briefe und Anrufe an, in denen erneut ein Motorradfahrer zur Geldübergabe gefordert wurde. Den hätte die Bahn auch wieder geschickt, aber dass die Erpresser zu Geld kamen, daran war nicht zu denken, war doch der Motorradfahrer ein im Nahkampf geübter Polizist, der zumindest einen Täter überwältigt hätte. Doch ein solcher Zweikampf war nicht nötig, denn es erschien niemand an der verabredeten Stelle. Als die Polizei nach den Erpressern fahndete, floh Carlos nach Kolumbien, kehrte freiwillig zurück und wurde auf dem Flughafen Frankfurt am Main verhaftet. Bert wurde nach einem anonymen Anruf verhaftet. Er hätte seine Verlobte und diese wiederum ihre Freundin nicht einweihen sollen.

Die 7. Strafkammer des Landgerichts Stuttgart verurteilte die beiden Täter zu je vier Jahren Haft. Die Verlobte, die von dem Verbrechen gewusst und für die Briefe ihre Schreibmaschine zur Verfügung gestellt hatte, wurde zu einer einjährigen Bewährungsstrafe sowie 1000 Mark Geldstrafe verurteilt.

Knapp ein halbes Jahr nach der Erpressung im September 1982 wurde die Bundesbahndirektion Saarbrücken abermals um 1,5 Millionen Mark erpresst. Ein 26 Jahre alter arbeitsloser Maschinenschlosser drohte in einem Brief, Züge zum Entgleisen zu bringen. Er forderte die Kontaktaufnahme durch Kleinanzeigen und verlangte danach in fünf Telefongesprächen die Geldübergabe durch eine Frau. Die Deutsche Bundesbahn schickte eine Geldbotin in ein Saarbrücker Innenstadtlokal. Dort gab der Erpresser die telefonische Anweisung, die Geldtasche mit einem Taxi zu einer bestimmten Brücke in Völklingen zu bringen und sie dort abzustellen. Kurze Zeit, nachdem der Täter die Geldtasche ergriffen hatte, wurde er in seiner Wohnung festgenommen.

Als am 29. September 1982 ein Übergabezug vom Bahnhof Gießen zum zentralen Versorgungsdepot der US-Streitkräfte rollte, detonierte unter dem 16. Wagen eine Sprengladung. Sie zerstörte die Bremsleitung und beschädigte das Gleis und die Signalleitung. Der oder die Täter hatten die Explosion hinter einem aus Zweigen errichteten Wall mit einem Kippschalter ausgelöst, der durch ein rund 80 m langes Kabel mit der Sprengladung verbunden war.

1983 wurde auch die Bundesbahndirektion Karlsruhe um 1,8 Millionen Mark erpresst. Um seinen Forderungen Nachdruck zu verleihen, stellte der Erpresser am 30. September einen Traktor in das Gleis Appenweier–Oberkirch. Es kam zum Zusammenprall. Der Triebwagenführer und ein Reisender wurden leicht verletzt; der Sachschaden belief sich auf mindestens 30.000 Mark. Im Brief, der am Unfalltag in Karlsruhe einging, hieß es: »Dies war die erste Warnung.« In zwei weiteren Schreiben teilte der Täter die Umstände der Geldübergabe mit: in einer Kiste, die auf der Strecke Karlsruhe–Offenburg aus dem Zug geworfen werden sollte. Das gelang nicht, weil das vereinbarte Signal, eine abgeschossene Leuchtkugel, ausblieb.

Auch die Französischen Staatsbahnen (SNCF) wurde zum Schauplatz von Anschlägen. 31. Dezember 1983: Der Schnellzug Nummer 838, der um 19.33 Uhr in Valence abgefahren war, näherte sich mit einer Geschwindigkeit von 140 km/h dem Bahnübergang Nummer 357, etwa 700 m vom Bahnhof Tain-l'Hermitage entfernt, als der Lokomotivführer zunächst eine Explosion und dann »einen gewaltigen orangefarbenen Lichtschein wahrnimmt, der von den Bäumen und Häusern am Rande der Strecke reflektiert wird...

Sofort gab er mithilfe des Zugfunks dem Streckenfahrdienstleiter in Lyon, der den Abschnitt Lyon–Pierrelatte der Strecke Lyon–Marseille fernsteuert, das Notsignal, sodass alle im Abschnitt befindlichen Züge angehalten werden konnten. Auch der Fahrdienstleiter des Bahnhofs Tain-l'Hermitage hatte die Explosion gehört, bemerkte den langsam nahenden Schnellzug und das Alarmsignal. Er stellte sofort alle Signale des Bahnhofs auf Halt, und der Schnellzug hielt an. Um 19.52 Uhr wurde der Fahrstrom auf den beiden Gleisen zwischen Saint Vallier und dem Unterwerk in Les Combeaux gesperrt.

Die vom Lokomotivführer vernommene Explosion hatte sich zwischen dem zweiten und dem dritten Wagen zugetragen. Der Lokomotivführer und die Zugbegleiter stellten das Ausmaß des Schadens fest. Sie und das Speisewagenpersonal bargen die Verletzten. Die Unverletzten fuhren mit Autobussen nach Saint Vallier, wo ein Ersatz-Schnellzug bereitstand, während die Sanitätstrupps feststellen mussten, dass zwei Reisende getötet und sieben schwer verletzt wurden, wovon einer am Neujahrstag im Krankenhaus starb.

Bevor der Anschlag von Tain-l'Hermitage bekannt wurde, kam es um 20.07 Uhr in einem Raum mit Gepäckschließfächern des erst wenige Monate vorher renovierten Bahnhofs Marseille Saint-Charles ebenfalls zu einer gewaltigen Explosion, wo zahlreiche Verletzte aus den Trümmern des Gebäudes geborgen werden mussten. Aber auch hier hat es zwei Tote (und 34 Verletzte) gegeben.

Am 1. Januar 1984 gab Olivier Weber, Direktor für Personenverkehr der SNCF, eine Anweisung heraus, nach der die Schließfächerbereiche und der Inhalt der Fächer stärker zu überwachen und, falls erforderlich, die hinterlegten Gegenstände und Gepäckstücke zu kontrollieren seien.

Wie üblich nach solchen Anschlägen wurden die Bahnhöfe und Züge von der Polizei kontrolliert, zumal eine große Zahl von Bombenalarmen ausgelöst werden musste, hatte es doch etwa 100 anonyme Anrufe gegeben, die mit Anschlägen vor allem auf den Bahnhöfen Marseille, Mulhouse, Metz, Montbéliard, Nancy und Rouen gedroht hatten.

Während sich, wie kann es anders sein, unter der Bevölkerung Entsetzen und Empörung verbreiteten, fragten sich Polizei und SNCF-Beamte, wer die Täter und welches ihre Motive sein könnten? Zu den beiden Anschlägen bekannte sich eine »Arabische Organisation für den bewaffneten Kampf«, und ein anonymer Anrufer erklärte im Namen seiner Organisation der französischen Nachrichtenagentur: »Wir wenden uns an das französische Volk. Wir rächen unsere Märtyrer und Opfer bei dem französischen Bombenangriff gegen unsere Lager am 17. November 1983. Jeder neue Angriff wird nicht ungestraft bleiben.« Gemeint war damit der Angriff französischer Marineflieger auf ein Trainingslager der Fundamentalisten bei Baalbek im Nordlibanon, nachdem es Attentate auf die multi-nationale Friedenstruppe in Beirut gegeben hatte.

Ob wenigstens einer der Täter festgenommen und verurteilt worden ist, wurde nicht bekannt, weil, wie bereits bemerkt, die Medien zwar über das Ereignis, aber kaum und dann nur versteckt über das Ergebnis der Strafverfolgung berichten. Ebenfalls unbekannt blieb, was aus den Ermittlungen zu folgendem Fall wurde. Am 17. Februar 1984 hatte ein Trupp der nationalistischen Organisation französischer Basken »Iparretarrak« vor dem Grenzbahnhof Hendaye Schienen gesprengt, als der Schnellzug der Bauart Talgo Paris–Madrid mit einer Geschwindigkeit von 100 km/h zu erwarten war. Vier der zehn Liege- und Schlafwagen entgleisten; die Reisenden kamen mit Schrammen und dem Schrecken davon. Weitaus schlimmere Folgen hätte das Attentat zeitigen können, wäre es an der Stelle der Explosion zur Kreuzung mit dem aus Spanien kommenden Schnellzug gekommen, der sich zum Glück um eine halbe Stunde verspätet hatte. Die oft belästerte Unzuverlässigkeit bestimmter Bahnen hat eben auch ihr Gutes!

1985 hielten die »Hobos des Seine-Tals« die französische Polizei und Bevölkerung in Atem. Die Gruppen (»kleine Kommandozellen«, wie die Zeitungen schrieben) nannten sich nach den amerikanischen Eisenbahntramps, aber mit dem Unterschied zu ihnen, das sie nicht als blinde Passagiere mitreisten, sondern Anschläge auf Züge der SNCF verübten.

Den ersten traf am 20. Juni 1985 die Hochgeschwindigkeitsstrecke Paris–Lyon, wo ein Kabelschrank zerstört worden war. Am 21. und 27. Juni wurden die Eilzüge Nantes–Paris und Paris–Toulouse zum

In den turbulenten Zwanzigerjahren lief der Streifdienst der Bahn – wie hier im Reichsbahndirektionsbezirk München – mit dem Fährtenhund, um Kriminelle aufzuspüren. Slg. Rampp

Halten gezwungen. Auf den Gleisen brannten Scheiterhaufen aus Holz und alten Autoreifen. Am 1. Juli hatten die Piraten einen Schnellzug Paris–Brüssel angehalten, indem sie eine rote Flagge schwenkten. Anschließend schlugen sie die Wagenfenster ein und verteilten unter den verstörten Fahrgästen Handzettel, die auf die »unhaltbaren Zustände« in französischen Gefängnissen aufmerksam machen sollten.

Bei einer Verkehrskontrolle in Rouen entdeckte die Polizei Ende Juli im Kofferraum eines Pkw Agitationsschriften einer Gefangenenrevolte in Strafanstalten und eine Zeitschrift »Hooligans der Schiene«. Die Insassen des Pkw, zwei Lehrer, ein Mechaniker und ein Arbeitsloser, wurden daraufhin der Anschläge im Juni und Juli verdächtig und festgenommen. Die Anschläge auf TGV-Züge nahmen trotzdem kein Ende. Am 17. März 1986 kam es zwölf Minuten nach der Abfahrt in Paris bei der Einfahrt in den Bahnhof Brunoy (Strecke Paris–Lyon) zu einer Explosion, bei der zehn Reisende verletzt wurden, davon drei schwer. Die Sprengladung war in einem Gepäckfach versteckt worden.

Auch Deutschlands Schienenstränge waren zu dieser Zeit bedroht. Im Mai 1984 nahm die Polizei einen 32 Jahre alten Mann fest, der beschuldigt wurde, zwei Anschläge auf niedersächsischen Strecken verübt und mit weiteren gedroht zu haben, um von der Deutschen Bundesbahn 3,5 Millionen Mark zu erpressen. Einmal hatte er eine Barriere aus Eisenträgern und Holzstämmen errichtet, gegen die ein Güterzug prallte, beim anderen Mal hatte er auf die Gleise bei Nienburg ein schrottreifes Auto gestellt, auf das eine Lokomotive geprallt war. Die Polizei war dem Täter auf die Spur gekommen, als er sich als Bote bezeichnete, der das Geld nach Süddeutschland bringen sollte.

In den Achtzigerjahren hatte die DDR-Nachrichtenagentur ADN wiederholt von Anschlägen auf den Transitverkehr in West-Berlin zu berichten. Zum Beispiel fuhr der D 339 am 26. Mai 1984 zwischen den Bahnhöfen Berlin-Spandau und Berlin-Charlottenburg auf ein Hindernis aus Pflastersteinen und Kabelabdeckplatten. Dabei wurde lediglich der Bahnräumer deformiert. Ob es sich dabei um groben Unfug oder tatsächlich um einen (politisch motivierten) Anschlag auf den Transitreiseverkehr handelte, wie in der DDR oft behauptet wurde, ist fraglich geblieben.

Immer wieder werden im Zusammenhang mit Anschlägen auf die Bahn Kinder und Jugendliche genannt. Vier warfen Anfang Oktober 1993 von einer Brücke bei Gernlinden (Strecke München–Augsburg) mehrere Autoreifen in die Oberleitung und richteten damit einen Millionenschaden sowie ein mittleres Chaos im morgendlichen Berufsverkehr an. Die Strecke war fünf Stunden gesperrt.

Vier Gymnasiasten aus Neuenhagen wurden festgenommen, weil sie am 12. März 1996 eine Bombe gebastelt haben sollten, die sie in Fredersdorf an der Strecke Berlin–Küstrin-Kietz ablegten.

Am 14. März 1998 war bei Brostedt (Strecke Braunschweig–Hildesheim) ein ICE von einem Anschlag betroffen. Er geriet aber nur ins Schwanken und entgleiste nicht. Unbekannte hatten mehrere Betonplatten auf die Gleise gelegt, eine Weiche blockiert, Schrauben gelöst und ein Erdungskabel beschädigt. Das war sicherlich mehr als ein Dummer-Jungen-Streich, wie der folgende, den die Polizei – davon überzeugt oder wider besseren Wissens? – als »Leichtsinn von ein paar Jugendlichen oder Kindern« hinstellte. Am 23. September 1998 fuhr der Regionalexpress Bielefeld–Aachen zwischen Ahlen und Hamm (Westf) gegen einen Balken (den Rest einer Schwelle) und eine Steinplatte (den Deckel eines nahe gelegenen Kabelabdeckschachtes). 15 Minuten später rollte der Intercity Dortmund–Berlin über die Betonplatte. Der Sachschaden

Die Bahn muss den Lokomotivführer schützen, auch durch Sicherheitsglas der Frontscheiben. Adtranz schoss ein Aluminiumprojektil mit 100 km/h Geschwindigkeit auf die Scheibe eines ICE-3, der 300 km/h schnell fuhr. Das Projektil blieb stecken; die Scheibe zersplitterte nur am Einschussort. Ausgestellt auf der Innotrans 98.
Foto: Preuß

am Bahnräumer der Lokomotive des Regionalexpresses und an der Hauptluftbehälterleitung der Lokomotive des Intercitys belief sich auf 100.000 Mark.

Von gleicher Machart war das neun Jahre zurückliegende Vorkommnis am 20. Juli 1989, das die AKN Eisenbahn AG im Abschnitt Neumünster–Kaltenkirchen traf. Drei zwischen 10 und 13 Jahren alte Jugendliche hatten auf das Gleis ein Schienenstück gelegt, das sich am Bahnübergang verkeilte und dadurch den Triebwagen des Zuges 14672 entgleisen ließ. Der Schaden belief sich auf 100.000 Mark.

Stets war die Deutsche Bundesbahn das Zielobjekt von Erpressern, Bombenlegern und Attentätern, was in der Aufregung unter den Medien zum Jahresende 1998 vergessen wurde. Erinnern wir uns an »Die Bombe im Spülkasten«, die 1985 den deutschen Blätterwald belebte? Ein Eisenbahner entdeckte in der Nacht vom 20. zum 21. September 1985 in einem Wagen, der im Betriebswerk München 2 zur Generalreparatur abgestellt war, eine Zeitbombe mit 100 g Sprengstoff, Batterie und Wecker als Zündmechanismus. Die gesamte Vorrichtung war mit schwarzem Isolierband an die Deckenverkleidung über dem Spülkasten der Toilette befestigt. Die Kriminalpolizei vermutete, dass die Bombe im Intercity 689 »Amalienburg« während der Fahrt von Hamburg nach München versteckt worden war. Ein Zugbegleiter hatte alle Toiletten geprüft und in einer einen Defekt festgestellt. Er schrieb in das Bemängelungsbuch: »Spülkasten defekt«. Als der Wagen in München untersucht wurde, fand man gegen 3 Uhr die Bombe. Der zum Zündmechanismus eingestellte Haushaltswecker war auf 7.40 Uhr eingestellt; Er hätte, wäre er detoniert, keinen sehr großen Schaden angerichtet. Die Polizei konnte allerdings nicht feststellen, ob der Täter beabsichtigte, die Explosion am Tag des Fundes oder bereits am Vortag auszulösen, denn der Auslösemechanismus hatte einen Defekt.

In einem anderen Zug hatte zwei Tage zuvor ein Wagenmeister vom Abstellbahnhof Hamburg-Langenfelde im Bemängelungsbuch den Eintrag vorgefunden: »In diesem Wagen ist ein Sprengstoffsatz versteckt«. Der Wagen wurde trotzdem in mehrere Züge zwischen Hamburg und München eingestellt und mehr oder weniger beobachtet. Man fand nichts. Auch meldete sich niemand, der irgendetwas verlangte. Die Sache blieb mysteriös.

Entweder die 1,7 Millionen Mark oder vergiftete Lebensmittel! Das drohten 1989 zwei Erpresser, die sich Kornbluhm nannten, einem Lebensmittelkonzern. Das in einem Jutesack verpackte Geld holten sie bei der vereinbarten Übergabe nicht ab. 1990 lief ihre nächste Aktion. Diesmal sollte die Bundesbahndirektion Nürnberg anderthalb Millionen Mark zahlen, wenn ihr die Sicherheit des Zugverkehrs lieb sei. Recht originell waren die Bemühungen der Erpresser, nicht in die Hände der Polizei zu fallen.

Am 2. April 1990 ging in Nürnberg der Brief aus München ein, in dem die Deutsche Bundesbahn aufgefordert wurde, in Bad Abbach einen Hubschrauber bereitzustellen. Von 17 Uhr an werde im Park-Café ein Anruf mit dem Stichwort »Kornbluhm« ankommen. Der Täter (nach Meinung der Polizei und des Staatsanwaltes war er 20 bis 30 Jahre alt, sprach niederbayerischen Dialekt) werde auf Tonband eine Nachricht durchgeben. 1,5 Millionen Mark in 100-Mark-Scheinen in einem brauen Stoffsack sollten bereit liegen. Käme es zum Polizeieinsatz, werde eine »zweite Einsatzgruppe« einen Personenzug entgleisen lassen. Die Bahn solle der Forderung zustimmen. Als Zeichen gelte das Kennwort »Kornbluhm« auf Seite 1 der Bild-Zeitung am 3. April. Das wurde auch veröffentlicht, Bahn und Polizei hielten aber still.

Zur angekündigten Zeit rief das Telefon. Ein Eisenbahner nahm den Ruf entgegen, hörte »Kornbluhm« und eilte zum Regensburger Hauptbahnhof. Denn dort sollte im Schließfach 90 ein Zettel liegen. Die »Schnitzeljagd« begann.

Der Anruf des Erpressers wurde aufgezeichnet. Er war aber zu kurz, um die Stelle des Anrufers zu ermitteln, doch für die Stimmenanalyse reichte er.

Im Schließfach lag eine Notiz, mit Schreibmaschine in Großbuchstaben geschrieben. Unterhalb des 1399 m hohen Berges Kleiner Rachels markierte ein 2 m mal 90 cm großes gelbes Betttuch die Stelle eines Felsvorsprungs, auf den aus 20 m Höhe das Geld abgeworfen werden sollte.

Dort war auch die Polizei, der schneebedeckte Gipfel abgesperrt. Doch der Geldsack konnte nicht abgeworfen werden, weil Nebel und Wolken die Sicht versperrten. Zwei Personen galten als verdächtig und wurden kontrolliert: ein Förster und sein Jagdgehilfe!

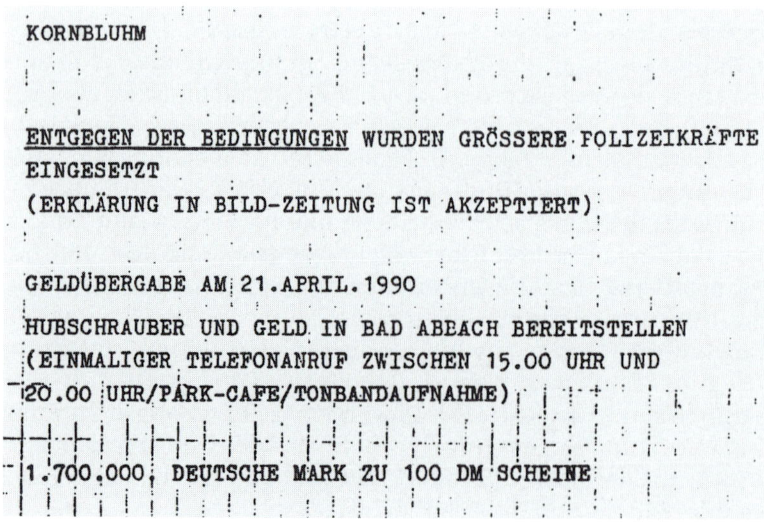
KORNBLUHM

ENTGEGEN DER BEDINGUNGEN WURDEN GRÖSSERE POLIZEIKRÄFTE EINGESETZT
(ERKLÄRUNG IN BILD-ZEITUNG IST AKZEPTIERT)

GELDÜBERGABE AM 21.APRIL.1990
HUBSCHRAUBER UND GELD IN BAD ABBACH BEREITSTELLEN
(EINMALIGER TELEFONANRUF ZWISCHEN 15.00 UHR UND 20.00 UHR/PARK-CAFE/TONBANDAUFNAHME)

1.700.000 DEUTSCHE MARK ZU 100 DM SCHEINE

Kornbluhm schrieb auch den zweiten Erpresserbrief an die Deutsche Bundesbahn mithilfe einer mechanischen Schreibmaschine und auf kariertes Papier. Er benutzte nur Großbuchstaben.
Entnommen: Mittelbayerische Zeitung, Regensburg

Wieder einmal erwies sich die Geldübergabe als schwierig bzw. unmöglich. Der Erpresser bekam kein Geld, zurück blieb die Verunsicherung der Bahn und der Öffentlichkeit, da die Ermittlungsbehörden den Fall am 5. April 1990 publik machten. Gut Ding will Weile haben, sagt der Volksmund. »Kornbluhm« wollte immer noch Geld und forderte 14 Tage nach dem ersten Versuch in einem in München aufgegebenen Brief 1,7 Millionen Mark, die aus einem Hubschrauber am Dreitannenriegel bei Deggendorf abgeworfen werden sollten. Der in einem Metallbehälter gelegte Geldsack landete auch, doch der Polizei blieb das Glück versagt, den Täter zu fassen. Der Abwurfstelle hatte sich ein Jogger genähert, der der Polizei höchst verdächtig vorkam. Der Sportler bemerkte im Wald viel Ungewöhnliches, bekam es mit der Angst zu tun und entzog sich dank seiner besseren Kondition der Überprüfung bzw. der Festnahme durch die Polizei. Nachdem vom Jogger bereits ein Phantombild gefertigt worden war, stellte sich der Irrtum heraus. Der wirkliche Erpresser blieb unbekannt – bis Kommissar Zufall half. Ein Mann hatte in einem Gasthof ein Gespräch mitgehört, in dem es um den missglückten Abwurf des Geldes ging. Er gab der Polizei den entscheidenden Tipp. Am 5. November 1992 wurden die arbeitslosen Betriebsschlosser Wilhelm S. und Nikolaus W. (25 bzw. 24 Jahre alt) in und bei Straubing festgenommen, einen Tag vor ihrer geplanten Abreise nach Brasilien. Die Polizei fand auch in der Wohnung des einen Verdächtigen einen vorbereiteten Brief, mit dem nach der Rückkehr aus Brasilien ein Geschäftsmann in Niederbayern erpresst werden sollte. Bei den Vernehmungen kam auch die Erpressung des Lebensmittelkonzerns heraus, der durch vergifte Babynahrung zur Zahlung von 1,5 Millionen Mark bewegt werden sollte.

Die Jugendkammer (!) des Landgerichts Regensburg verurteilte die Erpresser zu Freiheitsstrafen von vier Jahren bzw. vier Jahren und acht Monaten. Erschwerend bewertete der Vorsitzende Richter Josef Rothdauscher die erhebliche kriminelle Energie, strafmildernd aber die Geständnisse der Angeklagten und den Umstand, dass zu keiner Zeit für das Vermögen der Erpressten eine Gefahr bestanden habe. »Die ganze Aktion trug von vornherein den Stempel des Scheiterns.« Zeitungsberichte von Erpressungen sollen sie zu ihren Taten angeregt haben. Bereits der erste Anruf beim Lebensmittelkonzern schien Erfolg versprechend, denn »der Herr war sehr nett und gleich bereit, eineinhalb Millionen zu bezahlen. Das hatten wir gar nicht gedacht, dass die so schnell anbeißen«, sagte einer der Angeklagten. Doch wie sollte das Geld an den Mann kommen, ohne dass sie entdeckt würden? Elf Ferngespräche waren notwendig, um den Modus der Übergabe zu vereinbaren. Auf ein Taschenlampensignal hin sollte die Millionen aus einem Schnellzug München–Frankfurt (Main) geworfen werden. Die Schlosser waren auch zur Stelle, aber es flog nichts aus dem Zug. »Wir waren sehr ärgerlich.« Dass der Versuch, mit der Bundesbahndirektion Nürnberg ins Geschäft zu kommen, letztlich ebenfalls scheiterte, wissen wir bereits. Beim Abwurf nahe Deggendorf hatten die Erpresser mitbekommen, dass der Wald vom Polizeiaufgebot noch grüner geworden war. In beiden Fällen sannen sie auf Rache, aber ließen davon ab, wollten sie doch nicht zu Schwerverbrechern werden. Hätte der eine von ihnen in dem Gasthof den Mund gehalten, wären sie ewig unentdeckt geblieben.

Bleibt in diesem Fall nachzutragen: Noch während der Untersuchungshaft, Ende November 1992, flüchtete Wilhelm S. mit dem wegen versuchten Totschlags einsitzenden Rumänen Daniel M. aus der Justizvollzugsanstalt Landshut. Beide wurden auf der Autobahn bei Deggendorf von einer Polizeistreife gestellt.

Einen merkwürdigen Grund nannte ein 41-jähriger Metallarbeiter als Motiv seiner erpresserischen Drohbriefe in der Verhandlung vor dem Landgericht Frankfurt am Main am 16. März 1992: Er hatte sich mit seinen Aktionen lediglich entspannen wollen. Vom Januar bis März 1991 hatte er dem Allgemeinen Deutschen Automobilclub (ADAC) und der Bundesbahndirektion Frankfurt am Main mit Anschlägen auf Autos und auf Züge und Bahnanlagen gedroht. Er befestigte Holzkeile in den Schienen. Der darüber fahrende Zug hatte die Hölzer aus dem Gleis geworfen, ohne zu entgleisen. Auf die Autobahn geworfenes Holz wäre einem Pkw-Fahrer fast zum Verhängnis geworfen, der dem Hindernis auswich. Dem Täter ging es neben dem bereits angeführten Motiv um das Interesse der Medien. Seine Taten sollten im Mittelpunkt der Berichterstattung stehen.

Da er kein Geld verlangte, verurteilte ihn das Landgericht Frankfurt (Main) am 6. April 1992 nicht wegen Erpressung, aber wegen Nötigung und gefährlichen Eingriffs in den Bahn- und Straßenverkehr zu einer Freiheitsstrafe von fünf Jahren und anschließender Unterbringung in einem psychiatrischen Krankenhaus.

Um viel Geld für einen armen Schlucker ging es bei der bereits genannten, in Thale ausgelösten Erpressung 1997. Der 41-jährige Arbeitslose L. gedachte seiner Geldnot abzuhelfen, indem er von der Firma Maggi eine Summe von einer Million Mark verlangte, für sich selbst jedoch nur 100.000 Mark. Mit dem Zehntel wollte er sich zufrieden geben, um die Polizei zu überlisten. Die Idee für die Erpressung und deren raffinierte, vielleicht einmalige Methode war ihm durch das Lesen der Bild-Zeitung und die Auswertung der Fehler des Kaufhauserpressers »Dagobert« (siehe 3. Abschnitt) gekommen.

Wie ging L. vor? Dem Maggi-Werk in Singen schickte er einen Brief, den er mit der Hand und in Druckbuchstaben, einige zur Täuschung verstellt, geschrieben hatte. Er verlangte, im Telefonbuch von Thale des Jahres 1976 eine bestimmte Seite aufzuschlagen und den ersten zehn Fernsprechteilnehmern je 100.000 Mark zuzusenden. Unter diesen Zehn sei sein Freund, der das Geld dringend benötige. Der Witz: Er selbst war unter den Zehn. Komme das Geld nicht innerhalb einer Woche, so schrieb er, werde die Höhe des verlangten Betrages bei der nächsten Aktion verdoppelt. Werde die Polizei eingeschaltet, verdreifache sich die Forderung.

L. dachte, besonders schlau dafür gesorgt zu haben, dass man ihm nicht auf die Spur komme. Der Brief landete, wie üblich, bei der Polizei. Der nächste Brief enthielt die gleiche Forderung, aber zur Strafe sollte nun im Magnet-Markt eine Dose Champignoncremesuppe angebohrt und Gift eingefüllt werden. Erneut gab L. sich redlich Mühe, seine Forderung ausführlich in Druckbuchstaben zu schreiben und die Sache mit den zehn Anschriften aus dem Telefonbuch zu wiederholen. Er erhielt kein Geld. Abermals wurde Maggi mit Rattengift und Zyankali in den Produkten gedroht. Im dritten Brief hieß es: »Damit Sie sich nicht langweilen, werde ich im Markt eine Bombe legen. Sie werden sehen, wielange Sie sich das leisten können.«

Als die Post das Geld immer noch nicht brachte, musste L. nachhelfen und im Anruf einem Beamten auf dem Polizeiamt Quedlinburg Folgendes sagen: »Schnauze! Herhören! In einer Stunde explodiert im MZ-Markt eine Bombe!« Die Polizei sperrte umgehend den Markt ab, suchte nach der Bombe und fand keine. Aber sie ließ sich Zeit, die Leute zu überprüfen und von denen Schriftproben zu nehmen, die die 100.000 Mark erhalten sollten. Als sie endlich ermittelte, fiel L. auf, weil er (was er nicht wusste) bereits 1992 im Verdacht gestanden hatte, ein Erpresser zu sein.

Die Kriminalisten gingen behutsam vor, besuchten erst einmal die zehn, die auf Wunsch des Erpressers mit Geld bedacht werden sollten. Dass statt des Geldes die Polizei zu L. kam, verunsicherte ihn nicht. Im Gegenteil: Er war wütend und suchte sich einen anderen Empfänger. Der Deutschen Bahn in Magdeburg schrieb er mit Schreibmaschine einen Brief. Dort las man am 22. Mai 1997 staunend: »Hallo Leute, ich will euch einmal für einen guten Freund etwas Geld aus der Tasche leiten.« Fünf willkürlich ausgesuchte Anschriften waren genannt, seine ebenfalls. Der »aktuelle Tagespreis« sollte 50.000 Mark für jeden sein. »Holt euch das Geld von einem Gewinnspiel oder lasst euch etwas einfallen. Jede Woche sind 10.000 Mark abzuschicken. Um euch auf Trab zu halten, werde ich jede Woche einen Zug entgleisen lassen. Zuerst auf Nebenstrecken, dann auch mal einen IC. Ich habe schon mal zwischen Thale und Neinstedt geübt. Ihr merkt ja, dass es ernst ist, wenn die Züge entgleisen. Wenn ihr die Polizei einschaltet, kostet es gleich 100.000 Mark.« L. vergaß zum Schluss nicht die Gebote der Höflichkeit: »Ich bedanke mich im Voraus im Namen meines Freundes für das schöne Geld.«

Am Tag des Posteingangs in Magdeburg wurde L. festgenommen. Inzwischen hatte der Schriftprobenvergleich der Kriminalpolizei keinen Zweifel gelassen, wer der Maggi-Erpresser sein könnte.

Die 5. Strafkammer des Landgerichts Magdeburg lachte über die Taten des L. nicht, denn sie hatte auch aus der Sicht der Erpressungsopfer zu urteilen. Der Vorsitzende Richter Kupfer meinte dann auch bei der Frage, ob eine Bewährung noch infrage komme, es werde zu prüfen sein, ob die Verteidigung der Rechtsordnung nicht die Vollstreckung der Freiheitsstrafe gebiete. Mit anderen Worten, potenzielle Erpresser und Attentäter sollten durch das Urteil nicht ermuntert, sondern abge-

Der Erpresser L. fand im Revisionsverfahren vor dem Landgericht Magdeburg ein – recht begrenztes – Interesse der Medien. Foto: Preuß

schreckt werden. Deshalb wurde L. zu einer Freiheitsstrafe von drei Jahren (der Antrag der Staatsanwältin lautete: 3 Jahre, 6 Monate) – ohne Bewährung – verurteilt.

Die Firma Maggi und die Deutsche Bahn müssen auf Erpresser anziehend wirken. Ein 45-jähriger Mann hatte 1999 von Maggi 2,5 Millionen Mark und von der Deutschen Bahn 2 Millionen Mark gefordert und auf der Rheintalstrecke mit Anschlägen auf Züge gedroht. Beim zweiten Anruf bekam er Angst und sagte nichts. Rücktritt vom Versuch wertete das Landgericht Konstanz am 2. Februar 2000 dieses Verhalten und sprach ihn von der Bahn-Erpressung frei.

Von den Erpressungen zu den Attentaten: Alles Andere als ein Bubenstück war der am 13. Juni 1997 von einer Brücke in Göttingen geworfene Gullydeckel, gegen den die Lokomotive eines Güterzuges bei Tempo 80 prallte. Zwei Jahre zuvor hatte es an dieser Stelle einen gleichartigen Anschlag gegeben. Damals schleppten die Täter (einer allein konnte ihn nicht getragen haben!) den Deckel 75 m weit aus einer Kleingartenanlage (und hätten auf dem Weg genügend Zeit gehabt, von ihrem Vorhaben Abstand zu nehmen). Beim Wurf auf das Gleis wurde der Fahrdraht heruntergerissen, der sich im Stromabnehmer der Lokomotive verfing und die Oberleitung auf 300 m Länge zerstörte.

Ganz andere Sorgen mit Attentätern hatte man im fernen Japan, wo laut der Zeitung »DIE WELT« in den Metropolen das Chaos herrschte. Linksradikale hatten am 28. November 1985 durch Sabotage den Zugverkehr Tokio–Osaka lahm gelegt. Mit Spezialschneidegeräten durchschnitten sie im Raum Osaka - Kyoto an 32 Stellen die

Millionen von Pendlern warten vergeblich auf die Heimreise. Sie waren von den Anschlägen auf die Tokioter U-Bahnen und die Eisenbahn betroffen. Foto: dpa/epa

Löscharbeiten auf dem Bahnhof Asakusabshi in Tokio. Eine Serie von Brandstiftungen und Sabotageakten legte im November 1985 den japanischen Eisenbahnverkehr lahm. Extremisten unterstützten einen Streik der Eisenbahner.
Foto: dpa/epa

Kabel der computergesteuerten Zugleitsysteme. Danach brachen auf 95 von 135 Bahnhöfen die Computer zusammen. Nach der Zeitung »Der Tagesspiegel« sollen in mehreren Bahnhöfen auch Feuer gelegt und Brandbomben gezündet worden sein.

Die Polizei nahm 48 Angehörige der linksextremen Gruppe »Chukakuha« fest. Die Aktion soll sich gegen den Ausbau des Flughafens Narita bei Tokio gerichtet haben. Außerdem unterstützte die Gruppe einen Streik der Lokomotivführer der Sobu-Linie nördlich von Tokio, der sich gegen die geplante Privatisierung und den Abbau von 119.000 Arbeitsplätze richtete. Betroffen von den Anschlägen waren in Tokio zehn Millionen und in Osaka 850.000 Pendler.

1987 fanden in Ost- wie in West-Berlin anlässlich des 750-jährigen Jubiläums der Stadt Feierlichkeiten statt. Dazu gehörte in West-Berlin der Probelauf der Magnetbahn (als M-Bahn bezeichnet) auf 1,6 km Strecke vom U-Bahnhof Gleisdreieck bis Kemperplatz. »Technische Verlässlichkeit« und »verkehrliche und städtebauliche Integrationsfähigkeit« im öffentlichen Personennahverkehr sollten im nichtöffentlichen Testbetrieb bewiesen werden. Ein Brandanschlag in der Nacht vom 17. zum 18. April 1987 verursachte einen Schaden in Millionenhöhe. Reste von Brandsätzen fand man nach den Löscharbeiten in einem der beiden Wagen. Der »freischwebende Start« musste auf Herbst verschoben werden, in dem es erneut einen Brandanschlag geben sollte. Ein Wachmann entdeckte am 2. Oktober auf Grund eines intensiven Geruchs auf dem Bahnhof Kemperplatz unter den Schienen mehrere Behälter sowie ausgegossene brennbare Flüssigkeit, insgesamt 200 l eines Benzin-Ölgemisches. Die Polizei entschärfte die offenbar kurz zuvor deponierte, aus einem Zuckerchloratgemisch bestehende elektrische Brandvorrichtung.

Die Täter (der Staatsschutz vermutete mehrere) hatten, offenbar um sich zu schützen, ein 800 m langes Stromkabel zum Zünder verlegt. Die Stromquelle – vielleicht eine Autobatterie – fehlte. Wer die Täter waren, blieb den Beamten des West-Berliner Staatsschutzes ein Rätsel. Autonome Gruppen hatten sich nach dem Anschlag im Frühjahr des Anschlags bezichtigt mit der Begründung, die M-Bahn sei ein Prestigeobjekt der 750-Jahrfeier.

Am 23. November 1987 hatte eine Bombe, die sich nach dem »Entschärfen« als Attrappe erwies, bei der Deutschen Bundesbahn in Hamburg den Zugverkehr lahm gelegt. Ein Streckenläufer hatte den »Sprengkörper« auf der Süderelbe-Brücke in Wilhelmsburg entdeckt.

Von ganz anderem Kaliber waren die ein Vierteljahr anhaltenden Drohungen des 27-jährigen Arbeitslosen Roland H. und seiner 21-jährigen Freundin aus Iserlohn, Züge entgleisen zu lassen. Sie hatten am 12. Februar 1988 auf dem S-Bahn-Gleis bei Frankfurt (Main)-Niedernhausen einen selbst gefertigten Entgleisungsschuh verschraubt, der jedoch vom Zug überrollt und zerstört worden war. In der Nähe fand die Polizei einen an Rainer Gohlke, dem Vorstandsvorsitzer der Deutschen Bundesbahn, gerichteten Brief mit der Forderung, vier Millionen Mark zu zahlen. Ende April sollte bei Wanne-Eickel eine Bombe gezündet werden, worauf die Bahn wegen der Suche nach der Bombe 22 Züge ausfallen lassen musste.

In mehreren Telefongesprächen nannte der Täter nach Art einer Schnitzeljagd immer neue Übergabeorte, darunter den Friedhof in Syburg (Dortmund). Fünf Verabredungen platzten, weil der Erpresser misstrauisch geworden war, aber die Polizei kreiste mithilfe von Sprachanalysen den Ort der Telefongespräche immer enger ein und fand schließlich nach Fangschaltungen das Paar am 26. Mai in einer Telefonzelle in Holzwickede.

Neun Jahre Freiheitsstrafe verhängte die 27. Strafkammer des Landgerichts Frankfurt am Main für die Taten. Die Freundin kam wegen Beihilfe mit einem Jahr Bewährungsstrafe davon. Der Angeklagte hatte sich vor Gericht zu seiner Tat erst geäußert, nachdem er für die Dauer der Vernehmung seiner Lebensgefährtin von der Hauptverhandlung ausgeschlossen worden war. Die Freundin hatte Angst gehabt auszusagen, hatte der Täter sie doch bedroht, sie komme »nach Marokko in den Puff«, wenn sie nicht mitmache. Ohnehin hatte er geplant, von dem erpressten Geld zwei Bordelle zu finanzieren, die die Freundin als Geschäftsführerin verwalten sollte.

»Herbert, der Säger« sorgte für Schlagzeilen und Aufregung bei der Bahn. Er sägte mit einem so genannten Trennjäger Stücke aus den Schienen, zum ersten Mal in der Nacht vom 25. zum 26. Oktober 1987 ein Gleisstück von 1,41 m Länge bei Hamburg, außerdem bei Zeven, bei Unterlüß (Strecke Hannover–Hamburg) und auf der nur probeweise befahrenen Hochgeschwindigkeitsstrecke Göttingen–Würzburg. Der Täter forderte von der Deutschen Bundesbahn zuerst zwei, zuletzt vier Millionen Mark. Als zum zweiten Mal die Geldübergabe misslang (das Geld sollte aus einem fahrenden Zug geworfen werden), verschwand Herbert spurlos; die Sägerei hatte ein Ende. Entgleist war lediglich ein Arbeitszug. Man vermutet, ein Rottenunfall bei Hamburg, bei dem mehrere Eisenbahner getötet wurden, habe auch den Täter getroffen.

Schätzungsweise jedes zweite Ermittlungsverfahren muss eingestellt werden, weil der oder die Täter unbekannt blieb(en); manchmal steht sich die Polizei selbst im Wege. Vom Itzehoer Landgericht sollten die Angeklagten Knud A. und Ralf G. verurteilt werden. Beide waren angeblich am 29. Juli 1991 gesehen worden, wie sie bei Pinneberg Gehwegplatten auf die Schienen gelegt hatten. Die Polizei hatte A. und G. vom berüchtigten Hamburger Schanzenviertel bis nach Pinneberg verfolgt, will sie bei ihrer Tat beobachtet haben und nahm sie fest. Und die Staatsanwaltschaft warf ihnen gemeinschaftlich versuchten Mord in Tateinheit mit einem gemeinschaftlichen Eingriff in den Bahnverkehr vor.

Das Gericht sah es bereits am ersten Verhandlungstag, am 27. Januar 1993, anders, nachdem die Angeklagten bereits ein halbes Jahr Untersuchungshaft (!) hinter sich

SCHUTZ DER STRECKEN

Gegen Sabotage helfen keine Hubschrauber

VON PETER NEUMANN

Nach der jüngsten Serie von Sabotage-Akten bei der Bahn bewegt viele Fahrgäste eine Frage: Lassen sich Verbrechen dieser Art verhindern? Experten haben darauf nur eine Antwort: Nein. „Ein Schutz vor solchen Straftaten ist mit keinem vertretbaren Aufwand zu bewerkstelligen", sagte Markus Hecht, Professor am Institut für Straßen- und Schienenverkehr der Technischen Universität (TU) Berlin, der „Berliner Zeitung". „Zwar sind entsprechende technische Systeme vorhanden, aber diese sind sehr aufwendig." Außerdem könne ein Erfolg nicht garantiert werden.

Zwar gebe es durchaus Möglichkeiten, Bahnstrecken zu überwachen. „Auf der Brenner-Südrampe sind Videokameras installiert worden, mit deren Hilfe Erdrutsche festgestellt werden können", berichtet der Ingenieur. Trotzdem konnte auf der stark befahrenen Alpenpaß-Strecke ein Zug wegen eines Erdrutsches entgleisen: Der Unglücksort lag außerhalb des Sichtfeldes der Kameras.

„Die Aufklärungsquote ist gering."
Autor E.Preuß

Eisenbahntrassen können auch mit Hilfe von Ultraschall überwacht werden. „Doch dieses System ist nicht nur teuer, sondern auch anfällig für Fehlmeldungen. Schon ein einziges Wildtier, das die Strecke kreuzt, würde den Bahnverkehr sofort lahmlegen", so Hecht.

„Eine weitere Möglichkeit wäre, ubschrauber-Patrouillen einsetzen", sagt der Berliner TU-Prosor. In den USA würden Nahverrsstrecken, die Stadtgebiete mit er Kriminalität durchqueren, its von Helikoptern aus über-. Doch auch eine Kontrolle

arbeiteten, hatten die Gleise im Blick. Doch bei der Rationalisierung der DB wurde dieses Personal verringert, oft sogar ganz eingespart.

Wer verübt solche Sabotage-Akte? Dies ist die zweite Frage, die nun die Gemüter bewegt. Wie berichtet wird davon ausgegangen, daß Bahn-Erpresser die jüngsten Anschläge auf die Strecken Stralsund–Berlin und Berlin–Hannover verübt haben. Weil dort Schienen-Schrauben fachmännisch gelockert wurden, vermuten die Ermittler außerdem, daß Eisenbahner diese Straftaten begingen. Beides ist nicht unüblich, so Preuß: „Die Deutsche Bahn wird im Durchschnitt 40mal pro Jahr erpreßt. Und es gab Fälle, in denen offenbar verbitterte Eisenbahner Sabotage verübten." Bahn-Mitarbeiter, die sich ungerecht behandelt fühlen oder deren Arbeitsplatz gestrichen wurde, könnten ein „kriminelles Potential" bilden – bisweilen mit erheblicher Gemeingefährlichkeit. So entgleiste 1968 bei Landstuhl in der Pfalz ein D-Zug, weil ein Unbekannter eine Weiche fachmännisch von deren Verbindung zum Stellwerk getrennt und danach umgestellt hatte. Der Zug wurde abrupt in ein anderes Gleis geleitet und sprang aus den Schienen. Es gab Tote und Verletzte.

Auch für die Entgleisung eines Reisezugs am 31. Dezember 1994 bei Lübz war vermutlich ein Eisenbahner verantwortlich. Genau dort, wo ein unbeschrankter Bahnübergang die volle Aufmerksamkeit des Lokführers erforderte, waren Baumstämme im Gleis verkeilt worden. Auch in diesem Fall wurde der Täter bislang nicht gefunden.

Die Aufklärungsquote ist ge-

In der »Berliner Zeitung« vom 21. Dezember 1998 äußerte ich meine Meinung zur Aufklärungsquote von Anschlägen und Erpressungen.

hatten. Ein Mordversuch, weil sie Platten aufgelegt hatten? Eine Tötungsabsicht, die die Charakterisierung der Tat als Mordversuch rechtfertigte? Nein, die Tötungsabsicht war nicht nachzuweisen. Von der Anklage blieb nur der versuchte Eingriff in den Bahnverkehr. Am 8. März musste die Staatsanwältin in ihrem Plädoyer selbst diesen Vorwurf fallen lassen und Freispruch beantragen, obwohl sie von der Schuld der Angeklagten überzeugt war. Die Staatsanwaltschaft hatte wohl, was nicht so selten ist, nur die belastenden Beweise und nicht die entlastenden zusammengetragen, und sie war von der Zuverlässigkeit der Polizei überzeugt – ein Trugschluss; denn die ermittelnde Polizei selbst hatte die Verfolgung der Straftat unmöglich gemacht. Im Gerichtssaal verwickelten sich die vermummt auftretenden Zeugen (!) in viele Widersprüche. Die Angeklagten waren nur deshalb observiert worden, weil die Polizei sie verwechselt hatte.

Bei der Bundesbahndirektion Frankfurt am Main gingen 1992 Briefe ein, in denen die Absender eine Riesensumme verlangten, anderenfalls käme es zu Anschlägen auf 45 deutsche Bahnhöfe. Um den Ernst ihrer Forderung zu unterstreichen, zündeten sie an vier Strecken Sprengsätze. So am 11. Januar 1991 an der Strecke Wehrheim–Köppern, zwei Wochen danach bei Arheilgen (Strecke Frankfurt [Main]–Darmstadt), am 14. Februar bei Groß Gerau, am 5. März bei Petersaurach. Die Explosionen rissen die Schienen auf Längen zwischen 60 cm und 1,5 m vom Gleisbett, es kam aber zu keiner Entgleisung.

Am Krater der Explosion bei Köppern fand die Polizei einen Brief mit der Forderung von 5 Millionen Mark, die Restsumme in Raten zu je 150 Millionen Mark! In einem anderenorts gefundenen Brief forderten die Täter, zum Zeichen ihrer Zahlungsbereitschaft in einem überregionalen Boulevardblatt eine Anzeige zu schalten. Der Wunsch wurde erfüllt, doch zu weiteren Kontaktaufnahmen mit den Attentätern kam es nicht.

Erst ein Banküberfall bei Meiningen führte Monate später zu den Indizien, die auf die Räuber als Erpresser der Deutschen Bundesbahn schließen ließen. Die Täter waren ein 43-jähriger Landschaftsgärtner und ein 26 Jahre alter Fernmeldehandwerker. Der jüngere der Beiden war bislang nicht aufgefallen, aber der Gärtner hatte bereits Gefängnisstrafen wegen sexuellen Missbrauchs eines Kindes, wegen Betrugs und wegen Raubüberfalls verbüßt. Nach dem Banküberfall war er zu 15 Jahren Freiheitsstrafe und anschließender Sicherheitsverwahrung verurteilt worden. Deshalb stellte die Strafkammer des Landgerichts Frankfurt am Main während der Verhandlung im Juni 1994 das Verfahren gegen den Landschaftsgärtner ein, denn die Höchststrafe konnte nicht mit einer weiteren Strafe belegt werden. Der Komplize, in Meiningen zu acht Jahren Gefängnis verurteilt, erhielt eine Gesamtfreiheitsstrafe von neun Jahren.

Charly nannte sich der Erpresser, der im Gegensatz zu den vorher Genannten mit seiner Forderung von 1,5 Millionen Mark ziemlich bescheiden blieb. Charly schoss im Herbst 1993 mit einem Kleinkalibergewehr auf Züge zwischen Minden und Stadthagen und verletzte fünf Reisende. Die mit der Hand geschriebenen bzw. auf einer Standardschreibmaschine getippten Erpressungsbriefe kamen aus Bückeburg zum Bundesbahnzentralamt Minden und verrieten, dass sich der Erpresser im Gebiet von Minden und Bückeburg gut auskannte.

Das Geld sollte im Raum Minden vom Flugzeug in Richtung eines vom Boden aus gesendeten Lichtzeichens abgeworfen werden. Diese Art der Geldübergabe misslang, hatten doch von ihr viele »Trittbrettfahrer« erfahren und ebenfalls Lichtzeichen gegeben. Misslungen war auch das Ermittlungsverfahren gegen unbekannt; der Täter wurde nicht gefunden.

Recht harmlos war der Anschlag am 19. Dezember 1994 nahe des Bahnhofes Kirchseeon (Strecke München–Rosenheim), wo Unbekannte einen 70 cm langen Betonpfosten, eine Betonplatte und eine Holzkiste auf die Gleise gelegt hatten. Der Lokomotivführer eines Zuges auf dem Gleis Rosenheim–München hatte das Hindernis entdeckt und über Zugfunk den Lokomotivführer des Interregios Karlsruhe–Salzburg gewarnt, der auf dem Gleis der Gegenrichtung gefahren kam. Der räumte das Hindernis aus dem Gleis und setzte nach neun Minuten die Fahrt fort.

Während die Nachrichtenagentur dpa geschrieben hatte, der Interregio München–Verona (?!) sei nur knapp einer Katastrophe entkommen, sagte ein DB-Sprecher, es habe keine konkrete Gefahr bestanden. »Wenn der Lokomotivführer nicht rechtzeitig gebremst hätte, hätte die Lokomotive die Hindernis mit ihrem Frontschild (gemeint ist der Bahnräumer - E. P.) beiseite schieben können, ohne dass der Zug entgleist wäre.«

Abgesehen von derartig unterschiedlichen Mitteilungen zur Gefährlichkeit von Anschlägen kommt es auch zu ausgefallenen Situationen, wie am 23. November 1995. Eine unbekannte Person hatte auf dem Bahnhof Niebüll (Strecke Hamburg– Westerland) angerufen: »Auf dem Hindenburgdamm liegt eine Bombe!« Der Fahrdienstleiter ließ sofort den in Richtung Westerland fahrenden Zug anhalten. Doch die Reisenden waren mit der Fahrtunterbrechung und der angekündigten Untersuchung des Zuges nicht einverstanden. Sie wollten nach Hause. Sie redeten auf den Zugführer ein, die Fahrt fortzusetzen. Das Risiko einer Explosion war auch gering, denn die dreistündige Untersuchung auf dem Bahnhof Westerland blieb ohne Ergebnis.

2. Freunde der Eisenbahn

Als Freunde der Eisenbahn bezeichnen sich jene Laien und Amateure, die die Fahrzeuge des Schienenverkehrs, ihre Nummerierung und ihre Stationierung besser kennen als Eisenbahner oder Straßenbahner. Sie bereisen die Strecken und legen sich Sammlungen von Fotos, Dias, Videofilmen und/oder anderen Devotionalien an. Nicht jeder, der die Eisenbahn liebt, ist ein Modelleisenbahner. Man nennt sich dann Freund der Eisenbahn.

Jedes Unternehmen müsste froh sein, eine solch starke Anhängerschaft wie die Freunde der Eisenbahn zu haben. Indes nennen manche Mitarbeiter der Deutschen Bahn die Freunde der Eisenbahn verächtlich Nietenzähler oder Pufferküsser, denn sie sind mitunter lästig. Sie fragen, fotografieren und filmen viel, sie bestürmen das Unternehmen mit Fragen und Wünschen. Nur eines wird man diesen Freunden nicht unterstellen: Dass sie der Bahn Schaden zufügen oder zufügen möchten.

Diese Freunde der Eisenbahn werden über die Vorfälle unter ihrem Namen ratlos und empört gewesen sein. Wie es schien, bediente(n) sich zum Jahresende 1998 ein oder mehrere Verbrecher der Bezeichnung »Freunde der Eisenbahn« als Deckname.

Drei Ereignisse im Streckennetz der Deutschen Bahn schienen ohne Zusammenhang; denn nur wenige Mitarbeiter der Konzernleitung[1] kannten die am 20., 26., 29. und 30. November in Köln und Berlin aufgegebenen Briefe, in denen zehn Millionen Mark gefordert wurden. Keine Tausendmarkscheine, doch Dollars und britische Pfunde waren erlaubt. »Wird nicht gezahlt, gibt es Tote! Wir haben keine Absicht zu töten, aber wir würden das in Kauf nehmen«, hieß es. Die DB-Mitarbeiter erfuhren noch, die Absender seien ein Dutzend »Freunde der Eisenbahn«, denen man gekündigt habe, sodass sie jetzt Geld brauchten. In halbseitigen Anzeigen in »Bild« sollte die Bahn Zahlungsbereitschaft signalisieren.

Der oder die Briefschreiber hatte(n) nicht damit gerechnet, wie lange die Briefe nach Frankfurt am Main unterwegs sein würden und welche Zeit es vom Auftrag bis zur Veröffentlichung einer Zeitungsanzeige braucht; eine Fehleinschätzung, der Erpresser gelegentlich unterliegen. Um die Lethargie des Bahnvorstandes zu brechen,

[1] Die Briefe waren an die Deutsche Bahn in Frankfurt am Main adressiert; die Konzernleitung hat ihren Sitz aber in Berlin.

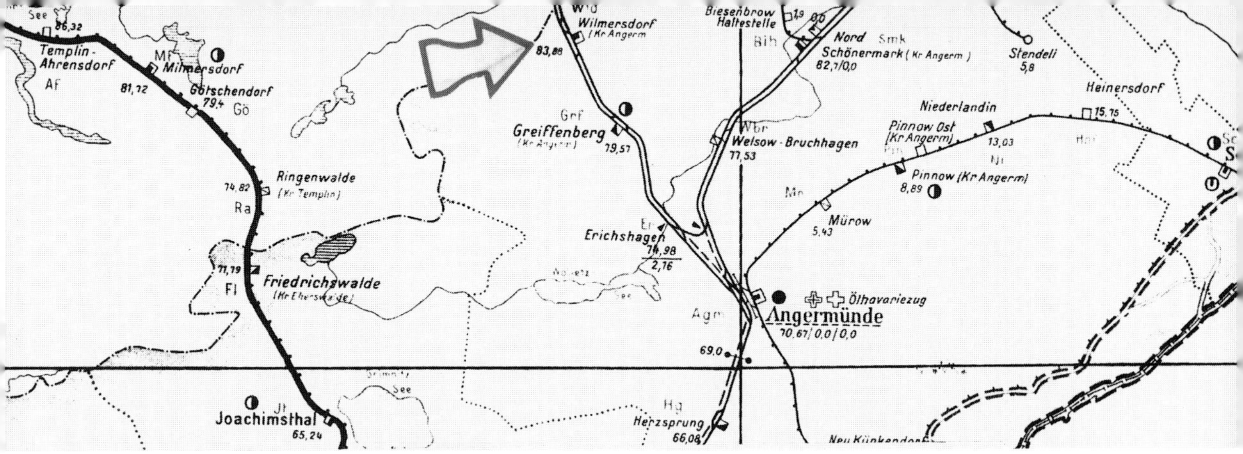

In Wilmersdorf erhielt die Deutsche Bahn die erste Drohung, ohne dass sie es bemerkte.

Der Anschlag in Uchtspringe war schon von ernster Natur. Die alte Strecke (untere Linie) ist abgerissen. Die obere Linie kennzeichnet die jetzige Lage der Hochgeschwindigkeits- und der Stammstrecke. Karte: PBDE

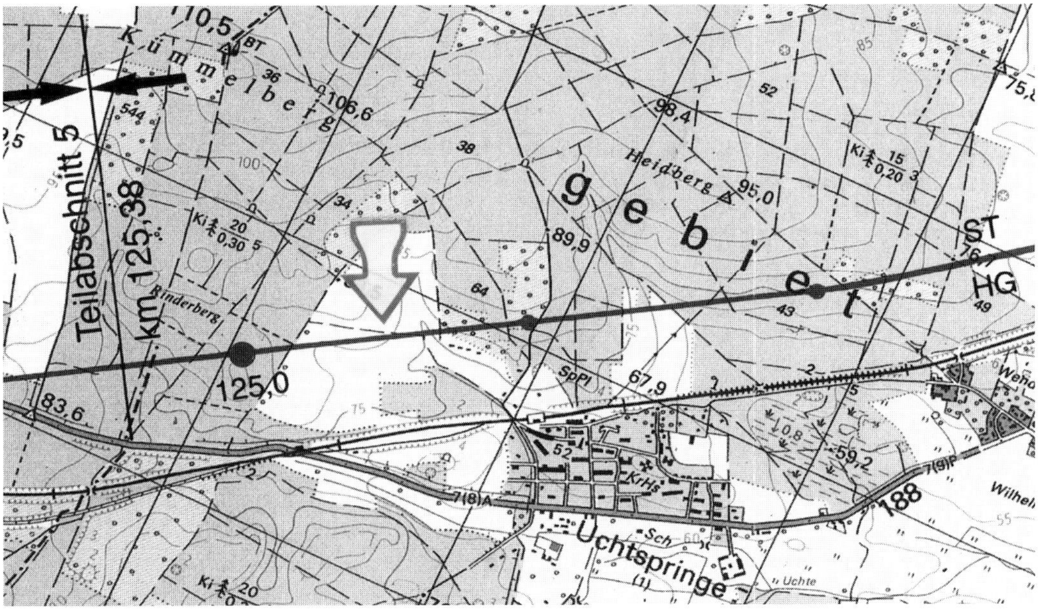

musste die »Gruppe von zehn bis zwölf Leuten« ihrer Geldforderung mehr Nachdruck verleihen. Denn im dritten Brief schrieb sie: »Sie machen uns wütend. Wenn nicht bald etwas passiert, wird es in Berlin ein großes Unglück geben mit Hunderten Toten.« Man sei durchaus in der Lage, Züge aus den Gleis zu heben; die Bahn trage die Mitverantwortung.

Der Beweis sollte nicht lange auf sich warten lassen, allerdings nicht in Berlin, sondern an der Strecke Berlin–Stralsund, im Bahnhof Wilmersdorf (Kr Angermünde)[2]. In

2 Der Täter benutzte dazu die Autobahnabfahrt Pfingstberg. Pfingstberg war dann das Losungswort, als die Geldübergabe vereinbart wurde.

Die Stelle der Manipulation an einem der Gleise der Hochgeschwindigkeitsstrecke Berlin–Oebisfelde (links) in Uchtspringe lag zwischen zwei Betonbrücken (1998). Foto: Preuß

der Nacht vom 25. zum 26. November hatte jemand an 28 Schwellen auf 15 m Länge die Muttern der Schienenbefestigung gelöst. Über dieses Gleis fuhren die Züge mit Geschwindigkeiten bis zu 120 km/h, ohne dass jemand etwas bemerkte. Die Kontrolle der Gleise beim Streckengang oder vom bewegten Fahrzeug aus findet alle drei Monate statt; hier war sie frühestens Ende Dezember fällig. Erst beim Telefonieren wegen der Lösegeldübergabe am 15. Dezember erfuhr die Deutsche Bahn von dem Anschlag. Er wurde strafrechtlich nicht weiter verfolgt. In der Nacht vom 7. zum 8. Dezember stemmte ein Unbekannter (oder waren es mehrere?) bei Uchtspringe (Strecke Berlin–Lehrte) die Schienen eines Gleises der Hochgeschwindigkeitsstrecke Berlin–Oebisfelde aus ihrer Befestigung. Der Kriminaltechniker vom Bundesgrenzschutz in Magdeburg sollte Stunden später feststellen, dass von der linken Schiene des Gleises Oebisfelde–Berlin an 24 Schwellen 48 Schrauben gelöst und die Schiene mit einer Winde angehoben waren. Ein Hemmschuh war auf die Schienen gelegt (und vom Zug weggeschleudert worden - E. P.), ein zweiter für die Überhöhung der Schiene als Keil benutzt worden. Im Gleis der Gegenrichtung waren an zwölf Schwellen die Schrauben gelöst, aber nicht entfernt worden.

Lokomotivführer Ernst Liedke fuhr am Tattag den ersten ICE von Hannover nach Berlin und konnte sich wegen der damals in den Fahrplan eingearbeiteten Fahrzeitzuschläge Zeit lassen, um pünktlich zu sein. 155 km/h fuhr der Zug, wie er aussagte[3]. Zwischen km 240 und km 250 hörte er an der Front des Triebzuges einen Schlag. Er hatte ein Reh überfahren. Noch während Liedke die Betriebsleitung darü-

[3] Erlaubt waren 250 km/h. Der Staatsanwalt, der Sachverständige Siegmann, der Anwalt der Nebenkläger und die Korrespondenten gingen fälschlicherweise von 250 km/h aus.

ber verständigen wollte und auf den Gesprächsaufbau des Zugfunks wartete, kam der zweite Schlag, und der Melder der Linienzugbeeinflussung leuchtete. Das kurze Aufleuchten wurde von Liedke als Zeichen gedeutet, dass die Räder der überwachten Achse sich nicht mit gleicher Geschwindigkeit drehten; ein Rad musste einen Augenblick die Schiene verlassen haben. Auf dem nächsten Haltbahnhof, in Stendal[4], besah sich der Lokomotivführer den Triebkopf und bemerkte die Beschädigung, die der Kriminaltechniker später dem Hemmschuh und der Winde zuordnete.

Vor Gericht lautete später seine Schlussfolgerung: Die Täter hätten ihr Vorhaben nicht zu Ende bringen können, als der ICE-Zugverkehr einsetzte. Gottlob entgleiste der Zug nicht, denn die Überhöhung der Schiene und auch die geringfügige Spurerweiterung reichten dafür nicht aus. Das Beharrungsvermögen von Fahrzeugen (die Fliehkraft) nimmt mit wachsender Geschwindigkeit zu, sodass der Zug, selbst wenn er für einen Moment seine Führung verliert, zurück zur Fahrbahn findet. Das kennen die Praktiker des Betriebsalltags der Eisenbahn. Beispielsweise heben Fahrzeuge bei festgefahrenen Hemmschuhen vom Gleis ab und fallen wieder auf die Schiene. Auch durch Schienenbruch entstandene Lücken im Gleis werden überfahren, ohne dass das Fahrzeug entgleist. Ganz anders sah das der Sachverständige, Professor Jürgen Siegmann von der Technischen Universität Berlin, für den die Entgleisungsgefahr feststand. Allein das Lösen der Schrauben führe zur Entgleisung. Er konnte zwar nicht schlüssig belegen, wann ein Zug mit welcher Geschwindigkeit entgleist (so etwas war noch nicht experimentiert worden), aber sein mystischer Satz »Es grenzt an ein Wunder, dass der Zug nicht entgleist ist« wurde vom Staatsanwalt, vom Anwalt der Nebenkläger und von den Richtern als Beweis für den Mordanschlag angesehen und von den Medien wiederholt zitiert, ohne dass der Verteidiger diese Auffassung anfocht. Was der Sachverständige sagte, konnte nur richtig sein, denn in Deutschland ist das Gutachten eines Professors nur schwer zu erschüttern.

Schlussfolgerungen im Gutachten müssen auf technisch-wissenschaftlicher Grundlage gezogen werden und dürfen nicht in sibyllinischen Formulierungen enden. Wenn eine Aussage nicht möglich ist, weil die Erkenntnisse fehlen, dann ist sie zu verweigern. Anderenfalls setzt sich der Sachverständige dem Verdacht aus, dem Auftraggeber gefällig zu sein.

In der mündlichen Urteilsbegründung sagte der Vorsitzende Richter Achim Sachs, der »Sprung« über die vom Angeklagten ausgeführte Überhöhung habe bewiesen, dass der Anschlag zur Entgleisung führte. Nein, Uchtspringe hatte keineswegs bewiesen, dass das Lösen der Schrauben zur Entgleisung führen musste; der Zug fuhr ja bis Stendal weiter. Zweifellos hatte das Rad für den Bruchteil einer Sekunde die Führung im Gleis verloren, aber es fand sie sogleich wieder. Lücken der Führung finden sich auch vor dem Herzstück von Weichen oder Kreuzungen, ohne dass dies als gefährlich eingestuft sind.

Um mich nicht dem Vorwurf der Banalisierung dieses Attentats auszusetzen: Zweifellos hatten der oder die Täter in die Sicherheit des Zugverkehrs eingegriffen, doch war das ein versuchter Mord? Der Anschlag von Uchtspringe durfte nicht mit dem bei Klein Bünzow gleich gesetzt werden.

Nach dem Anschlag von Uchtspringe suchte die Polizei nach den Tätern, sie ging auch an die Öffentlichkeit, ohne Erfolg. In »Bild« erschien, wie vom Erpresser ge-

[4] Die ICE-Züge der Tagesrandlage halten in Stendal, alle anderen benutzen die Südumfahrung.

Der Hinweis in der Anzeige, die die Deutsche Bahn in BILD schaltete, »Info Dienstag 08. 12. 98, 10 - 12 Uhr, Tel. 06926561458« war für den Erpresser bestimmt.

wünscht, eine Anzeige mit dem versteckten Hinweis auf eine Kontaktstelle. Doch die Verbindung zum Erpresser kam nicht zu Stande; er hatte die Zeitung nicht gelesen.

Am 18. Dezember, gegen 1.00 Uhr, geschah das Unfassbare: Lokomotivführer Mario Pausch fuhr mit dem Güterzug 44707 Sassnitz Fährhafen–Seddin in Richtung Anklam. Sein Zug fuhr mit einer Geschwindigkeit von 90 km/h, er sah die von den Spitzenlichtern der Lokomotive angeleuchteten Schienen, wie vom Lineal gezogen lagen sie in der pommerschen Ebene. Plötzlich wich die linke Schiene ab und beschrieb einen Bogen. In Ordnung war das nicht. Pausch bediente die Schnellbremsung, den Nottaster, der den Stromabnehmer senkt und die Motoren abschaltet, da blitzte es schon, er wurde nach vorn gedrückt, der Stromabnehmer schwebte am Fenster vorbei. Die Lokomotive war entgleist, stand zwischen den beiden Gleisen und wurde am Umstürzen von der Kupplung mit dem Wagen gehindert. Pausch warnte über die Notruftaste des Zugfunks die Züge im Funkbereich.

Bei Klein Bünzow (Strecke Berlin–Stralsund) waren zehn Wagen entgleist. Sofort nachdem der Bundesgrenzschutz und die Staatsanwaltschaft die Ermittlungen aufnahmen, stand fest, dass die Entgleisung die Folge eines Attentats war. Und es trug die Handschrift des Attentäters von Uchtspringe: Die Schiene war gelöst und angehoben, hier allerdings zusätzlich zur gefährlichen Spurerweiterung auseinandergedrückt worden.

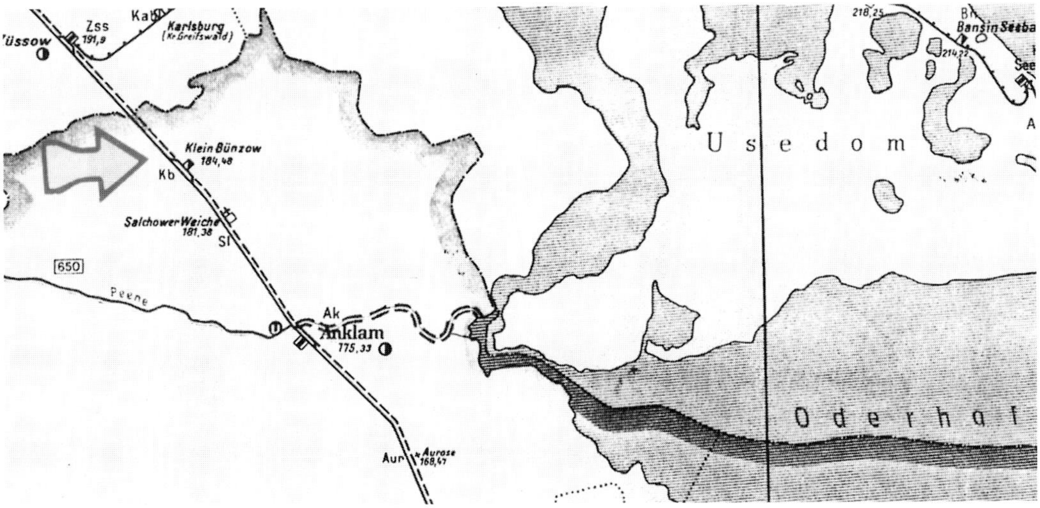

Nahe Klein Bünzow geschah das Unfassbare. Die dem DR-Atlas von 1974 entnommene Karte zeigt die Strecke noch eingleisig mit dem Planum für das zweite Gleis.

In Klein Bünzow entgleiste am 18.12.1998 der Güterzug Sassnitz Fährhafen–Seddin, und sogleich stand die Ursache fest: Die Schiene war gelöst worden. Foto: dpa/Sauer

Am 20. 12. 1998 versuchen Mitarbeiter von Bahn und Bundeswehr, die Unfallstelle zu räumen. Der Anschlag bei Klein Bünzow hatte Schäden in Millionenhöhe zur Folge. Foto: dpa/Sauer

Die Kriminaltechniker entdeckten unter den nicht entgleisten Wagen am Zugschluss die entfernten Schwellenschrauben, und sie rechneten für das zerstörte Gleisstück entsprechend dem regulären Schwellenabstand aus, an wievielen Schwellen die Befestigung der Schiene gelöst worden sein musste: an 47 Schwellen!

Der Angeklagte hatte beim ersten Geständnis am 18. Oktober 1999 auch zugegeben, es darauf angelegt zu haben, dass der Zug entgleise. Zwar nicht so, wie geschehen, aber der letzte Wagen sollte es sein. Er hatte offenbar seine Fachkenntnis darüber, dass und wie man Entgleisungen steuern kann, überschätzt.

Nach diesem Geschehen wird das Bundeskriminalamt dem Vorstand der Deutschen Bahn geraten haben, die Öffentlichkeit auffälliger als bisher über die Erpressung und die gemeingefährlichen Täter zu informieren. Nicht Johannes Ludewig, der Vorstandsvorsitzende, nicht Peter Münchschwander, der Chef des Geschäftsbereichs Netz, gab vor sortierten Journalisten in Frankfurt am Main eine Erklärung ab, sondern der bislang nicht sonderlich in Erscheinung getretene Bahnvorstand Peter Reinhardt – zuständig für Immobilien, Recht und Personenbahnhöfe!

Der Schritt, vor die Fernsehkameras zu treten, war neu, wird doch die Deutsche Bahn regelmäßig erpresst, ohne dass sie darüber viel Aufhebens macht. Die Deutsche Bahn musste im Interesse von Leib und Leben ihrer Kunden und ihres Personals mehr tun als abwarten. Sie hatte einen Profi, Jürgen Hacker vom Bundeskriminalamt, als »Vermittler« an der Seite.

Die Taktik bestand darin, bei den Tätern eine Vertrauensgrundlage zu schaffen und sie in der Gewissheit zu wiegen, die Bahn gehe auf ihre Forderung ein. Nur fehlte der Kontakt. Deshalb forderte Reinhardt die »Freunde der Eisenbahn« auf, sich zu melden. »Rufen Sie bitte die bekannten Telefonnummern *noch einmal* an«, sagte er. Bahn und Behörden seien erstaunt, dass die Erpresser von den angebotenen Kontakten bisher keinen Gebrauch gemacht hätten.

Zu dieser Zeit, kurz vor Weihnachten, stand einiges auf dem Spiel. Die Öffentlichkeit wusste bereits viel über Erpressungen und Anschläge. Zu viel, meinte auch

Sofort verformte sich die bei der Entgleisung aus ihrer Befestigung gerissene Schiene des lückenlosen Gleises.
Foto: BGS/Slg. Pausch

Die verformte Schiene, die Ladung und am Schluss des Zuges die umgestürzten Wagen ragten in das Profil des Gleises der Gegenrichtung.
Foto: BGS/Slg. Pausch

Christian Pfeiffer[5], Direktor des Kriminologischen Forschungsinstituts in Niedersachsen, der befürchtete, dass sich durch die bekannt gewordenen Einzelheiten »Trittbrettfahrer« ermutigt fühlen würden, ebenfalls die Bahn unter Druck zu setzen. Unter denen, die sich zu wenig informiert fühlten, sogar das Schlagwort von der Informationspolitik verwendeten, ragte Rudi Schäfer, der Vorsitzende der Gewerkschaft der Eisenbahner Deutschlands, heraus. Schäfer wollte sogar erhebliche Lücken in den Sicherheitsvorkehrungen ausgemacht haben. Er verlangte für die Schnellstrecken eine permanente Kontrolle durch Hubschrauber mit entsprechendem Sichtgerät.

Vermutlich ging es dem Gewerkschaftsboss gar nicht um bessere Kontrollen und Unterrichtung, sondern darum, sich mit diesem Thema zu profilieren und den Vorstandsvorsitzenden Johannes Ludewig »madig« zu machen. Bei einiger Überlegung hätte Schäfer erkennen müssen, dass Hubschraubereinsätze keineswegs Attentäter abschrecken. Auch schien ihm entfallen zu sein, dass er und die Mitglieder seiner Gewerkschaft bei früheren Erpressungen ebenfalls nicht unterrichtet worden waren.

Mit den jüngsten Anschlägen beschäftigte sich sogar das Bundeskabinett. Angeblich soll Bundeskanzler Gerhard Schröder energische Maßnahmen zur Sicherheit des Bahnverkehrs angeordnet haben. Tatsächlich wurden für eine kurze Zeit die Hochgeschwindigkeitsstrecke Berlin–Oebisfelde, auf die sich einige Anschläge konzentrierten, und weitere Strecken in Hessen und Bayern aus der Luft überwacht, sogar von »Tornados« mit Filmkamera. Solche Einsätze dienten weniger der Gefahrenabwehr als der Beruhigung der Bevölkerung.

Wenn man sich mit dem entgleisten Güterzug beschäftigte und versuchte, den Täterkreis einzuengen, blieb die Vermutung, die »Freunde der Eisenbahn« müssten irgendeine Beziehung zur Eisenbahn haben. Waren es wirklich verärgerte – gekündig-

[5] Bekannt geworden durch seine Nachttopfthese zur Kindererziehung in der DDR.

te? – Eisenbahner, oder nutzten sie ihre Kenntnisse aus, um sich professionell zu geben? Nur ein Eingeweihter konnte wissen, welche Manipulation in kurzer Zeit am Gleis nötig ist, um den Zug entgleisen zu lassen. Andererseits hatten Weber und Schlesinger bei Leiferde einen Schnellzug entgleisen lassen, ohne Spezialkenntnisse vom Bahnbau zu besitzen (siehe 5. Abschnitt).

Nein, die Täter des Attentats bei Klein Bünzow mussten nicht Eisenbahner sein. Er oder sie konnten auch bei einer Gleisbaufirma gearbeitet haben. War es ein Zufall oder war mit Bedacht kein Reisezug, sondern ein Güterzug ausgewählt worden? Hatten sich die Täter den Fahrplan dieses Güterzuges verschafft?

Wie sich zeigen sollte, irrte der erwähnte Pfeiffer – wie sich Professoren häufig mit Prognosen zum Täterprofil von Erpressern und Attentätern irren – mit seiner These, welchem Typ die Täter zuzurechnen seien. Pfeiffer meinte, sie seien weder die, die sich finanziell ruiniert hätten (sic!), noch die, die sich rächen wollten, sondern die Bahnerpresser hätten anderes im Sinn: »Ich würde sie am ehesten der Gruppe zuordnen, die vor allem die Puppen tanzen lassen wollen.« Diese Weisheiten beeindruckten die Kriminalpolizei wenig, sie ermittelte »nach allen Richtungen« und hatte Glück. Viel musste sie dafür nicht tun. Die »Freunde der Eisenbahn« wollten ja Geld und mussten sich melden, um die Geldübergabe zu vereinbaren.

Zunächst ergriff sie einen Falschen: In Nürnberg am 22. Dezember einen 44-Jährigen, der von der Bahn 1380 US-Dollar haben wollte. Bald stellte sich heraus, dass dies keinesfalls der Gesuchte, sondern ein Trittbrettfahrer war, der sich von den Radionachrichten hatte inspirieren lassen. Er drohte, einen Intercity auf der Fahrt nach Leipzig in die Luft zu sprengen. Am nächsten Abend ging der Attentäter von Klein Bünzow der Polizei ins Netz, vor allem durch seine Dummheit.

Was die Erpressten und die Polizei nur ahnten, aber noch nicht wussten: Es gab weder die Freunde der Eisenbahn noch eine bewaffnete Gruppe, von der Gefahr drohte. Klaus-Peter S. sagte am 11. Oktober den Richtern der 29. großen Strafkammer am Landgericht Berlin unter Vorsitz von Achim Sachse, dass er es allein war und nicht die Gruppe von zehn bis zwölf Leuten , die Kurt, Horst, Eggi oder Berni heißen sollten. Auch gab es keinen Herrn Schön mit Kalaschnikows in einem der vier Busse, die unterwegs seien, um die Festnahme des S. zu rächen.

Bereits am nächsten Verhandlungstag widerrief S. sein Geständnis und wiederholte die Version mit der Gruppe (die ihn sogar nötigte), wie er sie bei den Vernehmungen im Bundeskriminalamt bzw. in der Justizvollzugsanstalt Weiterstadt gegeben hatte. Die nächsten Wochen des Prozesses waren nun angefüllt mit sich widersprechenden Zeugenaussagen, die wenig zur Gewissheit über Allein- oder Gruppentäterschaft und zur Gefahr der Attentate beitrugen. Nur die hin und wieder für kurze Zeit in den Saal huschenden Journalisten der Tageszeitungen fühlten sich zu einer Vorverurteilung ermächtigt.

So viel stand fest. Am 20. Dezember kam Klaus-Peter S. müde und abgerissen nach Hause bei Crimmitschau. Anderentags ließ er die Koffer packen, lieh sich von seinem Schwippschwager Geld und überredete dessen Familie, mit ihm und S.'s Familie nach Florenz zu reisen. Dort sollte es viel Geld aus einer Überweisung vom Geschäftskonto geben. Man fuhr die Nacht durch, im Auto sämtliche Pässe und Familienurkunden, einen leeren Kleidersack und 14 leere Plastebeutel mit Henkel für das viele Geld. Auf der Heimfahrt sollten die Kinder auf dem Geld sitzen, damit niemand etwas merkte.

In Florenz war S. gleich unterwegs zur Bank, kehrte aber abends unverrichteter Dinge zurück (Glatteis, Stau, Bank geschlossen!) und fuhr am nächsten Morgen gleich wieder los. Frau S., der der Ehemann Verschwiegenheit geboten hatte, vertraute dem Schwager an, Klaus-Peter wisse ein System, mit dem er den Bankcomputer manipulieren könne. Statt der 50.000 Mark werde er zwei Millionen erhalten. Hoffentlich nicht in Lire, da müsse er ja so viel zählen!

Dass Klaus-Peter S., der von den Amtsgerichten Zwickau und Hohenstein-Ernstthal viermal Vorbestrafte und im Geschäftsleben mehrfach Gescheiterte, ein krummes Ding drehte, will der Gruppe nicht in den Sinn gekommen sein. Klaus-Peter S. kam auch nicht zurück ins Hotel, die Verschwägerten fuhren nach Hause, denn Heiligabend stand vor der Tür. Um Mitternacht riefen sie von der Autobahn aus bei der Mutter von Frau S. an und waren wie vom Schlag gerührt, als die von der Festnahme des Klaus-Peter als dem gesuchten Bahnerpresser berichtete.

Hinter der Anklagebank: Klaus-Peter S., ein unauffälliger Mann, der, so schien es, keiner Fliege etwas zu leide tun konnte. Zeichnung: Loroch

Der hatte an diesem Tag wegen der Geldübergabe von Münzfernsprechern aus viel telefoniert. Was er nicht wusste: Die Bahn vergibt alles, was nicht zu ihrem »Kerngeschäft« gehört, an Externe. Mit ihm verhandelte nicht eine Vertrauensperson des Bahnvorstands, sondern Jürgen Hacker, ein Beamter des Bundeskriminalamtes, der sich als freiberuflicher Berater der Bahn ausgab.

Seinem geschickten und bestimmten Taktieren kam Klaus-Peter S. durch eine kindliche Naivität entgegen, die dem erfahrenen Kriminalisten recht bald zu erkennen gab, wie unprofessionell er die Geldübergabe anging[6]. Hacker gelangte recht schnell zu einem Vertrauensverhältnis, das schließlich in der Aufforderung gipfelte: »Wenn alles vorbei ist, sagen Sie mir, wie es geklappt hat. Sie liegen dann im Süden unter Palmen in der Sonne, und ich bin hier in Frankfurt im Schnee.« Hacker wollte auch mit dem Erpresser »mal ein Bier zusammen trinken.« Schließlich beteuerte der Kriminalist: »Wir ziehen an einem Strang. Wir wollen Ihre Forderungen erfüllen.« Auf Bedenken des S.: »Das Geld ist nicht registriert, damit Sie sich nicht revanchieren. Wir gehen auf Sie ein.« Durch ganz beiläufige Zwischenfragen erfuhr Hacker (und die Fachleute im Hintergrund, darunter welche für Sprecherkennung), dass die angeblich operierende Gruppe im Hintergrund bleibt, dass keine Waffen im Spiel sind, dass S. nicht das Auto, sondern nur das Geld übernehmen wird. Mit an Sicherheit grenzender Wahrscheinlichkeit konnte das Bundeskriminalamt davon ausgehen, dass S. allein das Geld übernehmen werde. Hacker fuhr schließlich die Mitleidstour: »Bei meinem Kraftfahrer liegen mit zehn Millionen Mark unter dem Hintern die Nerven blank.«

6 Im Urteil ist dagegen von großer Professionalität die Rede.

Die Lokomotivführer: Ernst Liedke (ICE, rechts) und Mario Pausch. Darüber: Verteidiger Achim Groepper.
Zeichnung: Loroch

S. wollte die Geldübergabe in Villach. Das musste das Bundeskriminalamt verhindern; der Zugriff in Österreich wäre kompliziert geworden. Nein, S. musste in Deutschland gefasst werden. Deshalb hatte der Fahrer angeblich Angst, über die Grenze zu fahren. Man verabschiedete sich bei jedem Gespräch mit guten Wünschen gerade so, als träfen ein Bankier und sein Kunde eine Vereinbarung über die Auszahlung einer Erbschaft und als sprächen nicht Erpresser und Erpresste miteinander.

Merkte Klaus-Peter S. nicht, wie er der Polizei auf den Leim ging? S.: »Meine Leute wollen, dass er weiter fährt (über die Grenze - E. P.).« Hacker: »Nach Villach im Dunkeln – wenn da etwas passiert! Wenn der Fahrer in Österreich mit dem Handy am Lenkrad erwischt wird, in der Schweiz soll das verboten sein. Die Polizei kontrolliert ihn, steckt ihn ins Gefängnis und findet die zehn Millionen! Stellen Sie sich mal die Schlagzeile vor: Deutsche Bahn lässt sich erpressen! Das Geld ist dann erst mal futsch! Wenn wir's heute noch machen wollen, müssen wir's in Deutschland machen.« S. bestellte den Fahrer zur Abfahrt Walserberg, man einigte sich auf die Abfahrt Piding, und die liegt in Deutschland.

Der Fahrer (S.: »Wie soll ich ihn ansprechen?« Hacker: »Sagen Sie einfach Fahrer zu ihm!«) hielt auf dem Rastplatz Bad Reichenhall und war nicht gewillt, nach Österreich zu kommen. Er machte auch nicht auf ängstlich, als S. sein Handy anrief, sondern berief sich – ganz Beamter – auf Herrn Hacker, der ihm doch gesagt habe, auf keinen Fall nach Österreich! Nach einigem Hin und Her war S. mürbe geworden. Er ordnete die Rückfahrt in Richtung München bis zum dritten Rastplatz an.

73 km von der deutsch-österreichischen Grenze entfernt liegt der Autobahn-Rastplatz Irschenberg. Kaum jemand der Gäste ahnte, was sich auf dem Parkplatz abspielte. S. beobachtete vom geliehenen Mercedes aus, wie nicht nur der blaue Mercedes-Kombi mit dem Geld kam, sondern auch die Opel Omega mit den Beamten des Bundeskriminalamtes. Was folgte, blieb unauffällig. S. ging zum Kombi, der Fahrer öffnete die hintere Tür, S. schaute in die Tasche mit dem Geld, und die Polizei

überwältigte ihn, der sich als Harry Schneider, geboren am 8. Februar 1952 in Neumünster, ausgab.

Vor dem Landgericht Berlin erklärte S., er habe von der Erpressung zurücktreten wollen, sei nur zum Schein zu den Millionen gegangen. Warum aber war er nicht im letzten Augenblick weggefahren, als er die Polizei bemerkte, oder einfach sitzen geblieben? Nie oder kaum wäre man ihm auf die Spur gekommen. War es die Gier nach dem Geld, die den Verstand ausschaltete?

Die Festnahme des Erpressers war der Deutschen Bahn wie ein Weihnachtsgeschenk und sie jubelte. Johannes Ludewig, der Vorstandsvorsitzende, strahlte neben dem BKA-Chef Ulrich Kersten bei der Pressekonferenz am Morgen des 23. Dezembers wie selten zuvor und danach nie mehr. Und Bundesverkehrsminister Franz Müntefering beteuerte: »Nicht alles, was Bahn und BKA wussten, habe man an die Öffentlichkeit bringen können.« Das war eine Binsenweisheit.

Die Zeitungen überschlugen sich. Sogar die seriöse »Süddeutsche Zeitung« schoss über das Ziel hinaus, als sie schrieb, der zweite Mann sei geständig. Dieses Blatt zeichnete sich auch in den folgenden Berichterstattungen durch Übertreibungen aus, selbst ein Jahr nach den Bombendrohungen behauptete es: »einen Tag vor Weihnachten brach bundesweit der Zugverkehr zusammen.«[7] Bei »Bild« war Manfred N. ein Komplize (nicht etwa ein »mutmaßlicher«!), gegen den wegen schweren Raubes, versuchten Mordes, schweren Eingriffs in den Bahnverkehr ermittelt werde – aber nicht vorbestraft. Nichts stimmte davon.

Der zweite Mann, Manfred N., war ein Bauunternehmer in Flöha, Halter des von S. gefahrenen Mercedes, den N. an Frau Annegret S. verliehen hatte. Den Halter nach dem polizeilichen Kennzeichen ermitteln und ihn verhaften, war für die Polizei eins. Sie musste ihn am nächsten Tag auf freien Fuß setzen. Er wusste von nichts. Und dabei blieb es.

Das Auto mit dem Geld war nicht »nahezu durch ganz Deutschland« dirigiert worden, wie es auf der Pressekonferenz hieß, es sei denn, die Route Frankfurt am Main–Bad Reichenhall gilt bereits als ganz Deutschland. Während S., dessen wahre Identität bald festgestellt war, in Rosenheim vernommen wurde, saß seine Familie in Florenz fest, ohne Geld. Das Bundeskriminalamt holte sie mit dem Flugzeug nach Frankfurt und nahm Frau S. fest.

Für die Bahn war der Schrecken noch nicht zu Ende. Klaus-Peter S. hatte sich eine Taktik zurecht gelegt, bei der er bis zur Urteilsverkündung am 24. Januar 2000 blieb. Nun einmal in der Hand der Polizei, wollte er prüfen, wie das Bundeskriminalamt vorgeht. So behauptete er, vor den Gebäuden der Hauptbahnhöfe in Frankfurt (Main), Hamburg und Nürnberg stünden Fahrzeuge mit Sprengstoff, die in die Luft gingen. Angeblich werde er von einer Organisation gelenkt. Südlich von Köln werde ein ICE entgleisen. Bluff oder Wahrheit? Christoph Barnitz vom Bundeskriminalamt sagte den Richtern, man habe die Bedrohung ernst genommen, weil S. Kontakte zur Deutschen Bahn hatte, zur Geldübergabe erschienen war und es bereits Anschläge gegeben hatte. Nach telefonischen Bombendrohungen mussten nun auch die Empfangsgebäude von Lübeck Hbf, Kiel Hbf und Berlin-Lichtenberg geräumt werden, zum Schaden vieler Reisender, doch das war falscher Alarm, nicht von Klaus-Peter S. ausgelöst.

[7] Der vor der Urteilsverkündung veröffentlichte Bericht »Aufs Abstellgleis der Gier« vom 22. Dezember 1999 ist durch eine Fülle von Fehlern und Übertreibungen insgesamt unglaubwürdig.

Gesperrte Bahnhofshalle in Hamburg Hbf. Die Polizei sucht nach Sprengstoff oder der Bombe.
Foto: dpa/Nietfeld

Die Ermittler suchten die zweite Person, die im Spiel sein musste, nicht nur wegen des Briefs, den die Deutsche Bahn Mitte Januar von »Freunden der Eisenbahn« erhielt, in dem die Freilassung des S. gefordert wurde. Zwei Wochen später kam bei der ehemaligen Bundesbahndirektion Köln ein weiterer Brief an, diesmal vom »Fanclub der Freunde der Eisenbahn«, der mit Anschlägen auf die Gleisanlagen und Bahnhöfe drohte.

Das Bundeskriminalamt und die Deutsche Bahn sahen keinen Zusammenhang zwischen dem ersten und dem zweiten Brief, sondern gingen von so genannten Trittbrettfahrern aus, die sich bereits seit der ersten Pressekonferenz am 18. Dezember 1998 mit Drohungen einen Scherz erlaubten. Die Zeitung »Die Rheinpfalz« fand das spaßig, denn sie veröffentlichte am 24. Dezember eine Karikatur, die einen vermummten Mann in der Telefonzelle zeigte, dem eine Sprechblase aus dem Hörer antwortete: »...Hier ist der Trittbrettfahrer-Service der Deutschen Bahn AG. Unsere Leitungen sind z. Zt. alle belegt. Bitte sprechen Sie Ihre Bombendrohung auf Band...!« Das ist eben das Dilemma bei jeder Erpressung: Still sein oder an die Öffentlichkeit gehen und andere »zur Bombendrohung von der Couch aus« ermuntern?

Professor Dr. Wulf Schwanhäußer wusste diese Szene und ihre Motive zu beurteilen, als der Kölner Stadt-Anzeiger ihn nach den technischen Kenntnissen der Attentäter fragte: »Viele wollen aus irgendwelchen Gründen heraus nur die Öffentlichkeit dort treffen, wo sie verletzbar ist. Die anderen wissen, was sie tun müssen, um bei der Bahn enormen Schaden anzurichten und Menschenleben aufs Spiel zu setzen.«[8] Ganz abwegige Meinung wurden offenbar. Ein Taxifahrer zur Stimmung unter der Bevölkerung in Frankfurt am Main, die die Nachrichtenagentur dpa am 13. Januar

[8] Interview am 22. Dezember 1998

DB Reise&Touristik
Verkaufs- und Kundeninformation
Fax-Hotline

SONDER-INFO-FAX

i

Seiten: 1 Datum: 13.01.1999

An Verteilerliste 1, 3, 4, 5, 6, 9, 10, 11, 13, 14, 15

Hintergrundinformation „Neue Erpressungsfälle"

„Auf der Basis eines Artikels in der heutigen Ausgabe der Bildzeitung berichten die Medien über „neue Erpressungsfälle" bei der Bahn.

Dazu ist festzustellen, daß es im Zusammenhang mit der Bahnerpressung vom Dezember eine Reihe von Folgeaktivitäten wie Trittbrettfahrer und Bombendrohungen gab, wie sie in solchen Fällen immer wieder zu verzeichnen sind.

Darunter ist auch ein sogenannter „Fanclub der Freunde der Eisenbahner", den die Bildzeitung nennt. In diesem wie in jedem Fall haben wir die Sicherheitsbehörden sofort nach Bekanntwerden eingeschaltet. Die Ermittlungen liegen bei der Kölner Polizei.

Im übrigen halten wir unsere präventiven Sicherheitsmaßnahmen in enger Abstimmung mit den Sicherheitsbehörden weiterhin aufrecht.

Ohne Zusammenhang zu der oben genannten aktuellen Berichterstattung wendet sich das Bundeskriminalamt heute vormittag an die Öffentlichkeit und bittet um Mithilfe bei der Aufklärung des Erpressungsfalls vom Dezember. Das Bundeskriminalamt bittet vor allem um Informationen über mögliche Aufenthaltsorte und Aktivitäten des am 22. Dezember festgenommenen mutmaßlichen Täters."

Bitte informieren Sie anfragende Kunden entsprechend.

Geschäftsbereich Reise&Touristik
FMK 4 - Verkaufs- und Kundeninformation
Stephensonstr. 1
60326 Frankfurt am Main

- 1 -

Telekom: ☎ 069/265-78 40
Fax: 069/265-78 19
Arcor: ☎ 955/78 40
Fax: 955/78 19

»Sonder-Info-Fax« des DB-Geschäftsbereichs Reise und Touristik zur Beruhigung seiner Mitarbeiter.

weitergab: »Viele Gäste fordern die Einführung der Todesstrafe.« Dr. Sabine M. aus Fürstenwalde meinte in der »Märkischen Oderzeitung« am 14. Januar, die Ursache der Drohungen sei pure Langeweile der Täter. Sie regte an, jeder Jugendliche sollte von der Deutschen Bahn eine Anzahl Freifahrtscheine erhalten. »Die Bahn müsste wieder wie früher das Gefühl vermitteln, ein normales Transportmittel zu sein und nicht in immer mehr Luxus für ein immer mehr ausgewähltes und zahlkräftiges Publikum zu investieren.«

Nur: Es sind nicht nur Jugendliche, die mit Freifahrtscheinen bedacht werden sollten, die die Bahn terrorisieren. Einige unter ihnen sind dem Jugendlichenalter längst entwachsen. Völlig unberührt von den neuerlichen Drohungen konnten Polizei und Bahn nicht sein, schon wegen möglicher Vorwürfe aus der Öffentlichkeit. Die besondere Überwachung der Gleise und Züge durch den Bundesgrenzschutz musste fortgesetzt werden.

Jetzt kam die Zeit weiterer Drohungen und Anschläge:

Am 30. Dezember drohte ein Anonymer, in einem Intercity-Express läge eine Bombe. Der Zug wurde in Hanau gestellt, anderthalb Stunden durchsucht – gefunden wurde nichts.

Am 31. Dezember erfuhr die Polizei in Freising von einem Mann, im D 1561 München–Dresden explodiere um 2.00 Uhr eine Bombe. Der Zug wurde in Nürnberg Hbf durchsucht – gefunden wurde nichts.

Am 4. Januar entgleiste bei Zepernick (Strecke Berlin–Bernau) ein S-Bahn-Zug, weil Betonplatten und Metallgittern auf den Gleisen lagen.

Am 4. Januar legten Unbekannte in Wächtersbach (Strecke Frankfurt am Main–Fulda) einen Kanaldeckel auf eine Weiche. Der ICE-Triebkopf schleuderte ihn zur Seite.

Am 11. Januar legten neun Jugendliche aus Bad Gandersheim (Hochgeschwindigkeitsstrecke Hannover–Würzburg) faustgroße Schottersteine auf die Schienen, über die der Zug folgenlos fuhr.

Am 12. Januar gab es in Nürnberg Hbf Bombendrohungen.

Am 14. Januar legte Unbekannte nahe Nennhausen (Strecke Berlin–Lehrte) Betonplatten auf das Gleis. Der auffahrende Regionalzug wurde nicht beschädigt.

Am 16. Januar legten in Gröditz (Strecke Elsterwerda–Riesa) 13-, 15- und 17-jährige Betonbruchsteine auf die Schienen, die vom Interregio Berlin–Chemnitz ohne Folgen überfahren wurden

Am 28. Januar befestigten zwischen Kirchenlamitz Ost und Martinlamitz (Strecke Hof–Regensburg) Unbekannte ein Eisenstück auf den Schienen. Das riss beim Triebwagen des Neigezuges den Tank auf.

Am 1. Februar drohte der 29 Jahre alte Sven R. der Deutschen Bahn, zwei Bomben auf dem Hallenser Hauptbahnhof zu zünden, wenn nicht eine große Geldsumme gezahlt werde. Drei Tage später wurde R. in der Wohnung gefasst.

Am 1. Februar drohten Unbekannte mit Bombenanschlägen auf den Bahnhöfen Köln Hbf, Riesa und Gera Hbf.

Am 4. Februar legten Unbekannte einen 2,50 m langen Betonmast auf die Gleise der Strecke Darmstadt–Aschaffenburg. Am damit zusammenprallenden Personenzug entstand leichter Schaden.

Mehrere Hindernisse auf den Gleise und ein Feuerlöscher, der an einem Seil von einer Brücke herabhing, störten den Betrieb der S-Bahn Rostock–Warnemünde und zerschlugen in einem Fall die Frontscheibe des Steuerwagens. Der Täter wurde gefasst.

Günter Ruppert, Geschäftsführer der S-Bahn Berlin GmbH, schaut sich am 3. Januar 1999 betroffen die Spuren des Attentats an, das in Zepernick einen S-Bahnzug entgleisen ließ. Die Staatsanwaltschaft Frankfurt (Oder) stellte das Ermittlungsverfahren wegen Geringfügigkeit ein. Foto: dpa/Kumm

Merkblatt der DB für ihre Mitarbeiter über das Verhalten bei telefonischen Bombendrohungen.

Merkblatt

Verhalten bei telefonischen Bombendrohungen

Die nachfolgenden Hinweise sollen als Hilfestellung für das Verhalten bei Anrufen dienen, die eine Attentatsdrohung - im allgemeinen Bombendrohung - zum Inhalt haben. Grundlage ist das beiliegende Notizblatt, das Sie zusammen mit diesen Hinweisen an Ihrem Arbeitsplatz stets griffbereit haben sollten.

1. Bei Eingang eins Anrufes bewahren Sie Ruhe.

2. Nehmen sie sofort das Notizblatt zur Hand; versuchen Sie so viele Fragen wie möglich zu stellen.

3. Fragen Sie nach, wenn Sie etwas nicht deutlich verstanden haben.

4. Bei Telefon mit Display notieren Sie während des Gesprächs die Displayanzeige.

5. Vervollständigen Sie nach Ende des Gesprächs die Angaben auf dem Notizblatt.

6. Rufen Sie unverzüglich die Polizei an:
   ⇨ Polizeinotruf 110
   ⇨ Dienststelle des BGS (Basa 27[redacted] oder 27[redacted])
   Machen Sie die Mitteilungen unter Zuhilfenahme des Notizblattes.

7. Verständigen Sie anschließend den LDS (Basa [redacted]).

Notizen über eine telefonisch eingehende Bombendrohung

Ihr Verhalten:

- Zunächst zuhören, den Anrufer nicht unterbrechen.
- Möglichkeiten zum Mithören nutzen (Lautsprechertaste!)
- Sofort Notizen auf diesem Blatt machen.
- Nachfragen, wenn Sie etwas nicht deutlich verstanden haben.
- Viele Informationen gewinnen.

Sie notieren:

Datum, Uhrzeit:....................................Anzeige auf dem Display:...........................

Genauer Text der Drohung:...

....

....

....

....

Sie fragen:

Wo befindet sich die Bombe?...
Wann wird die Bombe explodieren?..
Was ist das für eine Bombe?..
Wie ist die Bombe verzögert?...
Wie heißen Sie?...
Von wo rufen Sie an?..
Warum haben Sie die Bombe gelegt?...
Was können wir tun, um Personenschäden zu vermeiden?......................................

Jetzt sich für nicht zuständig erklären. Versuchen, das Gespräch an Kollegen weiterzuvermitteln, um weitere Informationen zu erlangen.

<u>Beobachtungen während des Gesprächs:</u>
Sprache des Anrufers (Dialekt, Akzent):

....

Sprechart:
langsam / schnell, normal / verstellt, laut / leise, bestimmt / zögerlich,
aufgeregt / ruhig, klar / undeutlich, lispelnd oder nasal
Sonstige besonderen Sprachmerkmale:..

Hintergrundgeräusche: ....

Ende des Gesprächs (Uhrzeit): ....

Personalien des Angerufenen:

Name, Vorname: ....
Organisationseinheit: ....Tel.-Nr.:..............................

Formblatt der DB für ihre Mitarbeiter, das bei telefonischen Bombendrohungen als Hilfestellung für die richtige Gesprächsführung dient und möglichst viele Informationen fest halten soll.

Am 27. und 28. Februar gab es drei Anschläge auf die Strecke Holzminden–Kreiensen. Drei Täter im Alter von 12 bis 16 Jahren wurden gefasst.

Den Zeitungen ging auch nach der Festnahme des S. der Stoff zum Thema »Die Deutsche Bahn in Gefahr« nicht aus. Für Wochen machte das Unternehmen Zukunft Schlagzeilen, die es gar nicht wollte. Was früher nicht bekannt oder bemerkt wurde, bekam eine *headline*. Die Bundesgrenzschutzinspektion Stralsund, um ein Beispiel zu nennen, registriert jährlich über 2000 Straftaten, darunter die »gefährlichen Eingriffe in den Bahnverkehr«, ohne dass zu anderen Zeiten auch nur die Lokalzeitung davon Notiz nimmt. Nach Wochen hatte sich das Thema erledigt. Als der gefürchtete S. vor Gericht stand, rangierte das Thema unter »Ferner liefen...« Auch als im Sommer 1999 die Bombendrohungen wieder Saison hatten und die Evakuierung der Bahnhöfe Echterdingen sowie Trier Hbf angeordnet werden musste, waren die Ereignisse nur noch lokale Berichterstattungen wert.

Diejenigen, die auf den Bahnhöfen aufpassen, reagierten jedoch weiter hoch sensibel, wie es aus Nordirland bekannt ist, wo jedes herrenlose Gepäckstück als größte Gefahr angesehen wird. So kam zu einem komischen Vorfall. Georg D., Redakteur einer Kölner Zeitung, befand sich am 17. Juni 1999 auf der Rückreise von einer Medienveranstaltung. Neben anderen Präsenten trug er in einem schwarzen Plastebeutel ein Bierfässchen der Bitburger Brauerei. Auf dem Bahnsteig in Koblenz Hbf war er des Gepäckstücks überdrüssig und ließ den Beutel mit dem Fässchen zurück. Am nächsten Tag erkundigten sich die Kollegen nach seiner Reise. Als er erwähnte, in Koblenz einen Zug früher als gedacht erreicht zu haben, erfuhr er: »Da hast du aber Glück gehabt. Denn zu dieser Zeit wurde der Bahnsteig abgeriegelt. Die Polizei glaubte, dort sei eine Bombe gelegt worden. Die aber entpuppte sich als ein Bierfässchen!«

Zum Jahreswechsel 1998/1999 war S. in die Justizvollzugsanstalt Berlin-Moabit verlegt worden, bereits[9] Mitte April erhob die Staatsanwaltschaft bei dem Landgericht Berlin Anklage nicht nur wegen der räuberischen Erpressung und der gefährlichen Eingriffe in den Bahnverkehr, sondern auch wegen versuchten Mordes. Das Landgericht Berlin war zuständig, weil die Hauptstadt Sitz der Geschädigten, der Deutschen Bahn, ist.

Der Festgenommene entpuppte sich als der 46-Jährige ehemalige Geschäftsführer einer Recyclingfirma Klaus-Peter S. aus einem Dorf bei Crimmitschau (mehr zu seiner Biografie im 11. Abschnitt), nachdem die Polizei die Papiere im Pkw gefunden hatte. Er war vorbestraft, viermal wegen unerlaubten Betreibens von Anlagen, umweltgefährdender Abfallbeseitigung und Betruges. In seiner Umgebung wusste man, dass die Familie auf großem Fuße lebte; tatsächlich war sie Pleite, zumal Frau Annegret S. ebenfalls vorbestraft war und Schulden hatte. Die Geschäftstätigkeit in Belgien und in den USA blieb mysteriös. Vieles, eigentlich alles, was er nach der zweiten Übersiedlung in die Neuen Bundesländer angefasst hatte, war schief gegangen. Er und seine Bekannten brauchten immer Geld.

Wie mag er auf die Idee gekommen sein, die Deutsche Bahn zu erpressen und sie unter Druck zu setzen? Gab Eschede ihm den Anstoß und den Glauben, die Bahn sei erpressbar? Sicherlich. Im Urteil wird es heißen, dass S. in einer Menschen verachtenden Einstellung beharrlich und sich von nichts abhalten lassend die zehn Millionen Mark wollte.

[9] Das Wort »Bereits« ist nach vielen verschleppten Ermittlungen und Gerichtsverhandlungen im Zusammenhang von Eisenbahnunfällen sicher angebracht.

Deutsche Bahn DB

Presse-Information 06/2000

ERKLÄRUNG DER DEUTSCHEN BAHN ZUM URTEIL DES LANDGERICHTS BERLIN

(Berlin, 24.01.2000) Die Deutsche Bahn AG begrüßt das Urteil des Landgerichts Berlin. Es zeigt, dass der Rechtsstaat mit aller Klarheit und Konsequenz gegen eine vorsätzliche und zutiefst verwerfliche Bedrohung des öffentlichen Lebens vorgeht. Mit dem Urteil haben die Richter ein unmissverständliches Signal gesetzt, das seine abschreckende Wirkung auch auf Nachahmer haben wird. Die betroffenen Lokführer sind in dem Verfahren als Nebenkläger aufgetreten. Ihr Anwalt hatte ebenso wie die Staatsanwaltschaft auf eine Verurteilung zu lebenslanger Freiheitsstrafe plädiert. Die Deutsche Bahn hat die Nebenkläger dabei unterstützt.

Reiner Latsch
Stv. Sprecher DB AG
Tel.: (0 30)2 97 6 11 30
Fax: (0 30)2 97 6 19 19

Uwe Herz
Stv. Sprecher DB AG
Tel.: (0 30) 29 76 11 28
Fax: (0 30) 29 76 19 19

E-mail: Medienbetreuung@bku.db.de
Internet:http://www.bahn.de

Herausgeber: Deutsche Bahn AG
Zentralbereich Konzernkommunikation, Medienbetreuung
Verantwortlich für den Inhalt: Dr. Stephan Heimbach

Nur Eingeweihte wussten, was diese Erklärung zu bedeuten hatte.

Manches, was im Prozess zur Sprache kam, blieb offen, wie die Mitwisserschaft, wenn nicht sogar Mittäterschaft der Ehefrau. Die Richter, so schien es, ließen sich von den taktischen Winkelzügen des Angeklagten nicht beeindrucken. Sie gingen zwar jeder Spur der vielen Hinweise nach, aber sie glaubten ihm nicht.

Staatsanwalt Ingo Kühn in seinem Plädoyer am 5. Januar 2000: »Keine der Darstellungen des Angeklagten sind komplett zutreffend. […] Nichts oder gar nichts konnte belegen, dass andere Personen in die Taten einbezogen waren.« Aber auch er zweifelte an der (zur Schau getragenen - E. P.) Naivität der Ehefrau. Sie sei »im Nebel verhüllt.« Den Zeugen Holger H., nach S. ein Mittäter, bezeichnete der Staatsanwalt als »dubiose Person«. Doch immer sei Klaus-Peter S. allein in Erscheinung getreten. Und er hatte detaillierte Kenntnisse, wie am Tatort gearbeitet wurde.

Für Staatsanwalt Kühn war S. nicht nur der räuberischen Erpressung, des gefährlichen Eingriffs in den Bahnverkehr[10] und des Vortäuschens einer Straftat schuldig, sondern auch des versuchten Mordes in zwei Fällen. Hatte er nicht den Tod zumindest der beiden Lokomotivführer »billigend in Kauf genommen«? Hatte er in den Erpresserbriefen nicht angekündigt, es werde Tote geben? S.'s Beteuerungen, er habe niemanden ein Leid zufügen wollen, glaubte der Ankläger nicht. Die Gefahren, die er im Gleis geschaffen hatte, waren unkontrollierbar. Die Entgleisung bei Klein Bünzow konnte auch einen entgegenkommenden Personenzug treffen, der in die entgleisten Wagen fuhr. Dass der Zug entgleiste, der Lokomotivführer aber unverletzt blieb, das konnte niemand steuern. Das war ein glücklicher Umstand. Die 29. Strafkammer verurteilte Klaus-Peter S. – antragsgemäß – zu einer lebenslangen Freiheitsstrafe.

Die Deutsche Bahn gab – ohne Bezug zu den Straftaten – eine Erklärung, in der sie das Urteil begrüßte. »Es zeigt, dass der Rechtsstaat mit aller Klarheit und Konsequenz gegen eine vorsätzliche und zutiefst verwerfliche Bedrohung des öffentlichen Lebens vorgeht. Mit dem Urteil haben die Richter ein unmissverständliches Signal gesetzt, das seine abschreckende Wirkung auch auf Nachahmer haben wird. Die betroffenen Lokführer sind in dem Verfahren als Nebenkläger aufgetreten. […] Die Deutsche Bahn hat die Nebenkläger dabei unterstützt.« Zumindest durch die Freistellung für die vielen Verhandlungstage. Darauf angesprochen, meinten die Betroffenen: »Das ist doch mal etwas Anderes!«

[10] Der Anschlag auf die Gleise des Bahnhofs Wilmersdorf (Kr Angermünde) wurde nicht weiter verfolgt.

Überblick zu den Erpressungen und Attentaten

Erpresserbriefe

aufgegeben	eingegangen	Art
20. November in Köln	23. November in Frankfurt am Main	am PC geschrieben
26. November in Berlin	30. November in Frankfurt am Main	handschriftlich
29. November in Berlin	30. November in Frankfurt am Main	handschriftlich
30. November in Berlin	2. Dezember in Frankfurt am Main	handschriftlich

Attentate

26. November in Wilmersdorf (Kr Angermünde)
8. Dezember in Uchtspringe
18. Dezember bei Klein Bünzow

3. Die Geldübergabe: das Problem der Charlies und Dagoberts

Merkwürdig, welche Namen Erpresser benutzen, um nicht erkannt zu werden, »Charly«, »Mumien«, »Dagobert«, »Monsieur X« sind nur ein paar Beispiele. Meist, so haben es die Kriminologen festgestellt, suchen sich Erpresser ein Pseudonym, das mit den Initialen ihrer Namen übereinstimmt. Aber es gibt, wie genannt, auch die fantasievollen Typen. Das Pseudonym »Monsieur X« war einem Romantitel entliehen, in dem Patrice des Moutis, ein Versicherungsberater sowie Mathematik- und Wettgenie, die Hauptrolle spielte. Bei Pferdewetten soll er dank ausgeklügelter Spielsysteme Riesengewinne erzielt haben. Er wollte unerkannt bleiben und gab sich als Monsieur X aus. Dem deutschen Monsieur X waren Pferdewetten fremd, seinen zweieinhalb Jahre andauernden Versuchen, von der Deutschen Bundesbahn Geld zu erpressen, verlieh er mit zwölf Eingriffen in den Bahnverkehr Nachdruck. Der katastrophalste war der am 17. Oktober 1977 bei Riegel (Strecke Karlsruhe–Basel). Um es vorwegzunehmen, Geld gab die Bahn nicht.

Sein Fall wie die anderen in diesem Abschnitt geschilderten sind exemplarisch für die Schwierigkeiten, zu den Riesensummen zu kommen. Die Prozedur der Geldübergabe wird bei der Tatvorbereitung unterschätzt. Sie ist der riskanteste Augenblick. Für die Polizei ist die Geldübergabe aber eine Art Nabelschnur zum Täter, ihre beste Chance, ihn zu ergreifen. Sie möchte der Straftat nicht Vorschub leisten (und darf es eigentlich nicht) und wird deshalb mit allerlei Finessen zögern, auf die Forderungen des Erpressers einzugehen und während dessen alle Möglichkeiten ausschöpfen, um sich Kenntnis von ihm und seinen Absichten zu verschaffen. Geht die Polizei auf die Forderungen des Erpressers ein, dann lediglich aus kriminaltaktischen Gesichtspunkten. »Verbrechen lohnt sich nicht« könnte ich diesen Abschnitt überschreiben. Diese Erfahrung machten die Erpresser spätestens, wenn die Handschnellen klickten. Dann war es zu spät.

Ein berühmt-berüchtigter Erpresser, Dieter Zlof, der bereits im 1. Abschnitt genannte Oetker-Entführer, meinte, dass alle Täter vor ihm die Geldübergabe dilettantisch vorbereitet hätten. »Hollywood-Klischees, wohin man schaute. Vor allem aber übersahen sie allesamt eine entscheidende Tatsache: Sie selbst agierten zum ersten Mal, sie waren unerfahren. Diesen Mangel an Erfahrung durch intensives Vorausdenken und logistisches Kalkül wettzumachen, dazu hatten sie wahrscheinlich keine Lust oder nicht die nötige Disziplin, oder es fehlte ganz einfach das intellektuelle

Niveau. [...] Ihre Gier nach dem schnellen Geld machte sie blind und unsensibel für das Wesentliche«, will Zlof der Interviewpartnerin Amelung, die ein Buch über den Erpresser geschrieben hat, gesagt haben.

Der enorme Fahndungsaufwand einschließlich der Aufrufe an die Bevölkerung ist ohne oder nur von geringer Wirkung. Die Gier nach dem Geld ist es, durch die die Polizei des Täters habhaft wird, weniger die Hinweise aus der Bevölkerung, allenfalls der berühmte »Kommissar Zufall«.

In den Jahren 1976 bis 1978 erregte in der Bundesrepublik Deutschland der Prozess um den Monsieur X – so hatte sich Hermann K. aus Freiburg genannt – beträchtliches Aufsehen, denn es gab weder Zeugen noch ein Geständnis, sodass die »Süddeutsche Zeitung« titelte: »Phantom fordert die Experten heraus«. Die Sachverständigen hatten das Wort. Da die Zeitungen erst berichteten, als die Redaktionen über die Anschläge und Erpressungen informiert worden waren, danach hauptsächlich über den Prozess der Schwurgerichtskammer des Landgerichts Baden-Baden[1] und seine schwierige Beweislage, sind wir, was die Einzelheiten der Fahndung betrifft, auf das Büchlein Reiner Haehlings von Lanzenauer, des Leitenden Oberstaatsanwaltes, angewiesen. Zu Beginn der Erpressung wollten die Dienststellen der Polizei nichts an die Öffentlichkeit dringen lassen. Sie war auch sicherlich nicht interessiert, ihre Misserfolge oder Fahndungspannen an die große Glocke zu hängen.

Die Zeitungsberichte, insbesondere der Beitrag Bühlers, und Haehlings von Lanzenauers Büchlein sind Außenansichten, sodass einige Fragen zum Verhalten des Täters offen blieben – ganz im Gegensatz zu den Straftaten Arno Funkes («Dagobert«), dessen Buch die Absichten und Wahrnehmungen die Sicht des Täters ist. Seinen Erlebnisse hat Funke die Berichte des Landeskriminalamtes gegenübergestellt. Meist stimmten seine Vermutungen mit dem wirklichen Geschehen überein. Von Monsieur X gibt es keine Äußerungen, sondern nur die Feststellungen der Strafverfolger.

Was ereignete sich seit 7. Oktober 1975 in Baden? An diesem Tag lag im Stapel der täglich bei der Bundesbahndirektion Karlsruhe eingehenden Post ein Brief sonderbaren Inhalts. Der Absender forderte 100.000 Mark, versprach aber, das Geldes innerhalb eines Jahres einschließlich der Zinsen zurückzugeben. Wenn die Bundesbahndirektion damit einverstanden sei, sollte sie in der »Frankfurter Allgemeinen Zeitung« eine Anzeige schalten: »DB-Transport findet statt; Ziegler 134 399«.

Hinter den Ziffern verbarg sich die Basa-Rufnummer[2] des Leiters der Signalmeisterei. Der Name stimmte mit dem überein, der zum 1. August 1975 ausgeschieden war.

Am nächsten Tag setzte in einem Schnellzug auf der Fahrt nach Pforzheim die Zwangsbremsung ein, ausgelöst von einem über die Gleise gespannten Stahldraht, der sich im Bremsgestänge verfing. Im Gleis stand eine Warnblinklampe, und die Bundesbahndirektion erhielt am 9. Oktober einen Bekennerbrief. Am 7. Oktober habe der Absender, so wurde außerdem mitgeteilt, bei Bruchsal eine Warnblinklampe aufgestellt, die sei aber nicht beachtet worden. Tatsächlich fanden sich dort solche Teile der zerstörten Leuchte und der Batterien, die aber niemand bemerkt hatte.

Am 18. Oktober veröffentlichte die »Frankfurter Allgemeine Zeitung« die vom Erpresser gewünschte Anzeige. Daraufhin gingen bei der Direktion Brief und

[1] Der Prozess fand, weil man einen großen Saal benötigte, in Rastatt statt.

[2] Basa = Bahnselbstanschlussanlage, das bahneigene Fernsprechnetz

Monsieur X
Karlsruhe

Karlsruhe, 6.10.1975

An die
DB-Direktion
Karlsruhe
Lammstr.19

ERPRESSUNG!

Dies ist eine Erpressung! Auf besondere Art! Bitte ernst nehmen! Falls nicht, wackelt schon jetzt der Stuhl des verantwortlichen Sachbearbeiters (Direktors)!

Erpresser will nur 100.000,- DM (in Gebrauchtscheinen) in Tausendern in gütlichem Einvernehmen u. unter Rücksichtnahme der Rezession u. des DB-Defizites. Er gibt Ehrenwort, diese Summe mit 7% Zins in spätestens einem Jahr zurückzuzahlen - unerkannt selbstverständlich!
Übergabeort (evtl.weitab von K.) wird bekanntgegeben nach Ihrer Anzeige in der Frankfurter Allgemeinen Zeitung, Anzeigenteil auf Seite 22 oder 23, und zwar in der Ausgabe für Samstag, 18.Oktober 1975. Sie haben also Zeit genug, alles in die Wege zu leiten!

Anzeige soll lauten: DB-Transport findet statt; Ziegler 134399

Statt dem Code Ziegler können Sie auch anderen Namen + Telefonnr. wählen.

Gründe:

1. Erpresser ist unverschuldet in großen Schwierigkeiten. Schulden u.sonstige privaten Verbindlichkeiten betragen weit über 80.000,-. Für neue Geschäftsankurbelung werden noch 20.000,- benötigt. Alle Geldquellen (Kredit) u. Sicherheiten hierfür sind ausgeschöpft u. versiegt. Gerichte dieses Rechtstaates sind gegen Schuldner viel zu lahm (bin um 70.000,- gebracht worden). Verfahren dauern Monate, Schuldner bis dahin auf u.davon. Meine 4köpfige Familie will aber auch leben; Kriegsinvalidenrente auch zu klein. Geschäft ging noch dieses Jahr sehr gut u. würde, da Spezialvertrieb, sofort gut weitergehen, wenn Verbindlichkeiten abgedeckt u. Ware gekauft werden könnte. Als neuer Karlsruher Bürger bedauert Erpresser diese Entwicklung sehr, da bislang unbescholten u. absolut ehrlich, also kein Profi. Alle Möglichkeiten erschöpft, kein Dialog darüber mit Ihnen möglich! Habe daher alles genau bis zum Selbstmord im Entdeckungsfalle durchgeplant!
2. Die DB ist wegen ihrer technischen Anfälligkeit Terroristen gegenüber der geeignetste "Partner"- Millionenschäden können von einem Einzelnen verursacht werden, die in keinem Verhältnis zu 100.000,- DM stehen. Die DB hat deshalb keine Chance, ohne Zahlung wegzukommen u. gleichzeitig keinen sonstigen Schaden zu erleiden.

Folgen übernehmen Sie in eigener Verantwortung, wenn Sie zur Zahlung der 100.000,- nicht bereit sind u. keine Anzeige aufgeben oder den Erpresser hereinlegen wollen oder am Übergabetag Polizeiaktion gegen Erpresser starten. Extrafallen werden für Übergabetag vorbereitet, wenn Verfolgung. Habe außer vielen technischen Dingen auch ca 40 kg Dynamit u. kann damit umgehen (Spezialeinheit im letzten Krieg!) einschließlich funkelektronischer Zündung!

Bitte wenden

Auszug aus dem Erpresserbrief des »Monsieur X«, den die Bundesbahndirektion Karlsruhe erhielt.
Entnommen: Haehling von Lanzenauer: Der Eisenbahnattentäter Monsieur X

Ledertasche ein, in die 100 Tausendmarkscheine gelegt werden sollten. Die Tasche sollte am Übergabeort an einem Haken aufgehängt werden. Monsieur X teilte noch mit: »Das Unternehmen läuft in den Abendstunden (etwa 18–19 h) an bzw. ab u. darf durch keine Polizeiaktion gestört werden. Sonst Abbruch u. bis zum neuen Termin Terror! Die Beamten sollen keine Helden spielen! Haben absolut keine Chancen. Nicht einmal die Bundes-Spezialeinheit zur Terrorbekämpfung kann Erfolg haben! Montage von 2 Fallen auf zwei Bahnstrecken am Übergabetag. Scharfmachen derselben durch Fernfunkkontakt, wenn X am Ort gehindert ist. X ist schwer bewaffnet!« Dem Brief waren zwei Hundertmarkscheine als Spesen für den Übergabetag beigelegt.

Am 28. Oktober ging die Weisung zur Übergabe des Geldes ein. Es sollte zu einem Gasthof in Achern gebracht werden. Dort werde zwischen 18.45 Uhr und 19 Uhr ein Anruf für »Ziegler« ankommen und ein neuer Übergabeort genannt werden.

Der Geldbote fuhr zum Gasthof, aber der Erpresser meldete sich nicht. Erst am 13. November kam der nächste Brief mit dem Vorwurf, warum die Geldübergabe scheitern musste. Monsieur X habe den Polizeifunk abgehört und überall Einsatzwagen gesehen. Polizei käme zur Übergabe nicht mehr infrage, es müsse eine neutrale Person sein. Jetzt wurde ein Gasthaus in Zarten genannt, doch dort kam es zu einer Panne. Ein Anrufer wollte »Ziegler« sprechen. Obwohl die Wirtsfrau über den erwarteten Anruf informiert war, legte sie den Hörer voreilig auf mit dem Bemerken, den gäbe es hier nicht. Der Geldbote hörte davon, doch zum Eingreifen war er nicht schnell genug.

Bis zum nächsten Erpressungsversuch ließ sich die Polizei die Gelegenheit entgehen, den Monsieur X festzunehmen. Die Panne lag an ihrer Taktik. Die Anschläge und Erpressungsversuche waren zu harmlos, als dass man sie auch innerhalb der Polizei bekannt gegeben hätte. Ein kleiner Kreis war zwar eingeweiht, schwieg aber bewusst gegenüber anderen. Ahnungslos konnte ein Polizist eine verwunderliche Feststellung nicht entsprechend einordnen. Erst später, als K. festgenommen worden war, wurde der Zusammenhang zwischen der »Ordnungswidrigkeit« und der möglichen Erkundung der Eisenbahnanlagen deutlich. Im Januar 1976, gegen 22.00 Uhr, fiel einer Polizeistreife in einer Haltebucht nahe Königsbach-Stein (an der Strecke Karlsruhe–Stuttgart gelegen) ein Pkw auf, dessen Kennzeichen mit Klebestreifen verändert worden war. Die Wagentüren waren nicht verschlossen, der Zündschlüssel steckte. Als der Polizist den zum Auto kommenden Fahrer wegen des Kennzeichens zur Rede stellte, erklärte der, das sei eine Vorsichtsmaßnahme, damit seine Frau nichts von seinem Spielbankbesuch in Baden-Baden erführe. Angehalten habe er, um einen Dauerlauf zu machen, und dazu habe er alte Kleidung angelegt.

Diese Erklärungen erschienen recht abstrus, aber der Polizist gab sich mit ihnen zufrieden. K. wurde mit einem Strafbefehl wegen Urkundenfälschung belegt und musste 600 Mark Geldstrafe bezahlen.

Monatelang war vom Monsieur X nichts zu vernehmen, bis er durch einen Eisenbahnunfall auf sich aufmerksam machte. Er hatte am 25. August 1976 bei Muggensturm (Strecke Karlsruhe–Rastatt) 80 Schwellenschrauben gelöst, sodass die Lokomotive und zwölf Wagen eines Nahgüterzuges entgleisten. An einem Oberleitungsmast hing ein mit schwarzem Klebeband befestigter und beschriebener Karton: »Verantwortlich für dieses Unglück: DB-Direktion in Karlsruhe, Lammstraße 19. 100.000 DM waren zu viel! Nun wird's wesentlicher billiger! Mit herzlichen Grüßen Monsieur X«.

Die Bundesbahndirektion erhielt drei Briefe, in einem wurde gedroht, der nächste Anschlag gelte einem Personenzug. Die Geldforderung war auf 250.000 Mark hoch geschraubt worden. Als Zeichen, dass die Bahn auf sie einging, sollte der Südwestfunk an zwei aufeinander folgenden Tagen im Anschluss an die 1-Uhr-Nachrichten folgenden Text durchgeben: »Und nun noch eine Werbung der Bundesbahn. Die Bundesbahn fährt nicht nur schnell, sie fährt jetzt auch wieder sicherer!«

Im folgenden Brief dankte Monsieur X für die Durchsagen und kündigte baldige Verhandlungen zur Geldübergabe an. Verhandelt wurde am 30. September 1976 zwar nicht, aber vom Erpresser bekannt gegeben, der Übergabetermin sei am nächsten Tag. Er werde über die schon einmal genannte Nummer Ziegler anrufen. Der Geldüberbringer müsse in einem vollbetankten schwarzen Mercedes mit Karlsruher Kennzeichen spätestens gegen 17.00 Uhr fahrbereit sein. Das Geld müsse innerhalb einer Minute in einen bereitgestellten Kasten gelegt werden.

Am vereinbarten Tag kam gegen 16.00 Uhr ein Anruf zu der bekannt gegebenen Rufnummer: »Wer ist dort, bitte?« Dann legte der Anrufer auf. Danach war ein halbes Jahr Funkstille. Ende April 1977 folgten mehrere Attentate:

In Muggensturm, 28. April: Das Kabel zum Vorsignal und das Seil des Radspanners am Oberleitungsmast durchtrennt

Bei Windschläg, 29. April: Spannseile der Oberleitung durchtrennt

Bei Baden-Baden-Steinbach, 10. Mai: Spannseile der Oberleitung durchtrennt

Bei Rastatt, 17. Mai: Spannseile der Oberleitung durchtrennt, Ausleger gelockert

Bei Graben-Neudorf, 1. Juni: Spur des Gleises erweitert

Bei Bühl, 1. August: in die Oberleitungen der beiden Fahrtrichtungen je einen selbst gefertigten Bügel aus Vierkantstahl gehängt

Bei Achern, 8. August: wie am 1. August, Bügel jedoch aus Flacheisen

Weingarten (Baden), 27. September: Schienenabstand verbreitert.

Der Höhepunkt der Attentatsserie – durch ihn erfuhr Monsieur X erst seinen zweifelhaften Ruhm – war der Eisenbahnunfall am 17. Oktober 1977 bei Riegel. Dort hatte der Täter in einem Linksbogen des Gleises Offenburg–Freiburg zahlreiche Schwellenschrauben gelöst und den Abstand der Schienen verbreitert. Der D 271 »Italia-Express« Kopenhagen–Rom »Italia-Express« entgleiste bei einer Geschwindigkeit von 140 km/h. Dem Lokomotivführer gelang es noch, das Führerbremsventil zu bedienen, ehe er durch das Schwanken der Lokomotive zu Boden geworfen wurde. Sämtliche Wagen (zwei Schlaf-, zehn Sitz- oder Liegewagen) entgleisten. 18 Reisende und ein Eisenbahner wurden schwer verletzt.[3] Der Sachschaden betrug 1.688.000 Mark!

In einem Karton neben einem Oberleitungsmasten fand sich eine Mitteilung: »Verantwortlich für dieses Unglück: DB-Direktion Karlsruhe, Lammstraße 19. 100.000,- DM waren zu viel! Nun wird's wesentlich billiger! Mit herzlichen Grüßen Monsieur X«.

Drei Wochen vergingen, am 7. November folgte der nächste Brief, in dem er sich zu dem Anschlag bei Riegel bekannte und ankündigte, er habe jetzt »ein spannendes Hobby für die nächsten Jahre: Bahnattentate«. Über den Basa-Fernsprecher werde er sich als »Wendelin« melden. Seltsam war, dass der Erpresser bei den folgenden

[3] laut Ritzau 25 Verletzte

18 Verletzte und einen Schwerverletzten forderte der Anschlag des »Monsieur X« auf den Italia-Express bei Riegel.
Foto: dpa/Hald

Anrufen sich nicht als »Wendelin« meldete, sondern den Geldboten so nannte. Der sollte sich ohne Begleitung in einem grauen VW-Käfer mit gelben Scheinwerfern und gelber Warnblinkleuchte auf dem Dach bereithalten. Die Warnblinkleuchte müsse auf dem letzten Abschnitt vor der Übergabestelle eingeschaltet werden. Die Tasche mit dem Geld müsse in ein Schlauchboot gegeben werden. Der Überbringer werde von einer Lokalität zur nächsten dirigiert und habe dort längstens drei Stunden zu warten. Bei den Telefongesprächen dürfe der Geldbote keine Fragen stellen, er erhalte nur Hinweise auf den nächsten Treff.

Am 14. November verlangte ein Anrufer auf dem Basa-Fernsprecher Herrn Wendelin und sagte, er werden in Kürze in einem bekannten Schokoladengeschäft[4] anrufen. Dort rief Monsieur X auch an und verlangte, das Geld abzuwiegen. Nach einer halben Stunde rief er erneut an und erhielt zur Antwort: 600 g. Die Menge stimmte mit der von Monsieur X erwarteten überein. Er wusste nun, dass das Geld tatsächlich bereitgehalten worden war und wies an, es solle zur Bank zurückgebracht werden.

Während die Aktion der von Oberstaatsanwalt Haehling von Lanzenauer und Kriminalrat Seifried geleiteten Sonderkommission »Schwelle« auf vollen, aber erfolglosen Touren lief, ahnte niemand, dass ein Zufall rasch zum Täter führen werde. Ein grober Überblick über die Maßnahmen des Ermittlungsverfahrens:

Identifizierung der Schrifttypen und der Bauart von Schreibmaschinen, auf denen die Erpresser- und Bekennerbriefe geschrieben worden waren

Kontrolle von etwa 5000 Schreibmaschinen im Bezirk der Bundesbahndirektion Karlsruhe

4 Das Geschäft wurde konkret bezeichnet.

Physikalische und chemische Papierversuche, Suche nach Fingerabdrücken, Vergleich der Handschriften

Suche nach entsprechenden Personen, auf die der Inhalt des ersten Erpresserbriefes zutreffen könnte

Stimmanalyse der Tonbandaufzeichnungen. Ergebnis: Ost-mitteldeutsche Herkunft, Einflüsse in Baden und südlich Bonn/Neuwied (was, wie sich im Prozess zeigte, zutraf)

Untersuchung des verwendeten Drahtes

Suche nach dem Händler der seltenen Schrauben, die bei den Metallbügeln verwendet worden waren.

All diese Ermittlungen, auch die öffentliche Fahndung vom August 1976 an, führten zu keinem oder nur zu minimalem Ergebnis, wenn sich auch die Bahnpolizei später den Fahndungserfolg zuschrieb. Die Chronisten der Bahnpolizei Balzert und Rettinghaus schrieben noch 1986: »Diese mühevolle Arbeit hatte letztendlich Erfolg…« Nein, überhaupt nicht, auch nicht die von der Bundesbahndirektion Karlsruhe und der Staatsanwaltschaft ausgesetzten Belohnungen von 100.000 bzw. 10.000 DM. Die Aussendung in »Aktenzeichen XY ungelöst« im Zweiten Deutschen Fernsehen am 10. Januar 1974 brachte ebenfalls nichts. Die Überwachung von 32 Abschnitten der Strecke Mannheim–Heidelberg/Basel zwischen 21.00 Uhr und 1.00 Uhr aus dem Führerraum der Lokomotiven, sogar aus extra dafür eingesetzten Lokomotivzügen, traf lediglich auf einen gut bewaffneten Wilderer, einen Weihnachtsbaumdieb und unzählige Liebespaare in Kraftfahrzeugen entlang der Strecken.

Wenigstens fand man den Schraubenhändler in Freiburg und konnte nach den Angaben des Händlers ein Phantombild anfertigen. Das andere Phantombild nach den Angaben einer Frau, die in Karlsruhe ihren Hund ausgeführt und einen Mann beobachtet hatte, der zu einer bestimmten Zeit eine Fernsprechzelle verließ, ließ sich nicht verwerten. Es war vom Zeichner des ersten Bildes gefertigt und ähnelte schon dadurch diesem.

Gleich anderen Erpressungsfällen ging die Polizei nach folgenden Maximen vor: Mit dem Erpresser die Verbindung halten, das Gespräch fortführen, zum Schein auf Forderungen eingehen, um ihn von weiteren Anschlägen abzuhalten, stattdessen neue Geldübergabe versuchen lassen. Im Unterschied zur Taktik der Berliner Polizei im Fall Dagobert setzte die Kriminalpolizei von Baden-Baden kein Spielmaterial ein, sondern echte Geldscheine in der geforderten Stückelung.

Und dann der Zufall. Im benachbarten Frankreich wusste man nichts von der Fahndung. Allein die Aufmerksamkeit und Umsicht eines Hotelangestellten führten auf die Spur des Monsieur X, wenn auch nicht sofort. Am 21. November 1977 trat ein junger Mann in ein Straßburger Hotel. Dem Empfangschef in der Rezeption übergab er einen an Herrn Ziegler adressierten Brief mit dem Vermerk: »Bitte abgeben Mittwochabend 19 - 20 Uhr«. Absender auf der Umschlagrückseite: Anton Schreiber, Kehl, nicht zurücksenden. Und der junge Mann reichte einen 10-Franc-Schein über den Tresen.

Der Hotelbeschäftigte war erstaunt. »Ja, das ist in Ordnung«, sagte dazu der junge Mann, »ein etwa 40 Jahre alter Mann hat mir den Brief gegeben und mich gebeten, ihn hier abzugeben. Herr Ziegler wird ihn hier abholen.« Eine Stunde später telefonierte »Schreiber« mit dem Hotel und fragte in deutscher Sprache, ob der Brief Herrn

Ziegler übergeben worden sei. Der Hotelier wollte wissen, was es mit dem 10-Franc-Schein auf sich habe. »Das ist die Entlohnung für Ihre Aufgabe!«

Den Inhalt des Briefes kannte der Hotelier nicht; er wurde erst bekannt, als die Polizei den Brief in den Händen und ihn geöffnet hatte. Herr Ziegler wurde aufgefordert, sofort in Richtung Autobahn Metz–Paris zu fahren. Dabei sollte er die Geschwindigkeit von 80 km/h nicht überschreiten, nach etwa 5 km die Warnblinkleuchten einschalten und anhalten, wenn am rechten Straßenrand zwei Leuchten blinkten. Dort sollte das Schlauchboot mit der Tasche liegen, in die das Geld zu füllen war.

Wie bemerkt, wusste der Hotelier davon nichts, aber ihm kam die Sache verdächtig vor, war doch einen Monat zuvor im Elsass der deutsche Arbeitgeberpräsident Schleyer ermordet gefunden worden. Als am 25. November ein gut gekleideter, etwa 45 Jahre alter Mann mit Brille und Pflastern im Gesicht sich den hinterlegten Brief aushändigen ließ, folgte ihm der Hotelier und beobachtete, wie der Unbekannte in einen Pkw Ford-Taunus stieg, und er notierte das polizeiliche Kennzeichen.

Was er wiederum nicht wusste: Zwei Tage zuvor hatte der Erpresser bei der Bundesbahndirektion Karlsruhe angerufen und die Geldübergabe auf 21.00 Uhr des gleichen Tages im Seehotel Achern bestimmt. Dort unterblieb wieder einmal der Anruf des Erpressers, nur fragte er am nächsten Morgen im Hotel, wielange Herr Wendelin gewartet habe.

Es kam zu weiteren Anrufen bei der Bundesbahndirektion Karlsruhe mit Drohungen und Terminen zur Geldübergabe, sogar bei der Staatsanwaltschaft Baden-Baden; schließlich bestellt der Erpresser ein Auto in die Schweiz. »Wendelin«, der Geldbote, ging zu Fuß und ohne Geld über die Grenze, behauptete am Telefon, man habe ihn mit der Warnblinkleuchte auf dem Dach nicht durchgelassen. Er musste zurück, um das Geld zu holen. Man vereinbarte Anrufe beim Zoll, die nicht zu Stande kamen, wartete doch der Geldbote beim deutschen Zoll auf den Anruf und der Erpresser rief beim Schweizer Zoll an.

Danach blieben die erpresserischen Anrufe und Anschläge auf Züge aus. Monsieur X gab Ruhe. Aber die Polizei hatte ihn in Basel in ein langes Gespräch verwickelt und auf Tonband aufgezeichnet. Doch auch das half der Fahndung nicht, allenfalls nützte es für die Beweisführung.

Was war aus der Spur in Frankreich geworden? Warum ergriff die badische Polizei nicht sofort den Pkw-Halter und nahm ihn fest? Der Hotelbeschäftigte hatte doch das Autokennzeichen notiert und weitergegeben! Ganz einfach: Die französische Polizei wusste nichts von der deutschen Fahndung und sah keinen Zusammenhang zwischen dem Kennzeichnen und französischen Fahndungen oder Straftaten. Schließlich übergab sie die Beobachtung dem Landesamt für Verfassungsschutz in Baden-Württemberg, und von dort gelangte sie endlich zur Sonderkommission. Am 17. Februar 1978 wurde der Fahrzeughalter, ein Freiburger Aquarienhändler, verhaftet.

Jetzt erst erhielt die Arbeit der Kriminalisten und der Justiz eine neue Qualität, K. alias Monsieur X beteuerte seine Unschuld. Die Vernehmung führte zu keinem Geständnis.

»Sie waren es doch, der den Brief im Hotel abgeholt hat!«

»Gewiss doch, aber ich weiß nicht, was es mit dem Brief auf sich hat. Ich habe ihn, wie man mir geheißen, weggeworfen.«

»Wer hat Ihnen etwas geheißen?«

»Alfred Brockmann.«

»Wer ist Brockmann?«

»Der soll Privatdetektiv sein. Ich habe ihn vor drei Jahren beim Roulettespiel in Baden-Baden kennengelernt.«

»Was wissen Sie über Brockmann?«, fragte der Vernehmer.

»Der wohnt irgendwo bei Karlsruhe. Sein Mercedes hat ein Karlsruher Kennzeichen. Mehr weiß ich von ihm nicht.«

»Wieso haben Sie für diesen Brockmann den Brief abgeholt, wenn Sie ihn nicht so gut kennen?«

»Damals im Casino hatte er mich überredet, verschiedene Aufträge gegen Bezahlung zu übernehmen.«

»Was für Aufträge?«

»Mal habe ich ein Kraftfahrzeug überwacht, dann am Telefon verschlüsselte Mitteilungen durchgegeben, Briefe zu Hotels gebracht oder abgeholt, auch mal eine Holzkiste in den Bergen eingegraben.«

»Dann müssten Sie ja mehr über Brockmann wissen, wenn er Ihnen die Aufträge gab!«

»Nein, das ging alles über tote Briefkästen.«

»Und Ihre Maskerade in Straßburg?«

»Von Brockmann habe ich die Tarnbrille bekommen, und er riet mir auch, mein Gesicht mit Heftpflaster zu tarnen.«

Diese Aussagen waren mehr als merkwürdig, aber sie führten nicht weiter. Die Kriminalpolizei suchte nach Brockmann in den Einwohnermeldeämtern, bei Gewerbeämtern, unter den Mercedes-Besitzern von Karlsruhe. Weder fand sich der Detektiv Brockmann noch ein Brockmann überhaupt, ebenso wenig einer mit ähnlich klingendem Name, auf den die vagen Merkmale zutrafen.

Der Beschuldigte feilte an seiner Version sogar aus der Untersuchungshaft, indem er eine Nachricht verfasste, die ein Zelleninsasse nach seiner Entlassung in einen bestimmten toten Briefkasten geben sollte. Der Häftling offenbarte sich der Staatsanwaltschaft. Der tote Briefkasten war tatsächlich vorhanden. Er enthielt die für die Bundesbahndirektion Karlsruhe bestimmte Nachricht: »M. X. gibt auf!«

Wie war diese Mitteilung zu werten? Oberstaatsanwalt Haehling von Lanzenauer meinte, sie sei für den Fall einer geglückten Lösegeldübergabe geschrieben worden. Eine Version. Oder: Da nach der Festnahme K.s weitere Anschläge ausblieben, könnte die Nachricht eine Erklärung geben, warum der – angeblich andere (Brockmann?) – Erpresser nicht weitermachte.

Ein anderer Häftling, dessen Haftunterbrechung bevorstand, sollte einen von K. verfassten Brief abschreiben und mit verstellter Stimme mit verschiedenen Stellen sprechen, gerade so, als sei der wirkliche Monsieur X noch nicht verhaftet worden. Aber auch dieser Häftling offenbarte sich dem Staatsanwalt.

Den Ermittlungsbehörden wie dem Gericht war es nur möglich, anhand von Indizien und auf der Grundlage von Sachverständigengutachten zu den verwendeten Schriften, zur Stimme, zum verwendeten Material und dem Werkzeug den Beweis zu führen, dass K. mit dem Attentäter Monsieur X identisch war. »Wenn überaus viele Zufälle, hohe Wahrscheinlichkeiten zusammentreffen, können sie sich zur Gewissheit potenzieren«, schrieb »DIE ZEIT«. Hatte K. Eisenbahner als Helfer, da die Anschläge Sachkunde verrieten (beispielsweise war das Durchtrennen von Drahtseilen und das Anbringen der U-Eisen in der 15-kV-Oberleitung nicht sehr gefährlich)? Professor Dr.-

Lebenslänglich für Hermann Kraft alias „Monsieur X"

Aufnahme: Lux pressephoto

Knallharte Beweise

Zum Urteil gegen den Eisenbahnattentäter Monsieur X

Freiburg

Besonders kritisch müssen Prozeßbeobachter Indizienprozesse verfolgen, so wie sie es auch in der zwölftägigen Hauptverhandlung gegen Hermann Kraft vor einer Schwurgerichtskammer in Rastatt getan haben. Denn der Vorwurf, Kraft sei der Erpresser und Eisenbahnattentäter „Monsieur X", wurde nur von indirekten Hinweisen, von „Indizien", getragen. Es gab keinen Augenzeugen für die 13 Anschläge, kein Werkzeug, das gefunden worden wäre, keine Fingerabdrücke, kein Geständnis — und auch keine Toten, als der Italia-Expreß am Kaiserstuhl entgleiste, allerdings 25 zum Teil schwer Verletzte (ZEIT Nr. 8/79).

Aber als der Vorsitzende Richter Franz Isak gegen Hermann Kraft eine lebenslange Freiheitsstrafe wegen 25fach versuchten Mordes, versuchter räuberischer Erpressung und gefährlicher Störung des Bahnverkehrs verkündete, dies dann detailliert und überzeugend begründete, war wohl auch dem skeptischen Zuhörer klar, daß selbst in Indizienprozessen Gewißheit, Sicherheit des Urteils ohne vernünftige Zweifel erreicht werden kann. Wenn überaus viele Zufälle, hohe Wahrscheinlichkeiten zusammentreffen, können sie sich zur Gewißheit potenzieren.

So war es denn konsequent, daß der Vorsitzende keinen faulen Kompromiß im Strafmaß eingehen mochte: „Schwere Strafen nie bei Indizienprozessen?" fragte er, und antwortete sofort: „Dieses Zurückzucken kennt die deutsche Strafprozeßordnung nicht." Wenn das Gericht überzeugt sei, daß der Angeklagte der Täter sei, müsse er auch die angemessene Strafe, hier die Höchststrafe, verhängen.

Dann beschrieb der Richter das „Mosaik", das das Gericht zusammengetragen hatte. Viele Steinchen hätten ein deutliches Bild ergeben. Es sei kein einziger Hinweis dafür gefunden worden, daß Kraft nicht „Monsieur X" sei, wohl aber gebe es Indizien in Fülle, die das Gericht von Krafts Täterschaft überzeugt hätten. Der Privatdetektiv Alfred Brockmann existiere nicht; der

Knallhart waren für »DIE ZEIT« – Ausgabe vom 16. März 1979 – die Beweise, die zur Verurteilung des Angeklagten führten.

Ing. Gerhard Bernstein,[5] der Sachverständige für eisenbahntechnische Fragen, erklärte, die Anschläge hätten während der Zugabstände ausgeführt werden können. Sie hätten ebenso wenig bahneigener Kenntnisse bedurft wie die Anrufe in das Basa-Netz der Deutschen Bundesbahn.

Der beim Landgericht Baden-Baden Angeklagte blieb bei seiner Unschuldsbeteuerung. Er verwies auf den Zufall von belastenden Indizien, wie die Fälschung des Pkw-Kennzeichens, den toten Briefkasten, die Veränderung des Äußeren mit Brille und Bart und die Beobachtung des Schraubenhändlers, auf deren Grundlage das Phantombild gefertigt worden war. Für das Gericht waren das zu viele Zufälle. Es war überzeugt, dass vor ihm der Attentäter saß, der gedroht, erpresst und mit dem Leben von Menschen gespielt hatte, um an Geld zu gelangen. Das Geld brauchte er zur Befriedigung seiner Spielleidenschaft (siehe auch 1. Abschnitt). Am 9. März 1979 lautete das Urteil des Schwurgerichts: Lebenslange Freiheitsstrafe und Entzug des Kraftfahrzeugs wegen versuchten Mordes in 25 rechtlich zusammentreffenden Fällen in Tateinheit mit versuchter räuberischer Erpressung und gefährlichem Eingriff in den Bahnverkehr. »Schwere Strafen nie bei Indizienprozessen«, fragte der Vorsitzende Richter Franz Isak und antwortete: »Dieses Zurückzucken kennt die deutsche Strafprozessordnung nicht.«

Die beim Bundesgerichtshof vom Angeklagten eingelegte Revision verwarf der 4. Strafsenat mit Beschluss vom 30. August 1979 als unbegründet. Die Belohnungen von insgesamt 110.000 Mark erhielt der aufmerksame Hotelangestellte von Straßburg.

Trotzdem bleiben Fragen. Monsieur X wurde zum Verbrecher, weil er Geld für seine Spielleidenschaft brauchte. Der Erpresser hielt sich nicht an seine Absprachen, ließ immer wieder die Zeit bis zur erneuten Erpressung verstreichen. Das sah nicht nach jemanden aus, der zielgerichtet und durchdacht die Erpressungen und Attentate für den gedachten Zweck einsetzte, weil er in Geldnot war. Etwas fehlte bei der Tatausführung: Das »sichere« System, um unerkannt an das Geld zu gelangen. War es ihm nicht eingefallen? Das Verhalten im Straßburger Hotel war unvorsichtig. Sah er sich nicht um, als er zum Pkw ging? Warum nahm er keinen Umweg? Rechnete er nicht damit, dass ihm jemand folgte, dass das Kennzeichen des Pkw auf seine Spur führte? Das sind sehr viele Ungereimtheiten.

Oder gab es doch einen Auftraggeber, und der Verhaftete bzw. Verurteilte war nur der Helfer? Haehling von Lanzenauer hat eine Erklärung für das merkwürdige Verhalten des Monsieur X: Am 23. November, zwei Tage, bevor er in Straßburg den Brief abholte, erfuhr die Bundesbahndirektion Karlsruhe, die Geldübergabe finde an diesem Tage um 21.00 Uhr statt. Der Geldbote »Wendelin« solle sich im Seehotel Achern bereithalten. Er wartete vergeblich auf einen Anruf, abermals hatte der Täter den Übergabeversuch abgebrochen. Am folgenden Tag rief er im Hotel an und fragte, wielange Herr Wendelin gewartet habe. Offenbar habe der Erpresser geplant, den Geldüberbringer erst in das Straßburger Hotel und danach auf die Autobahn Metz–Paris zu schicken.

Diese Vermutung ist nicht plausibel. Zunächst ist die Frage zu beantworten, ob der Überbringer und der Abholer des Briefes identisch waren. Außerdem bleibt offen, warum Monsieur X, der sich sonst sehr umsichtig jeder Verfolgung entzog, den Brief abholte und damit riskierte, enttarnt zu werden. Was er mit der Geldübergabe auch

[5] der übrigens am 17. April 1991 Präsident der Reichsbahndirektion Halle wurde

»Dagobert«, alias Arno Funke, hat die Eisenbahn weder erpresst noch geschädigt. Er hat sie genau beobachtet und wollte sie für die Geldübergabe benutzen. Foto: Härtel

geplant haben mag; sie kam ja auf seine Initiative hin nicht zu Stande. Genauso gut hätte der Brief im Hotelfach schmoren können. Hätte man ihn nach einiger Zeit geöffnet, wäre nur bekannt geworden, dass er von ihm stammte. Er wäre aber nicht zur Spur seiner Entdeckung geworden. Darauf geht Haehling von Lanzenauers Buch nicht ein. Der Autor konnte nach einer Zeitspanne von 20 Jahren sich nicht mehr an die Einzelheiten erinnern.

Arno Funke, der »Dagobert«, war aus ganz anderem Holz geschnitzt, kam aber – bis auf das Lösegeld vom Kaufhaus des Westens – auch nicht an das erpresste Geld. Wie er forderte, wie er seine Sprengladungen in Kaufhäusern einsetzte, wie er sich tarnte und was er von den Aktionen der Polizei hielt, wissen wir aus seinem Buch. Dagobert war einer der intelligentesten Erpresser, den viele im Volk bewunderten, schon weil er dem Großaufgebot der Polizei allein gegenüber stand und weil die Versuche, ihn zu fangen, in aller Öffentlichkeit scheiterten. Und er setzte bei den Attentaten nie das Leben anderer Menschen aufs Spiel.

Trotzdem bleiben seine Anschläge und seine Erpressungsversuche Verbrechen, für die Funke bestraft worden ist. Das Ziel von Funkes Anschlägen waren nicht Bahnanlagen oder Züge, sondern das Kaufhaus des Westens und Kaufhäuser von Hertie. Wenn über ihn hier berichtet wird, dann weil er Bahnanlagen und Züge zur Übermittlung des erpressten Geldes nutzen wollte.

Am 15. Juli 1992 bestellte er den Geldboten in die Nähe von Bad Doberan, wo an einem Leitungsmast ein Kasten angebracht war. In ihm lag eine Umhängetasche, die folgenden Text enthielt: »Sie nehmen den D-Zug 2009. Abfahrt 20.58 Uhr, Rostock Hauptbahnhof. Sie befestigen das Gerät am Ende des Zuges. Auf dem Weg nach Berlin wird die Tasche durch Funk gelöst.«

Funke hatte sich im Wald bei Adamsdorf (Strecke Neustrelitz–Rostock) versteckt und wartete auf den Zug, der nach seinen Berechnungen um 22.30 Uhr vorüberfahren sollte; genau genommen laut Kursbuch der Deutschen Reichsbahn hatte der D 2009 um 22.30 Uhr im 7,4 km entfernten Bahnhof Neustrelitz anzukommen. Um von der Polizei nicht entdeckt und verfolgt zu werden, hatte er sich eine Tasche ausgedacht, die am letzten Wagen anzubringen war und nach einem von Funke ausgelöstem Funksignal abfiel. Er brauchte dann nur die Tasche mit dem Geld an sich zu nehmen und zu verschwinden. Der Geldbote bzw. die Polizei fuhren gezwungenermaßen im Zug weiter. Selbst wenn er oder sie nach dem Abwurf der Tasche die Notbremse bedient hätte(n), wäre der Zug Hunderte Meter weitergefahren; Zeit genug, um mit der Beute zu entkommen. Dieser fein ausgedachte Plan ging trotzdem – mit und ohne Nachhilfe der Polizei – schief.

Als der Zug vorüberfuhr, schaltete er die Fernsteuerung ein, drückte den Auslösehebel und lauschte auf das Geräusch, das beim Abwurf der Tasche zu hören sein musste. Nichts!

Im Polizeibericht hieß es: »Der Geldbote wird den Anweisungen des Täters folgen und die entsprechende Tasche, ohne ‚Geldpakete', an dem entsprechenden Puffer des letzten Wagens festmachen. Er wird die Tasche und dem mit Magneten versehenen Kasten so festbinden, dass die mitfahrende Zugbegleitung feststellen kann, wann und an welchem Ort der Täter möglicherweise den Kontakt auslöst. Es soll jedoch in jedem Falle vermieden werden, dass der Täter in den Besitz der Tasche kommt und dass diese abfällt. Dadurch soll der Eindruck entstehen, dass der Täter selbst glaubt, dass er möglicherweise einen Fehler gemacht hat.«

Der nächste Übergabeort sollte am 14. August Reinbek an der Strecke Berlin–Hamburg sein. Warum Funke diesen Ort bei Hamburg wählte und welche raffinierten Vorbereitungen er traf, ist seinem Buch zu entnehmen und soll hier nicht erwähnt werden; nur die eisenbahntechnische Ausführung. Den Zug hörte Dagobert an der Taigatrommel (sic!), und er bemerkte, dass der Zug langsamer fuhr als sonst. Wieder drückte er den Auslösehebel des Senders. Diesmal fiel die Tasche ins Gleis. Doch als er sie aufheben wollte, knallte ein Schuss. Der Zug hatte 100 m hinter der Abwurfstelle gehalten, und die Polizeibeamten jagten dem Erpresser hinterher. Er entkam mit dem Geld und flüchtete in einen Schuppen, wo er es vergrub.

Nach Wochen suchte er den Schuppen wieder auf, fand auch das Geldpaket, das enthielt aber nur zwei Tausendmarkscheine und sonst Papier. Die Polizei hatte ihn erneut geleimt.

Am 13. Oktober folgte der nächste Versuch, wieder an der Strecke Berlin–Hamburg, diesmal in der Nähe des S-Bahnhofs Heerstraße in Berlin. Hier sollten die Polizeibeamten das Geld aus dem letzten Wagen des IC 537 »Käthe Kollwitz« in das Gleis werfen. Technische Schwierigkeiten nannte die Polizei als Ursache für den verspäteten Abwurf des »Geldpakets« (das sicherlich wieder kein Geld enthielt, stattdessen ein Detonationsmittel). Funke fand das Paket nicht, wurde außerdem misstrauisch und versteckte sich. Auch diesmal kam er nicht zum erhofften Geld.

Die Züge zur risikolosen Geldübergabe zu nutzen, erschien so simpel wie einleuchtend. Trotzdem war Funke fassungslos, wie schwierig es war, an das Geld zu kommen, und zugleich wütend. Die Kriminalpolizei, die gar nicht daran dachte, seinen Wunsch zu erfüllen, tat noch so, als wollte sie ihm das Geld hinterhertragen. Die Aktionen nahe dem Bahnhof Berlin-Charlottenburg und nahe Potsdam Stadt scheiterten ebenfalls.

Funke alias »Dagobert« grübelte nach einer anderen Methode, baute ein Abwurfgerät ohne Schaltuhr und vereinbarte den 5. Januar 1993 bei Berlin-Pankow. Beim neuen Gerät lösten sich auch die Federn des Mechanismusses, als er die Fernbedienung einschaltete, aber die Tasche blieb am letzten Wagen des D 2112 Leipzig–

Stralsund. War das eine Panne, war sie von der Polizei gewollt? »Wie im Erpresserschreiben gefordert, brachte der PHM R. das Abwurfgerät an der Rückwand des letzten Waggons an. Zusätzlich band er einen Nähgarnfaden an die Geldtasche und führte diesen durch die rückwärtige Tür in das Innere des Waggons, wo der Faden von einem zugbegleitenden Polizeibeamten gehalten wurde, um das vom Täter veranlasste Abfallen der Geldtasche feststellen zu können«, hieß es im Polizeibericht.

Im Gegensatz zur im Buch beschriebenen Wahrnehmung Funkes war die Tasche ins Gleis gefallen und blieb dort über eine Stunde liegen. Für ihn war »die Eisenbahn ausgereizt«. Und doch benutzte er sie beim nächsten Versuch. Diesmal sollte das Geld in einen Kasten gelegt und dieser auf einen kleinen, von einem Elektromotor angetriebenen Wagen, einer Mini-Lore, gesetzt werden. Der Geldbote hatte einen Knopf zu drücken, und das Gefährt rollte auf einem stillgelegten S-Bahn-Gleis bei Siemensstadt in Berlin zum Erpresser. So hatte sich das Funke ausgedacht.

Die Lore rollte 872 m weit, kippte danach nach innen und blieb liegen. »Dagobert«, der vergeblich gewartet hatte, verschwand und entzog sich der Festnahme. Auch die Übergabe am Anhalter Bahnhof kam nicht zu Stande, weil Funkes Vorbereitungen von einem Triebwagenfahrer der Berliner Verkehrsbetriebe entdeckt und gemeldet worden waren und die Polizei die Stelle entsprechend präpariert hatte. Im Frühling 1994 war Funke mit dem Auto nach Erkner unterwegs, um die Gleisanlagen auszukundschaften. Die Polizei war ihm auf den Fersen und nahm ihn am 22. April 1994 fest. Sieben Jahre und neun Monate Haft lautete das am 14. März 1995 gesprochene Urteil.

Verschiedene Parallelen zum Monsieur X und zu »Dagobert« gab es bei einem Attentäter in Thüringen. Auch er war in Geldnot, aus der ihn – gleich den anderen – die Anschläge und Drohungen nicht behoben. Vier Monate suchte die Polizei einen Erpresser der Deutschen Bahn AG, bis er am 11. Januar 1996 nahe Mainz festgenommen werden konnte. Der 36-Jährige hatte mehrere Anschläge auf Strecken verübt – der Sachschaden ging in die Millionenhöhe – und von der Bahn in Erfurt 6,5 Millionen Mark verlangt. Über die Zeitung »DIE WELT« hatte die Polizei Kontakt mit dem Täter aufgenommen, ihn aber bei einer Verfolgungsjagd, die eigentlich der Geldübergabe dienen sollte, durch Thüringen, Bayern und Rheinland-Pfalz verloren.

Da »DIE WELT« das Medium für den Kontakt war, berichtete Anja Reich in dieser Zeitung am 13. Januar 1996 ausführlich. Ich zitiere mit geringfügigen Änderungen:

»Den ersten Anschlag gab es im August vorigen Jahres. Ein Betonklotz auf der Strecke Fulda–Bebra, der nicht einmal den Zug zum Stehen brachte und von der Bahnpolizei lediglich als Sachschaden abgehakt wurde. Anfang August versuchte es der Täter noch einmal. Diesmal bei Apolda. Umständlich montierte er einen 70 kg schweren Eisenschuh auf die Schiene, den er zuvor bei einem Schmied hatte anfertigen lassen. Doch wieder donnerten die Züge darüber, ohne Schaden zu nehmen. Auch das Stahlseil, das er wenige Wochen später quer über die Gleise spannte, riss.

›Zu diesem Zeitpunkt wollte er nur, dass die Bahn seine Anschläge registriert‹, sagt Uwe Kranz, der Chef des Landeskriminalamtes Thüringen. Erst als das erste Fax bei der Bahn einging, in dem Alfred S. in schönstem, höflichem Geschäftsdeutsch auf sich und seinen ersten Anschlag aufmerksam machte, begriff die Polizei, dass sich hier ein klassischer Erpressungsfall entwickelte – und schickte Bahnpolizisten auf die Suche nach dem Eisenschuh.

Auf seine Forderung, in der ›WELT‹ einen ganz bestimmten Text zu veröffentlichen, aber reagierte die Polizei erst nach dem dritten Anschlag und einem weiteren

Artillerie ein

renica – Kein UN-Abzug aus Bihać

N-Offizier berichte-
verwaltung in Bihać
lt, es solle versucht
uf der Karte der in-
Kontaktgruppe ein-
Kanton zu erobern.
aler Zeitungen über
er Blauhelme aus der
hać wurden von den
ionen dementiert.
ren UN-Menschen-
gten für das ehema-
ien, Tadeusz Mazo-
Hinweise darauf vor,
m Fall der ostbosni-
zone Srebrenica im

Juli Massaker an Moslems gegebe
hat. In seinem Abschlußbericht fü
die UNO führt Mazowiecki Aussa-
gen über Massenhinrichtungen
Vergewaltigungen und Beschu
fliehender Zivilisten durch die bos-
nischen Serben an.

US-Präsident Bill Clinton ha
gestern vier Diplomaten für di
Bosnien-Verhandlungen ernannt
die den drei tödlich verunglückter
Unterhändlern nachfolgen.

Anzeige

Wir suchen Ihre Mitarbeit! Telefon-
nummer: 0361/30 53 60

lliert

inister

DER KOMMENTAR

Lebensraum für die Hutu

THOMAS KNEMEYER

Ein Jahr nach dem Exodus
von fast zwei Millionen ruan-
dischen Flüchtlingen ver-
schärft sich die Lage in Zen

Ganz versteckt auf Seite 1 der Zeitung »DIE WELT« war der Hinweis der Deutschen Bahn, der Erpresser möge Kontakt aufnehmen.

Fax, in dem er mit Personenschaden drohte. So erschien am 24. August 1995 bestplatziert auf der Seite eins der ›WELT‹ eine kleine Anzeige: ›Zur künstlerischen Gestaltung des Bahnhofes suchen wir Ihre Mitarbeit.‹ Kein Leser, nicht einmal die Redakteure wussten damit etwas anzufangen. Doch Alfred S. hatte verstanden.

Das gefährliche Spiel ging weiter. Am 13. Dezember befestigte der Erpresser an einer Brücke bei Gau Algesheim ein Seil, an dem ein Betonstück hing. Ein Manöver, das Menschenleben hätte kosten können. Mit 160 km/h raste der Zug durch die Brücke, der Stein prallte gegen das Führerhaus – glücklicherweise einen Meter unter der Frontscheibe.

Einen Tag später ging wieder ein Fax bei der Bahn ein. Wieder verwies der Täter auf seinen Anschlag, wieder forderte er ein Inserat in der ›WELT‹. Und im Übrigen, schrieb er, seien die bisherigen Anschläge ›nur Kleinigkeiten‹ gewesen. Fünf Tage später, am 18. September 1995 – die Anzeigen wurden inzwischen veröffentlicht – forderte der Täter 6 Millionen Mark in bar und eine Bestätigung in der ›WELT‹: ›Alle vorbereitenden Maßnahmen zur Verschönerung der Bahnhöfe abgeschlossen.‹ Die Anzeige erschien.

So ging es weiter: Anschläge auf die Bahn, Faxe an die Erfurter Direktion, Anzeigen in der WELT. Im Landeskriminalamt Erfurt wurde die Sonderkommission ›Schiene‹ eingesetzt. Polizisten klapperten alle Schmieden in Thüringen ab, die den Eisenschuh hätten anfertigen können.

Der Handwerker wurde gefunden. Nach seiner Beschreibung entwarf die Polizei ein Fahndungsbild, das dem Täter – wie sich später herausstellen sollte – sehr ähnlich sieht: ein junger Mann mit Stoppelfrisur und einer etwas schiefen Nase.«

Die Polizei machte sich ein Bild von der Persönlichkeit des Erpressers: Geschäftsmann, intelligent, mit ausgeprägtem Sprachgefühl, verheiratet, da es immer noch an Wochentagen zu Anschlägen kam. Als Rheinland-Pfalz Schulferien hatte und sich der Täter nicht mehr meldete, war man überzeugt, dass es sich um einen Pfälzer handeln musste.

Wieder aus der »WELT«:

»Jetzt wurde der Jäger zum Gejagten. ›Allein schon deshalb‹, erläuterte Uwe Kranz, ›weil er ein großes Problem hat. Die Geldübergabe.‹ Zu der sollte es bald kommen, in irgendeiner Raststätte zwischen dem Hermsdorfer Kreuz und Hessen. Wo genau, würde der Täter während der Fahrt noch mitteilen, hatte er in einem Fax erklärt und damit eine ganze Hundertschaft Bereitschaft der Polizei für 16 Stunden in Bereitschaft gebracht.

Aber er meldete sich nicht. Was aber nicht bedeutete, dass er etwa aufgegeben hatte. Es folgten wieder Anschläge auf die Bahn und die Anzeigen in der ›WELT‹. Und so wäre es noch eine Weile weitergegangen, hätte der Täter nicht einen entscheidenden Fehler gemacht: Im November forderte er per Fax die Eröffnung eines Kontos bei einem Bankinstitut in der Schweiz und die Zahlung von 6,5 Millionen Mark. Die Polizei spielte mit. Sie wusste: Wenn er an sein Geld wollte, musste er Kontakt zu seiner Bank aufnehmen.

Am 11. Januar 1996 wurde der Täter – bisher ein rechtschaffener Bürger, verheiratet, drei Kinder – in einer Kleinstadt in Rheinland-Pfalz festgenommen. Er hat sofort gestanden: Alle acht bekannten Anschläge auf die Bahn und einige, von denen die Polizei noch gar nichts wusste. Er hat von seinen Schulden erzählt, fast eine Million Mark. Dass er nach der Wende in Thüringen eine Umweltfirma gegründet und sich davon viel versprochen hatte. Und dass das Geschäft nicht so gelaufen sei. Die Schulden seien ihm über den Kopf gewachsen, er haben keinen Ausweg mehr gesehen.«

Im letzten Fall in dieser Runde, den Taten der »Mumien«, die bis 1997 in Brandenburg einige Verbreitung erlangten, ging es wieder um Geld, aber weniger um damit Schulden zu begleichen, sondern um sich als Millionär bei einer begehrten Frau Ansehen zu verschaffen. Die »Mumien« (ein Codewort im Funkverkehr) entpuppten sich im Prozess vor der 1. Strafkammer des Landgerichts Neuruppin als ein magerer, intelligenter und, wenn er einmal antwortete, als schlagfertiger Mann, der es seinen Richtern nicht leicht machte. Er beteuerte nicht seine Unschuld, aber er verweigerte die Aussagen zur Sache.

Die Teilgeständnisse bei der Polizei allein durfte das Gericht nicht verwerten, sondern ließ alle erreichbaren Zeugen aufmarschieren, um mit deren Hilfe die Beweise zu sammeln und dem Angeklagten die Taten nachzuweisen. Der Prozess zog sich über 13 Tage hin. Abgesehen davon, dass die meisten Aussagen von Polizeibeamten und des Beamten vom Eisenbahn-Bundesamt unergiebig waren (»Ich weiß nicht mehr.« »Ich kann mich nicht erinnern.« »Kann so gewesen sein.« »Nicht meine Zuständigkeit!«), die Vorsitzende Richterin Dagmar Porath ging nicht chronologisch vor, sondern je nachdem, welcher Zeuge gerade erschien. So musste sich der Berichterstatter mühen, das Mosaik der Taten dieser »Mumien« zu einem Gesamtbild zusammenzusetzen. Aufschlussreich war die Aussage der Staatsanwältin Iris Müller-Lange, der sich Peter T. in der Untersuchungshaft aus Sorge um seine Freundin offenbarte und auf von der Polizei überhaupt nicht beachtete Zusammenhänge zwischen seiner seelischen Verfassung und den Attentaten hinwies.

Der entgleiste Nahverkehrszug bei Lübz – die »Mumien« alias Peter T. wurden von dieser Tat freigesprochen. Slg. Preuß

Vorwurf Nummer 1: Unbekannte hatten am frühen Morgen des 31. Dezember 1994 in der Nähe von Lübz (Strecke Ludwigslust–Waren [Müritz]) einen Nahverkehrszug entgleisen lassen.

Die mecklenburg-vorpommerschen Tageszeitungen meldeten: »Unbekannte hatten [...] insgesamt 17 Schwellenschrauben einer Gleisseite gelöst und unter die freigelegte Schiene Baumstämme geschoben, um das Gleis anzuheben. Die dadurch herbeigeführte Spurerweiterung führte schließlich zu der Entgleisung gegen 7.30 Uhr. 70 bis 80 Meter Gleis mussten nun instand gesetzt werden. Die Strecke bleibt bis auf weiteres gesperrt.« Lokomotivführer Volker A. beschrieb den Neuruppinern Richtern, wie er den Unfall erlebt hatte:

»Es war dunkel und regnete. Von Lübz bis zu der Unfallstelle waren es etwa acht Kilometer. Sie lag in einem Waldstück, einen Kilometer vor Passow, vor einem Bahnübergang. Plötzlich senkte sich die Lok nach vorn ab, ratterte, wurde durch den Schotter nach links gedrückt. Das spielte sich in Sekunden ab!«

Teilnahmsvoll meinte die Vorsitzende der Strafkammer:

»Das war ein schrecklicher Tag für Sie?! Aber was haben Sie gesehen?«

»Eigentlich nichts. Ich stieg von der Lok und bemerkte, dass sie mit beiden Drehgestellen entgleist war. Auch die Wagen waren bis auf die letzte Achse entgleist. Ich habe mich um die sieben Reisenden gekümmert. Keiner war verletzt. Nach einer dreiviertel Stunde kam Hilfe.«

Währenddessen sah der Lokomotivführer, dass an der rechten Schiene die Schrauben fehlten und sie angehoben worden war. Balken hatten ihre Spurerweiterung bewirkt. A. sagte:

»Alles war abgedeckt, damit man die Veränderungen nicht sehen konnte.« Er sparte nicht mit Anerkennung für die Täter, denn sie hatten eine unübersichtliche Stelle gewählt – gerade dort, wo der Lokomotivführer seinen Blick auf den Bahnübergang lenkt. Sie hatten den Anschlag gut getarnt und fachmännisch ausgeführt. »Das hat vermutlich ein Eisenbahner getan, und der war nicht allein«, vermutete A.

Auch M., der Leiter an der Unfallstelle, meinte: »Das war vollendet!«

Die Entgleisung des Nahverkehrszuges verriet die Handschrift des Eisenbahnkenners. Er blieb unbekannt.
Foto: Bundesgrenzschutz Schwerin

Wer war an der Entgleisung eines Zuges interessiert? Niemand bekannte sich zu dem Anschlag. Die Schweriner Bahnpolizei suchte nach Zeugen und tappte im Dunkeln. Um es vorwegzunehmen: Der oder die Täter wurden nie ermittelt, wenngleich man den Anschlag auf den Nahverkehrszug mit den Erpressungsversuchen und den Anschlägen der »Mumien« in Zusammenhang brachte. Das Gericht sprach Peter T., die »Mumie«, von diesem Vorwurf frei. Der Anschlag passte nicht in das Muster der anderen, die wie beim Kollegen »Dagobert« so angelegt waren, dass möglichst kein Mensch geschädigt wurde. Auch fehlten die Mitteilung der »Mumien« und das Merkzeichen ATOM mit dem unterstrichenen M, mit denen T. auf sich aufmerksam machte.

Wenn sich Peter T. Monate danach in einem Brief an die Bahn als der Täter der Entgleisung bei Lübz hinstellte, so mochte er von ihr aus den Zeitungen erfahren haben. Er verhielt sich wie ein »Trittbrettfahrer«, die Entgleisung konnte ihm nur recht sein. War er der Gehilfe der Täter? Einiges sprach für eine solche Vermutung. Zeugen wollen ihn Tage vor dem 31. Dezember 1994 auf dem Hof seiner Freundin mit zwei Männern gesehen haben, denen er Werkzeug gab. Ein Bauingenieur erklärte, die Schienen anzuheben und die Baumstämme oder auch nur einen zu verkeilen, könne einer allein nicht, selbst wenn die Zugpause neun Stunden währte. Dass Peter T. die Täter kannte, ihnen vielleicht sogar half, mag sein. Er verriet sie nicht. Das Attentat bei Lübz trug nicht die Handschrift der folgenden sechs nachgewiesenen Fälle der räuberischen Erpressung in Tateinheit mit gefährlichem Eingriff in den Bahnverkehr, für die Peter T. zu sechs Jahren Freiheitsstrafe verurteilt wurde. Bevor ich diese Fälle schildere, möchte ich auf die Vorgeschichte eingehen und damit zum Verständnis dazu beitragen, wie man Attentäter wird (dazu außerdem im 11. Abschnitt).

Peter T. war der Jüngste von fünf Geschwistern. Er war 1990 aus Beeskow nach Dannenberg gezogen. Die Eltern folgten ihm. Sie, vor allem die Mutter, hatten den Jüngsten von fünf Geschwistern schon immer wie eine Glucke umsorgt. Der blonde Peter mit den blauen Augen war ihr Wunschkind, dem man auch alles verzieh. Dazu hatten die Eltern bald Gelegenheit. Der Facharbeiter für Tierproduktion Peter T. arbeitete bei einer Landwirtschaftlichen Produktionsgenossenschaft im Kreis Beeskow. Am Tage. Nachts zogen er und sein Bruder durch die Gegend, um sich fremdes Eigentum zu verschaffen, vor allem Mopeds und Autos.

Bereits als Jugendlicher war er, angeblich wegen des Diebstahls einer Tafel Schokolade, in einen Jugendwerkhof eingewiesen worden. »Ich habe das gemacht, was alle machten«, versuchte er sein Verhalten zu beschönigen. Wegen Diebstahls, Betrugs, Sachbeschädigung und unbefugten Benutzens von Kraftfahrzeugen in 15 Fällen wurden die Geschwister in zweiter Instanz vom Bezirksgericht Frankfurt (Oder) 1986 zu einer sechseinhalbjährigen Freiheitsstrafe verurteilt, aber nach zwei Jahren durch eine Amnestie freigelassen. 1997 versuchte T., diese Strafe als Willkür gegenüber einem Unschuldigen zu bagatellisieren. Die aus dem Westen »importierte« Richterin kannte offenbar die DDR-Justiz, die nicht nur Unrecht sprach, und sie hatte das Vorstrafenregister studiert. Sie fand bissige Worte: »Sie haben ein Doppelleben geführt! Am Tage waren Sie der brave Bürger, und nachts gingen Sie auf Raubzüge!« T. war vom Strafvollzug der DDR keineswegs geläutert worden. Am 1. März 1991 hatte ihn das Kreisgericht Pritzwalk wegen einschlägiger Delikte zu einer Geldstrafe verdonnert. Nachsicht war nicht am Platze, hatte sich doch herausgestellt, dass er nach seiner Festnahme und anschließenden Vernehmung im Polizeikreisamt nach Hause gehen durfte, aber nicht ging, sondern für die Heimfahrt umgehend ein Auto stahl.

Mit den Amtsgerichten in Ludwigslust und in Dannenberg bekam er zu tun, weil er sich nach einem Autounfall unerlaubt entfernt und auch die Haftpflichtversicherung nicht entrichtet hatte. Statt die Geldstrafen zu bezahlen, ließ er sich einsperren.

Peter T. hatte das Leben nicht gemeistert. Nach 1989 verlor er bei der Landwirtschaftlichen Produktionsgenossenschaft die Arbeit und suchte sein Glück im Westen, wollte als 29-Jähriger endlich selbstständig werden. Doch die elterliche Obhut sperrte ihn ein. Die betagten Eltern verkauften ihr Haus in Beeskow, folgten ihm nach Dannenberg und sorgten für ihn.

Eine ständige Arbeitsstelle fand er in Niedersachsen nicht. Er finanzierte sich vom Arbeitslosengeld die Teilnahme an einem Lehrgang für Programmierer in Hamburg, der jedoch nicht viel nutzte, wenn man

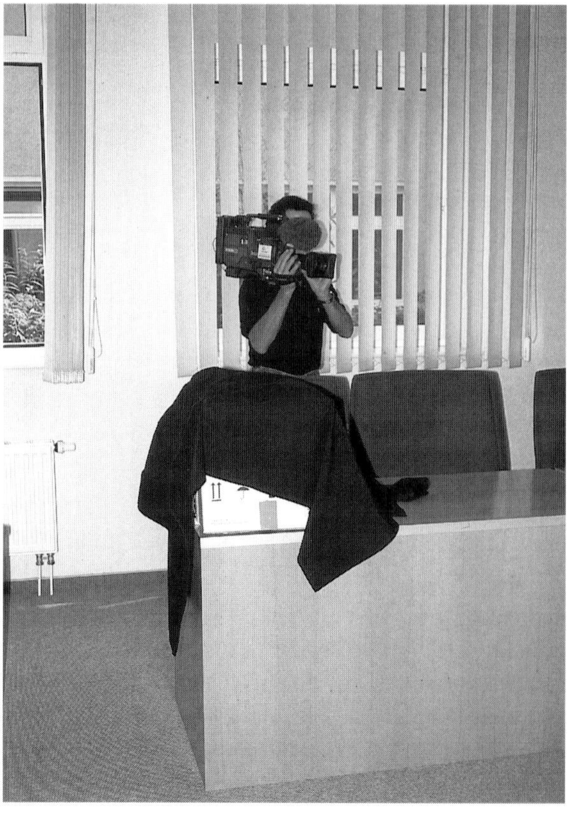

Strenge Sitten am Landgericht Neuruppin. Nicht einmal der Karton mit den Ermittlungsakten sollte gefilmt werden. Die erzürnte Protokollantin warf die Robe der Staatsanwältin über das Objekt. Foto: Preuß

Die Medien brauchen Bilder. Schließlich war es erlaubt, von weitem »die Mumien« und den Verteidiger aufzunehmen. Foto: Preuß

nicht auch in anderen Fachgebieten beschlagen war. T. war weder geldgierig noch verschwendungssüchtig. Ihm reichten seine Leidenschaften: schnelle Autos und der »große Brenner«, um den ihn die Gemeinde der Mobilfunker beneidete.

Durch den Mobilfunk spross die Leidenschaft zu Gesine G., die ebenfalls begeisterte Mobilfunkerin war, sich von ihrem Ehemann getrennt hatte, zur Scheidung sich nicht entschließen konnte und mit zwei von vier Kindern im familiären Haus in einem mecklenburgischen Dorf wohnte. Diese Frau hätte Peters Leben wenden können, doch sie »brachte ihm noch mehr Unruhe. Er kam von einer Abhängigkeit in die andere«, wie es in der Urteilsbegründung heißen sollte.

Gegen die sieben Jahre ältere Frau hatte die Polizei ebenfalls ermittelt; die Beweise reichten für eine Anklageerhebung nicht aus, weshalb sie nur als Zeugin vernommen wurde. Ermittelt worden war auch gegen Heiko R. aus Dannenberg, offenbar als Mittäter Peter T.'s. Warum das Verfahren abgetrennt worden war, blieb unklar.

Nicht um ihre Beihilfe zu beweisen, sondern um das Motiv zu erhellen, warum Peter T. erneut straffällig wurde, waren die Aussagen Gesines und die über Gesine aufschlussreich. Peters Schwester meinte, sie habe ihn ausgenommen wie eine Weihnachtsgans. Er war offenbar recht gutmütig und blieb in seiner Welt der Illusion. Gesine hatte ihn mehrmals aus der Wohnung geworfen, andere Männer ins Haus geholt. Doch Peter fand keinen Trennungsstrich, schlief nachts im Auto vor Gesines Haus in der Hoffnung, man werde sich anderentags versöhnen. Ob er ihr als betuchter Mann imponieren konnte und sich so die ersehnte Harmonie erreichen ließ?

Ein paar ruhiger Stunden im von Geldsorgen geplagten Haus wegen sagte er: »Bald werden wir genug Geld haben.« »Woher soll das denn kommen«, will Gesine gefragt haben. Er antwortete ganz ruhig: »Ich habe die Bahn erpresst!« Angeblich glaubte sie ihm nicht, lieh aber ihre Schreibmaschine für die Erpresserbriefe, nähte für die Geldübergabe einen Sack genau nach T.'s Wünschen so, dass das Geld nicht herausfallen konnte. Sie fuhr mit ihm zum Bahnhof Karstädt, wo T. einen Erpresserbrief hinterlegte, und zu Telefonzellen, aus denen er die Deutsche Bahn anrief und die Forderungen stellte. War sie nicht doch eine Mittäterin? Die Staatsanwaltschaft glaub-

Staatsanwältin Iris Müller-Lange hinter 14 Ordnern der Ermittlungsakten. Foto: Preuß

te schließlich ihren Beteuerungen, sie habe nur an Spinnereien gedacht.

Die erste Drohung kam am 5. Dezember 1994 bei der Kursbuchstelle der Deutschen Bahn in Mainz an. »Wir sind die Mumien und planen einen Anschlag auf den Intercity!«, lautete der Anruf. Der blieb aus, aber am 12. Mai 1995 bemerkte der Lokomotivführer bei km 142,3, der mit Tempo 130 als Leerfahrt (Lz) von Karstädt nach Dergenthin (Strecke Berlin–Hamburg) unterwegs war, im Gleis eine Erhebung, die seine Lokomotive erschütterte. Planmäßig hätte zu dieser Zeit ein Güterzug fahren müssen. Fachleute meinten, sehr wohl hätte ein Zug auch entgleisen können. Jemand hatte die Laschen von den Schwellen gelöst, mithilfe eines Wagenhebers die Schienen um 78 mm angehoben und verkeilt. Die Polizei fand dort folgenden Hinweisbrief: »Wir werden beweisen, dass wir es ernst meinen und Ihnen leichte Schäden zufügen. Sie werden behaupten, dass es Atomgegner sind, aber Sie haben nichts an die Medien gegeben. Wir werden es beweisen, dass wir dieselben sind: gleiche Maschinen, andere Fehler.«

Besorgt, man könnte ihn täuschen, setzte der Briefschreiber fort: »Gichtiges (statt richtiges - E. P.) Geld, keinen Gewichtsausgleich, keinen Sender. Sonst wird Schlimmeres geschehen. Wir werden an die Presse gehen und mitteilen, dass Sie gewarnt wurden. Werden Arbeit fortsetzen und zeigen, dass wir es ernst meinen. Wir haben auch stärkere Wagenheber.«

Am 22. März 1996 wurde der Schienenstrang abermals zum Tatort. Als Lokomotivführer Guido S. mit einer Diesellokomotive von Bad Kleinen nach Wittenberge fuhr, bemerkte er nahe beim Bahnhof Ludwigslust (Strecke Berlin–Hamburg) einen Schlag und ein merkwürdiges Geräusch. Er hielt die Lokomotive an, stellte aber weder an ihr noch an der Oberleitung einen Schaden fest. Bei Tageslicht war zu sehen: Jemand hatte an der Oberleitung ein Hanfseil befestigt.

In der Nähe des Bahnhofs Pretzier (Strecke Berlin–Hamburg) durchtrennte am 26. April 1996 ein Interregio das zu einem Heissläuferortungsgerät führende Kabel. Es war aus dem Kabelschacht gezogen und auf die Schienen gelegt worden.

Am 2. Mai 1996 am Bahnhof Kuhlenfeld (Strecke Berlin–Hamburg) ein Vorfall nach gleichem Muster: Das zu den Signalen führende Kabel war aus dem Schacht gezogen, auf die Schienen gelegt und durch eine Abdeckplatte beschwert worden. Als ein Zug das Kabel durchtrennte, erloschen das Einfahrsignal und die Ausfahrsignale.

Am 5. Mai 1996 ließen sich auf dem Bahnhof Wittenberge (Strecke Berlin–Hamburg) zwei Weichen nicht umstellen. Jemand hatte zwischen den Zungen und den Backenschienen Steine geklemmt. Dietmar G. vom Bahnstromwerk stellte dort außerdem fest, dass ein Gittermast angesägt worden war. Er musste geschweißt und zur Auswechslung vorgesehen werden.

Am 7. Mai 1996 hatte T. bei Ludwigslust mithilfe eines Seils ein Kabel über die Gleise gespannt, das an den Fahrleitungsmasten befestigt war. Ein Zug durchtrennte das Kabel.

In der Nacht vom 11. zum 12. Mai fiel dem Fahrdienstleiter in Genshagener Heide (Südlicher Berliner Außenring) auf, dass die Meldelampe zum Blocksignal 1083 rot zeigte, obwohl »Fahrt« dessen Grundstellung ist. Eisenbahner der Störungsbereitschaft sahen im Blockschrank die zerschnittenen Drähte. Der Täter hatte sich viel Mühe gegeben, als er die Drähte des vieradrigen Kabels einzeln durchtrennt hatte. »Sonst wäre die Sicherung durchgebrannt«, wie Werkmeister Guido K. bemerkte. Auf der Ablage des Signalfernsprechers lag ein Brief. K. öffnete ihn und las »den ganzen Schmarren mit den orthographischen Fehlern« («Wir wollen dass Fahrer ein Funkgerät und ein Telefon mit sich führt. Montag, den 13. Mai, wird bei Nichtübergabe und Einhaltung eine Bombe mit etwa 2000 g detonieren. Bitte nehmen Sie unsere Warnung ernst. Denken Sie daran, dass wir bestimmen. Montag wird einer unserer Leute auf den Bahnhof gehen und die Bombe legen. Wenn Sie nicht reagieren, wird die Bombe detonieren. Keine Ausflüchte! 22 Uhr. Die Mumien«) K. beschäftigte der Briefinhalt nicht besonders, vielmehr bewunderte er das Geschick des Täters, der entweder Spezialwerkzeuge benutzt haben musste oder »ägyptische Winkelfinger« besitzt, »denn die Adern sind nicht leicht zu erreichen und stehen unter Spannung bis zu 230 Volt.« Für die Beseitigung des Schadens holte K. die Störungspläne aus einem Fach, da fielen Holzschrauben herunter. Er sah nach oben und entdeckte eine Blechdose. »Da lassen wir die Finger davon!« Straße und Strecke wurden gesperrt, der Munitionsbergungsbetrieb Potsdam gerufen. Dessen Roboter barg das Gefäß, das keine Attrappe, sondern tatsächlich eine Bombe war, wenn auch eine alberne (so der Sprengstoffsachverständige). Sprengstofffachleute untersuchten sie. Nach dem Zünden zerplatzte das mit Schwarzpulver und Nägeln gefüllte Gefäß, großen Schaden hätte die Bombe nicht angerichtet.

Wie beim Monsieur X, dem Geschäftsmann in Thüringen und bei »Dagobert« kam die »Mumie« nicht zum Ziel, nämlich ans Geld, mochten auch – wie es die Richterin Dagmar Porath charakterisierte – die Erpressungsversuche drängender, die Drohungen bösartiger geworden sein. Die Taten wurden immer harmloser. Angeblich hatte die Deutsche Bahn im Polizeipräsidium Oranienburg 2 Millionen Mark bereitgestellt, tatsächlich dachten sie und die Polizei nicht daran, das Geld zu übergeben. Einmal war sie scheinbar bereit, auf die Forderung einzugehen, auf dem Bahnhof Wittenberge. Der Erpresser wollte nur das Datum nennen, und die Bahn sollte »Ja« sagen. »Wir werden nicht antworten, damit wir im Auto nicht angepeilt werden.« Als die Vorsitzende Richterin die folgende Passage dieses Anrufs zitierte, musste der Angeklagte grinsen: »Sollten Sie sich nicht an unsere Weisungen halten, werden wir zu ernsteren Mitteln greifen.« Der erwartete Kontakt kam nicht zu Stande. Die Bahn hielt den Anrufer immer wieder hin, Peter T. verstellte sich aber auch durch eigenes und kaum verständliches Taktieren das Ziel.

Zuerst hatte er an 200.000 Mark zu erpressen gedacht, dann aber diese Summe verworfen. Man hätte ihn nicht ernst genommen. So schraubte er den Betrag auf 1,5 Millionen, schließlich auf 2 Millionen Mark hoch.

Selten hatte er Glück, bei seinen Anrufen bei der Deutschen Bahn AG einen Gesprächspartner zu finden, stattdessen schaltete sich der Anrufbeantworter ein. Die

Botschaft »Ich will mit Ihnen reden!«, und der Hinweis auf seine Funktelefonnummer bewirkten wenig. Selten rief jemand zurück. Er schrieb Briefe, drohte immer wieder mit Bomben, er habe schließlich genug gebettelt und lasse sich nicht an der Nase herumführen.

Adressat war nicht der Bahnchef Heinz Dürr, sondern die »Bundesbahndirektion« (sic!). Immer sollte der Eindruck entstehen (vielleicht war der auch berechtigt?), es gäbe mehrere Täter, eben »Die Mumien«.

Er gab einen Brief im Stellwerk von Karstädt ab und im Bahnhof Wittenberge. Andere Briefe hinterlegte er mehr oder weniger auffällig an den Attentatsstellen. So wurde ein Brief zu spät, erst am 5. Mai 1996 gefunden, die Geldübergabe sollte jedoch am 4. Mai in Salzwedel stattfinden. Halb so schlimm, denn an diesem Tag der Verabredung hatte ihn die Polizei in einem Hüttendorf bei Dannenberg aufgespürt, wo eine Demonstration stattfinden sollte, was ihn – unberechtigt – in die Nähe der CASTOR-Gegner rückte. Hatte Peter T. seinen Brief und die Verabredung mit der Bahn vergessen?

Der letzte Erpresserbrief kam am 10. Mai 1996 an. Danach telefonierte T. mit der Bahn mit den Worten: »Wir haben das Sagen. Wenn ich sage, dass der Fahrer nach Paris fährt, wird der Fahrer nach Paris fahren müssen!« T. telefonierte, 24 Stunden nach der Tat am Berliner Außenring, in der Nacht vom 12. zum 13. Mai 1996 noch einmal aus Polen. Danach stellte er seine Erpressungsversuche ein. Warum? Das erfuhr niemand.

Wie kam ihm die Polizei auf die Spur? Nicht durch die penible Auswertung der gefunkten Daten und die Fahndung, wie später behauptet wurde. Ein Polizist, der die Fotos der an der Bundesstraße 5 stehenden Überwachungskameras auswertete und von der Sonderkommission Mumien wusste, fand den Zusammenhang. Er wunderte sich, warum ein alter Mercedes mit dem verräterischen Dannenberger Kennzeichen immer dann geblitzt worden war, wenn in der Nähe auf den Gleisen die Mumien zugeschlagen hatten. Als die Polizei sich den Pkw-Halter ansah, traf sie nicht auf einen der bundesweit gesuchten Castor-Gegner, die die ICE-Strecken mit in die Oberleitung geworfenen Hakenkrallen lahm legten, sondern einen ruhigen Mann, der sich freute, wielange er mit der Polizei Katz und Maus gespielt hatte.

Fast sämtliche Versuche, auch anderer Erpresser, von der Deutschen Bundesbahn oder anderen deutschen Eisenbahngesellschaften Geld zu erpressen, schlugen fehl. Mehr als 40 Mal ist die Deutsche Bahn AG 1998 erpresst worden. Das ist der jährliche Durchschnitt der Fälle von Anschlägen, Drohungen und Erpressungen, die die Deutsche Bahn AG bzw. bis 1993 die Deutsche Bundesbahn registriert. Wie andere Unternehmen war die Deutsche Bundesbahn und ist die Deutschen Bahn AG nicht interessiert, diese Art der gegen sie gerichteten Kriminalität publik zu machen. Verwunderlich ist es dann auch nicht, wenn einige in der erste Aufregung über die ICE-Katastrophe von Eschede am 3. Juni 1998 auf einen verbrecherischen Anschlag tippten. Der wurde sogleich ausgeschlossen, war doch der Triebkopf des ICE 884 unbeschädigt geblieben und hatte es keine Spuren einer Explosion oder Ähnliches gegeben, was auf einen Anschlag schließen ließ. Und es fehlten die üblichen Drohbriefe oder Bekennerschreiben.

4. Das Rätsel um Sylvester Matuschka

Spricht man über Eisenbahnattentate, dann folgt bestimmt der Hinweis auf »die große Sache« bei Jüterbog. In der deutschen Öffentlichkeit ist dieses Attentat wohl am besten bekannt, wenn auch nicht in Einzelheiten und nicht mit seiner Vorgeschichte. Bekannt wurde das Attentat, weil in regelmäßigen Abständen über die Taten des Sylvester (auch Silvester geschrieben) Matuschka, so hieß der Attentäter, berichtet wurde. Dieser Mann gab und gibt Rätsel auf, die niemand lösen konnte.

Unter den zahlreichen Veröffentlichungen – darunter der ungarische Film »Das Attentat« – könnte man eine Fülle von Abweichungen und Widersprüche analysieren. Teilweise gehören sie zur dichterischen Freiheit des jeweiligen Autors, der keine Dokumentation verfassen, sondern spannend erzählen will. Da kommt es auf eisenbahnfachliche Ungereimtheiten nicht an, wenn beispielsweise Prodöhl einen der bei Biatorbágy (zeitgenössisch Bia Torbág geschrieben) abgestürzten (rumänischen) CFR-Wagen[1] als französischen bezeichnete. Einmal ist der abgestürzte Zug ein Fernschnellzug, ein anderes Mal ein Eilzug. Prodöhl lässt das Begräbnis der beim Attentat Getöteten auf der Ofener Generalwiese stattfinden; laut Pintér soll das Budapester Blutfeld der Ort der Trauerfeier gewesen sein. Prodöhl meint, der Bahnhofsvorsteher von Biatorbágy sei der Hauptbelastete gewesen, der sich in der Haft das Leben nahm, nach Pintér wurde der Vorsitzende der Kommunistischen Partei Ungarns als Übeltäter gesucht.

Nach Prodöhl hatte der Privatdetektiv Josef Habli, laut Gennat Peter Hain vom Budapester Polizeipräsidium auf Ersuchen der Ungarischen Staatsbahnen die Lebensumstände Matuschkas zu ermitteln. Pintér macht einen Schweinitzer zur Hauptfigur der Untersuchung; nach Prodöhl war Schweinitzer bei den Vernehmungen der Wiener Polizei gar nicht anwesend, während nach Pintérs Version Schweinitzer beleidigt gewesen sei, sehr spät, aber eben doch zu den Vernehmungen hinzugezogen worden zu sein.

Genug der Verwirrungen. Über Sylvester Matuschka und seine Taten blieb ohnehin vieles offen. Jemand verglich ihn mit dem vermeintlichen Reichstags-

[1] Wagen der Caile ferate române, der Rumänischen Eisenbahnen

Schauplatz Biatorbagy. Seinerzeit war es den Gaffern möglich, bis an die Attentatsstelle vorzudringen.
Slg. Preuß

brandstifter van der Lubbe. Mehr darüber am Schluss dieses Abschnitts. Ich halte mich an die Denkschrift des Berliner Kriminal-Polizeirats Gennat (in allen mir bekannten Veröffentlichungen ohne Vornamen genannt) und an Pintérs Serie in der ungarischen Wochenzeitung »Tükör«, die sehr lebendig geschrieben ist. Ich ergänze die beiden Berichte, insbesondere zum Geschehen bei Jüterbog mit den eisenbahnfachlichen Details aus zeitgenössischen Fachzeitschriften. Das Attentat bei Biatorbágy war Matuschkas letztes; erst durch dieses kam man ihm auf die Spur.

In der Nacht vom 12. zum 13. September 1931 wurde der Polizeirat József Schweinitzer durch den Fernsprecher aus dem Schlaf geschreckt. Schweinitzer war der stellvertretende Leiter der Staatsschutzabteilung, die auch Politische Abteilung genannt wurde. »Herr Rat«, rief der Dienst Habende aufgeregt, »die Kommunisten haben bei Biatorbágy den Eisenbahnviadukt gesprengt. Der Schnellzug nach Wien ist entgleist. Es gibt zahlreiche Tote und Verletzte. Der Polizeipräsident hat befohlen, dass Sie die Untersuchung leiten. Ich schicke ein Auto zu Ihnen, kommen Sie ins Polizeipräsidium, dort wird eine Kommission auf Sie warten.«

Schweinitzer eilte dorthin, wo sich einige Mitarbeiter versammelt hatten. Er diente bereits das 13. Jahr in der Abteilung des Budapester Polizeipräsidiums und galt als das Hirn der ungarischen Polizei. Er kannte die kommunistische Bewegung, deren

Von diesem Viadukt stürzten Lokomotive und Wagen in die Tiefe (1998). Foto: Zámbór

Ziele und Methoden. Keinen Augenblick glaubte er daran, dass Kommunisten die Attentäter waren, weil sie den Terror ablehnten. Die ersten Meldungen waren verworren. Schweinitzer musste, wenn er den Täter schnell fassen wollte, an den Schauplatz des Ereignisses zu fahren, um nach Zeugen und Spuren zu suchen.

Biatorbágy liegt an der Strecke Budapest–Györ–Wien, etwa 18 km von Budapest entfernt. Dort steht ein Viadukt, der die Schlucht zwischen den einstigen Siedlungen Bia und Torbágy überbrückt. Nicht der Viadukt war gesprengt worden, wie man voreilig meldete und in späteren Berichten immer wieder kolportierte, sondern aus der rechten Schiene war ein 710 cm langes Stück herausgesprengt und dessen einzelne Teile bis zu 400 m weit weggeschleudert worden. Dadurch entgleiste die Lokomotive nach rechts, stürzte ab und riss einige Wagen in eine Tiefe bis zu 26 m. 22 Personen fanden den Tod, 16 Personen wurden schwer verletzt.

Schweinitzer war unterhalb des Tatorts angekommen und sah im Fackelschein die Rettungshelfer, Eisenbahner und Anwohner, die unter den Trümmern des abgestürzten Zuges Verletzte und Tote hervorholten.

Dem Polizisten brachte man einen Zettel, der nahe dem Explosionsort am Betonsockel eines Strommastes gefunden worden war:

»Arbeiter!
Ihr seid rechtlos, aber wir werden das Recht gegen die Kapitalisten erzwingen.
Ihr werdet jeden Moment von uns hören, weil unsere Genossen überall sind.
Es gibt keine Arbeit, da sorgen wir für Arbeitsplätze.
Alles werden die Kapitalisten bezahlen.
Habt keine Sorge, das Benzin geht uns nicht aus. Der Übersetzer«

Dieser primitive Text, davon war Schweinitzer überzeugt, stammte nicht von Kommunistenhand. Trotzdem nickte er, als Reporter ihn fragten: »Nicht wahr, die Täter waren Kommunisten?« Er wusste oder ahnte zumindest, was bald einhellige Meinung in den Zeitungen sein werde und dass diese in das politische Klima Ungarns passte: Die Regierung müsste gegen die Kommunisten härter durchgreifen.

Unterhalb der Brücke sah Schweinitzer die Trümmer des Zuges. Slg. Preuß

Zu den 22 Getöteten gehörte auch das Lokomotivpersonal. Slg. Preuß

Zerstört war die 1911 in der Maschinenfabrik der Königlich Ungarischen Staatsbahnen zu Budapest gebaute Schnellzuglokomotive 301 001. Slg. Preuß

Wenige Monate der Ungarischen Räterepublik 1919, die wiederholten Streiks und Demonstrationen der Arbeiter, zuletzt am 1. September 1930, hatten die öffentliche Meinung gegen die Kommunisten, die Revolutionäre und Anarchisten so aufgebracht, dass einige Politiker forderten, die Standgerichtsbarkeit einzuführen, um Ordnung zu schaffen. Ungarische Intellektuelle meinten, dass man zu derart scharfen Rechtsmitteln greifen musste, dafür gab es keine vernünftige Erklärung. Hassten Horthy und sein Anhang die Kommunisten, weil sie ein Minderwertigkeitsgefühl plagte? Weil nicht sie die gehasste Räterepublik niedergeschlagen hatten, nicht die Sieger waren, höchstens Rächer und Nutznießer der gesellschaftlichen Verhältnisse? Reichsverweser Nikolaus Horthy wollte mit der Standgerichtsbarkeit eine harte Linie zeigen, aber der Premierminister zögerte, sie zu verkünden. Er dachte an die Reaktionen im Ausland. Das Attentat kam Horthy sehr gelegen.

Zunächst war die Kleinarbeit am Tatort notwendig. Schweinitzer musste Zeugen suchen. Als erstes Graf József Pálffy-Daun, der die Dorfbewohner alarmiert hatte. Der berichtete von seinem Erlebnis: »Ich war von Bukarest nach Bicske unterwegs, wo sich mein Besitz befindet. Ich war eingeschlafen, wachte auf und meinte, bereits durch Bicske gefahren zu sein. Ich öffnete die Wagentür, stellte mich auf das Trittbrett, um die Gegend besser sehen zu können. Da krachte und knirschte es, und ich stürzte in die Tiefe. Als ich wieder zu mir kam, sah ich auf die Uhr: zwölf Minuten nach Mitternacht.« Der Graf ging zu den nächsten Häusern, um Hilfe zu holen, sah auch einen Mann, der an dem Zug mit einem Streichholz in der Hand etwas suchte. Das Streichholz verlosch; er entzündete ein neues und kam langsam auf ihn zu. Plötzlich stand er vor ihm.

Im Budapester Verkehrsmuseum ist das Nummernschild der verunglückten Lokomotive aufbewahrt.
Slg. Preuß

Für das getötete Lokomotivpersonal stifteten die Ungarischen Staatsbahnen eine Plakette.
Slg. Preuß

»Sind Sie verletzt?« fragte der Unbekannte. Der Graf konnte nicht antworten, sah nur auf den Mann in Kniehosen, Überzieher, sah ein bleiches Gesicht und zerzaust herunterhängende Haare. Der Unbekannte fragte erneut: »Sind Sie verletzt? Antworten Sie!« Ohne die Antwort abzuwarten, lief er davon.

Als Nächstes befragte Schweinitzer einen Eisenbahner, der ihm von einem seltsamen Zusammentreffen berichtete. Der hatte einen Unbekannten gefragt, der nach der Explosion auf dem Bahndamm herumgelaufen war: »Ist auch die Brücke eingestürzt?« »Keineswegs«, soll der Unbekannte geantwortet haben, »hier ist kein Unglück geschehen, sondern eine Sprengung! Kommen Sie, ich zeige Ihnen etwas.« Der Unbekannte führte den Eisenbahner zu einem unbeschädigt gebliebenen Wagen und wies auf eine Taschenlampenbatterie. »Sie ist mit Draht verbunden. Wissen Sie, was das ist? Ein Teil von einer Bombe!«

Inzwischen hatten die Kriminalisten festgestellt, dass der Zug entgleist war, weil ein Schienenstrang gesprengt worden war. Der dritte und vierte Wagen waren sofort entgleist und vom Viadukt in die Tiefe gestürzt. Die Lokomotive 301 001 hatte sie sowie mehrere Wagen mitgerissen. Dort unten lagen ein ÖBB-Gepäckwagen, ein SNCB-Wagen 3. Klasse, der CIWL-Schlafwagen nach Ostende, ein CFR-Wagen 1. und 2.

Klasse, ein MAV-Wagen 1. und 2. Klasse nach Paris und ein MAV-Schlafwagen[2] 1. und 2. Klasse nach Wien. Nur die letzten drei Wagen blieben auf dem Gleis. Die Bombe war ziemlich primitiv, als Sprengmittel hatte Ekrasit gedient.

25 Menschen waren getötet und 14 verletzt worden. Unter den Todesopfern waren der Lokomotivführer Alajos (Ludwig) Morvay, der Lokomotivheizer Miklos (Nikolaus) Nemes, der Hauptschaffner Alexander Gulyás und der Zugschaffner Josef Ivancsics.

Eisenbahner brachten den redseligen Unbekannten zu Schweinitzer. »Herr Rat, auch ich war in dem Wagen. Ich reiste in dem ersten Wagen, der in die Tiefe stürzte und zertrümmert wurde. Auch ich habe schweren Schaden erlitten. Mein Koffer ist verschollen. In ihm war meine ganze Habe, Wäsche und auch 200 Pengö[3]. Bitte, Herr Rat, lassen Sie nach meinen Sachen suchen.«

Der Polizeirat hatte ganz andere Sorgen. Er sprach einen Eisenbahner an: »Bitte helfen Sie dem Mann!« Doch der Geschädigte ließ sich nicht abschütteln. »Hören Sie mich an«, schrie er, »wissen Sie, welchem Umstand ich meine Rettung zu verdanken habe? Mein Amulett mit dem heiligen Antonius hat mich gerettet. Als der erste Wagen vom Viadukt stürzte, fiel ich aus dem Fenster auf die Erde. Als ich zu mir gekommen war, suchte ich mein Taschentuch, um mir das Blut aus dem Gesicht zu wischen, aber anstelle des Taschentuchs fand ich das kleine Amulett. Es hat mir das Leben gerettet!«

Bevor der Mann ging, gab er dem Polizisten, der die Toten und Verletzten registrierte, seinen Namen an. Er hieß Sylvester Matuschka, von Beruf Direktor einer Aktiengesellschaft, wohnhaft in Wien, Hofgasse 9. Reporter fotografierten ihn, sein Foto erschien sogar in der Zeitung.

Als Matuschka später entlarvt worden war, lachte das halbe Land über den Polizeirat, der sich freundschaftlich mit dem mehr als verdächtig erscheinenden Täter unterhalten hatte. Sollte ihm das sonderbare Verhalten, das Geschwätz über das Amulett nicht aufgefallen sein? Warum hatte er den Mann nicht verhört? Man kann vermuten, dass Schweinitzer sich absichtlich unvernünftig verhalten hatte. Er konnte ja nicht wissen, dass er eines Tages auf dem Foto mit dem Täter in den Zeitungen zu sehen sein würde. Eine in den ersten Stunden erfolgreiche Untersuchung hätte die Lüge vom kommunistischen Attentat widerlegt. Daran jedoch konnten weder Schweinitzer noch dessen Vorgesetzte interessiert sein.

Imre Hetényi, stellvertretender Polizeipräsident, erst Arzt, dann Journalist, schließlich Polizeioffizier, 1940 Oberrat von Sombor, erfand in seinen Memoiren eine Legende, um den Polizeirat Schweinitzer zu entlasten. In diesen Erinnerungen heißt es, Matuschka habe nicht mit Schweinitzer, sondern mit einem Detektiv gesprochen. Schweinitzer sei aber der Mann aufgefallen, und er hätte sich bei dem Detektiv erkundigt, wer dieser Mann sei. Einer seiner Untergebenen habe ihn beruhigt, er kenne den Mann gut. Den wachsamen Polizeirat habe diese Antwort nicht beruhigt, weil – so Hetényis Memoiren – »die von dem Detektiv gebotene Charakteristik überhaupt nicht mit seinem ersten Eindruck übereinstimmte. Das mag vielleicht der Grund gewesen sein, dass er einen der dort tätigen Bildreporter bat, Sylvester Matuschka un-

[2] ÖBB = Österreichische Bundesbahnen, SNCB = Société Nationale des Chemins de fer Belges/Nationale Gesellschaft der belgischen Eisenbahnen, ICWL = Compagnie Internationale des Wagons-Lits/ Internationale Schlafwagen-Gesellschaft, CFL = Caile ferate române, Rumänische Eisenbahnen, MAV = Magyar Államvasutak/Ungarische Staatseisenbahnen

[3] ungarische Währungseinheit 1925 bis 1946

auffällig zu fotografieren.« Das Foto ist auf die geniale Bestellung von Schweinitzer hin angefertigt worden...

Nicht der verrückte Direktor einer Aktiengesellschaft stand in den Schlagzeilen nach der Eisenbahnkatastrophe, sondern sie lauteten:

Die Kommunisten haben die Eisenbahnbrücke bei Biatorbágy gesprengt
Viadukt bei Biatorbágy gesprengt, Schnellzug nach Wien in die Tiefe gestürzt
Führer des Anschlags ist der »Übersetzer«

Da das Attentat eindeutig den Kommunisten zugeschrieben wurde, blieb die Untersuchung bei Schweinitzer, der sich ansonsten nicht mit Mord und Sprengstoffanschlägen befasste. Róbert Enyedy, ein Untersuchungsrichter für politische Fälle, wurde ihm zugeordnet. Er erklärte: »Am Schauplatz habe ich alles getan, was ich zu tun hatte. Ich habe Lagezeichnungen angefertigt, Fotos machen lassen, Beweisstücke beschlagnahmt, die Untersuchung ist nun Sache der Polizei. Dieser Anschlag wurde offensichtlich von einer internationalen Kommunistenbande verübt. Sie warteten einen internationalen Zug ab, damit auch die Opfer aus verschiedenen Ländern stammen und sich die Zeitungen weltweit mit dem Anschlag befassen. Die Kommunisten sind im Westen ebenso in Aktion getreten wie im Osten. In der Öffentlichkeit wird die Aktion sehr unrichtig heruntergespielt, wenn man glaubt, dass es sich hierbei lediglich um eine Demonstration von unreifen Bengels handelt. Auch die kleinste Demonstration der Kommunisten geht von Moskau aus.«

Imre Hetényi, stellvertretender Polizeipräsident: »Die Wahl des Ortes sowie die Auswahl eines internationalen Zuges sind nach Meinung der Polizei deshalb erfolgt, weil die Attentäter ganz Europa terrorisieren wollten. Hier wurde nicht nur gegen Ungarn, sondern gegen ganz Europa ein Anschlag geplant. Es wäre ein gewaltiger Erfolg, die Identität der Beteiligten und Täter in dieser Angelegenheit aufzuklären. Angesichts der Tatsache, dass die Kommunisten mit Geld und mit ungeheurer Verschlagenheit arbeiten, ist als wahrscheinlich anzusehen, dass die Täter schon längst aus Ungarn geflüchtet sind und an sicherem Orte Unterschlupf

Zeichen der Zeit: Nach 1945 wurde am Empfangsgebäude von Biatorbagy eine Gedenktafel für die angeblich misshandelten Bahnhofsvorsteher und Fahrdienstleiter angebracht. Nach der Wende ist sie durch eine Tafel ersetzt worden, die an die Vertreibung der Ungarndeutschen erinnert. Foto: Zámbór

gesucht haben. Bei den Kommunisten ist es strenges Gesetz, dass man, wenn man einen solchen groß angelegten Anschlag verüben will, nichts weiter mitnehmen darf als Zigaretten und Streichhölzer, um den Behörden bei Entdeckung und Tod keinerlei Spuren zum liefern...«

Wovon nicht berichtet wurde, waren die gefundenen Beweisstücke. Darunter war eine anderthalb Meter lange Eisenstange (später Matuschka-Stange genannt), an der die verhafteten Kommunisten Sallai und Fürst festgebunden und gefoltert wurden. Das Standrecht wurde sogleich ausgerufen. Der in der Sommerresidenz Gödöllö wohnende Reichsverweser Horthy sagte dem Adjutanten, nachdem er von den Ereignis in Biatorbágy erfahren hatte: »Das haben die Kommunisten getan!« Und er bestellte den Premier-, den Justiz, den Innen- und den Verteidigungsminister auf die Budaer Burg, um die Unterschriften für die Verkündigung des Standrechtes zu erhalten.

Hatten wirklich Kommunisten den Anschlag begangen? Den Zweiflern mussten Beweise geliefert werden. Was war mit dem am Schauplatz gefundenen, im schlechten Ungarisch verfassten Schreiben, das die Befreiung aus den Klauen des Kapitals ankündigte? Der Schriftsachverständige Emil Szontagh musste sich ins Polizeiarchiv setzen und die passende Handschrift eines Kommunisten heraussuchen. Szontagh »identifizierte« die Schrift an einem halben Tag und meldete Schweinitzer: »Ich stelle jeden Zweifel ausschließend fest, dass die Schrift auf dem Zettel und die Schrift auf dem von Márton Leipnik am 28. September 1923 ausgestellten Meldebogen identisch ist. Die charakteristischen Schriftmerkmale sind augenscheinlich völlig identisch.« Danach schrieb die Zeitung »Magyarság«: »Die Polizei befindet sich auf der Fährte. Am späten Montagabend hat die Polizei Spuren gefunden, aus denen man darauf schließen kann, dass die Täter sich noch in Ungarn aufhalten. Nach Annahme der Polizei standen die Täter, die den Mordanschlag verübt haben, in Verbindung mit Moskau. Von dort empfingen sie genaue Instruktionen, und auch der Plan für den Anschlag wurde in Moskau ausgearbeitet.«

Die Polizei teilte mit, dass Márton Leipniks Aufenthaltsort unbekannt ist. An die Polizei in Europa erging die Funkfahndung. Sicherheitshalber wurden alle inhaftiert, die im Polizeiregister als Kommunisten bezeichnet waren und sich in Budapest aufhielten. Auch Prügel halfen nicht; man kam in der Untersuchung keinen Schritt voran. Die sowjetischen Behörden und die im Ausland befindlichen Leiter der Ungarischen Kommunistischen Partei hätten leicht und vollständig das Alibi von Márton Leipnik nachweisen können, denn er studierte seit Monaten an der Lenin-Schule in Moskau. Dass niemand der ungarischen Polizei Bescheid gab, soll dem Schutz der in der Illegalität befindlichen Partei gedient haben.

Aber die Polizei suchte nicht gezielt die Täter, vielmehr eine Berechtigung für die gegen die Kommunisten eingeführten Maßnahmen. Auf dieser Linie fand die Polizei auch eine Erklärung, was das am Ende des Schreibens stehende »Der Übersetzer« bedeuten könnte. Die ungarischen Worte »a forditó« wurde als A. F. O. R. D. I. T. O. gedeutet, wobei jeder Buchstabe die Abkürzung eines Wortes sein sollte. Schließlich fand man »die wirkliche Bedeutung« der Abkürzungen heraus, und zwar in Deutsch: *Abteilung Für Ost-Ropa (= sowjetischen Abkürzung für Ost-Europa) Der Internationalen Terrororganisationen.*

Keine Wende der Ermittlungen brachte die Aufklärung der Zeitung »Az Est«, die einen Brief Márton Leipniks besorgt und den forensischen Schriftsachverständigen Gyula Fischhof mit dem Schriftvergleich beauftragt hatte. »Es kann mit Entschiedenheit festgestellt werden, dass die Schrift in den beiden Schriftstücken nicht übereinstimmt, das Schriftstück aus Biatorbágy kann nicht von Marton Leipnik stammen.« Doch die Polizei pfiff auf dieses Gutachten, zumal der von ihr beauftragte Graphologe Szontagh sein Gutachten verteidigte, aber nicht mit den Merkmalen der Schrift, sondern so: »Die liberale Zeitung und Fischhof haben sich unbefugt in die Sache eingemischt. Der Grund dieser unbefugten Einmischung ist, dass die liberale Presse versucht, über den Juden Gyula Fischhof den dem gleichen Glauben angehörenden Márton Leipnik bzw. das Judentum vor dem möglichen Aufruhr zu schützen.«

Die Nationale Trauerfeier wurde auf dem Budapester Blutfeld abgehalten, wo 19 der 22 Toten bestattet wurden. Zehntausende Menschen sahen die Katafalke, den Kranz des Reichsverwesers, den Premierminister Gyula Károlyi niederlegte und hörten der Rede Tibor Zsitvays, des Justizministers, zu, der gegen die Kommunisten eiferte: »Aber ist denn die Schar der unschuldigen Hundertmillionen eine rettungslos als Opfer bestimmte Schafherde, die von einem ruchlosen und eine winzige Minderheit bildende Wolfsrudel nach Belieben angefallen, zerrissen und zerfleischt werden kann? Meine Fragen, die Herz und nüchternen Geist der Welt ansprechen, sind, so glaube ich, nicht nur Meinungsausdruck der leidgeprüften Nation, sondern der ganzen blutig angefeindeten Menschheit, die zum Himmel schreien und in jeder ehrlichen Brust hämmern wie nur die Untat selber, durch die sie ausgelöst wurde.«

Was der Justizminister so nebulös formulierte, wurde deutlicher bei der Begründung für die binnen zwei Tagen erlassene Verordnung über das Standrecht: »Der bei Biatorbágy verübte Anschlag zeigt, dass gewisse, von außerhalb des Landes gesteuerte Umtriebe in Ausnutzung der hier herrschenden schwierigen Wirtschaftslage durch Störung der inneren Ordnung einen Erfolg der Bestrebungen zum Wiederaufbau der Wirtschaft vereiteln wollen und somit die Interessen aller Schichten des ungarischen Volkes gleichermaßen gefährden.

Aus diesem Grunde hat es die Regierung als Gegengewicht gegen die schädigenden Einflüsse für notwendig erachtet, die bereits in Kraft befindliche Standgerichtsbarkeit auch auf die in der jetzt erlassenen Verordnung aufgeführten Straftaten auszudehnen und auch Maßnahmen im Hinblick auf ein Versammlungsverbot zu treffen. Diese Anordnungen stellen für die nüchterne ungarische Öffentlichkeit sicher nichts Überraschendes dar, ganz im Gegenteil, man wird sie mit Verständnis aufnehmen als Präventivmaßnahmen, die im Interesse der Gesellschaft erforderlich sind.

An verantwortlicher Stelle gibt es keinen Zweifel darüber, dass die ungarische Presse als ein Faktor der öffentlichen Meinung ebenfalls die gezwungenermaßen unternommenen Schritte ohne Ausnahme mit vollem Verständnis zur Kenntnis nimmt und die Regierung verstärkt in ihrer Arbeit zur Aufrechterhaltung des öffentlichen Friedens unterstützen wird, die Regierung, die im Übrigen fest davon überzeugt ist, dass die öffentliche Ordnung und innere Ruhe durch nichts bedroht sind.«

Bei derartigen Andeutungen wäre es geblieben, und der Täter des Attentats wäre niemals aufgespürt worden, hätte der eigentlich für politische Straftaten zuständige Polizeirat József Schweinitzer sich nicht doch noch für den merkwürdigen Mann am Katastrophenort interessiert. Er zog Erkundigen ein unter dem Vorwand, die Generaldirektion der Ungarischen Staatsbahnen müsse wissen, bevor sie Matuschka den Schaden ersetzt, welche Geschäfte infolge der Verletzungen verloren gegangen sind. Womit und wo war denn der Direktor der Aktiengesellschaft beschäftigt?

Die Befragung übernahm die Wiener Polizei, der dieser erklärte:

»Ich habe ein Haus in Wien, in der Hofgasse 9, wo ich selbst wohne. Ich besitze eine Fabrik in Tattendorf, außerdem ein Immobilienbüro, und ich beschäftige mich mit anderen Geschäften, mit allem, was in den heutigen schweren Zeiten irgendeinen Nutzen bringen kann. Ich besitze auch einen Steinbruch in Rabenstein. Man versucht eben alles.«

»Sie haben einen Steinbruch? Wird da gesprengt?«

»Natürlich. Kein Steinbruch auf der Welt, wo nicht gesprengt wird.«

»Und womit sprengen Sie?«

»Mit Ekrasit.«

»Woher haben Sie Ihr Ekrasit?«

»Aus dem Sprengmittelwerk Wöllersdorf. Ich habe es entsprechend allen Vorschriften und Gepflogenheiten beschafft. Ich verstehe nicht, warum Sie danach fragen. Ich habe eine Genehmigung für den Einkauf von Sprengstoff. Da brauche ich nichts zu verheimlichen, ich habe den Sprengstoff auf meinen eigenen Namen gekauft; ich verstehe nicht, was Sie daran so erregt.«

»Ich erkläre es Ihnen. In Steinbrüchen kann man mit Ekrasit nicht sprengen. Das müssten Sie als Fachmann wissen. In Steinbrüchen wird mit Dynamit oder Dynamon gearbeitet. Haben Sie auch Dynamit?«

»Dynamit habe ich nicht. Das brauche ich auch nicht. Mit dem Ekrasit habe ich in meiner Tattendorfer Fabrik einen Schornstein gesprengt.«

»Aber gerade haben Sie gesagt, Sie haben das Ekrasit für Ihren Steinbruch gekauft.«

Matuschka setzte zur großen Geste an, breitete die Arme aus und rief erregt: »Aber meine Herren, was bezwecken Sie mit diesen Fragen? Sie wollen doch nicht etwa darauf hinzielen, dass ich mit dem Ekrasit irgendetwas Verbotenes getan habe? Meine Herren, ich werde mich über Sie beschweren! Haben Sie noch irgendwelche weiteren Fragen an mich?«

Man teilt ihm mit, dass er vorläufig festgenommen sei. In der Zelle, so beobachtete man ihn, kniete er sofort nieder und begann, stundenlang zu beten. Danach folgte eine Wahnsinnsszene.

Inzwischen hatte die Polizei Detektive angesetzt, die im Umfeld Matuschkas ermittelten. Der eine meldete, Matuschka sei ein nüchterner, solider Kleinbürger, der seine Abende mit seiner Frau und Tochter daheim verbringe. Er sei ein besorgter Vater, der jeden Abend seiner Tochter die Schulaufgaben durchsehe, nach dem Abendbrot das Kind ins Bett bringe, selbst ins Bett gehe und mit ihm bete. Er trinke nicht, spiele nicht, sei sparsam, halte sich nicht einmal ein Dienstmädchen, obwohl er wohlhabend sei. Man könne nur Gutes über ihn berichten.

Ein anderer Detektiv berichtete, nachts, gegen zwei, drei Uhr stürze Matuschka aus dem Haus, gehe in die Stadt und komme erst am Morgen wieder nach Hause. Wenn er gehe, sei er sorgfältig gekleidet und mache den Eindruck eines eleganten Herrn. Wenn er wieder nach Hause komme, scheine er erregt, bleich, seine Augen seien ohne Glanz, die Haare hingen ihm in die Stirn. Es käme häufig vor, dass ihm Halskrause und Hut fehlten. Viele wüssten von diesen nächtlichen Ausflügen, nur seine Frau nicht, die mit Matuschka in einem gemeinsamen Schlafzimmer schlafe.

Der Vorstand der Kirchengemeinde bestätigte, dass Matuschka ein ehrenwerter und gläubiger Mensch sei, der zugunsten der Kirche auch Opfer bringe. Er besuche die Gottesdienste und beteilige sich am Gemeindeleben. Er stehe im Kontakt mit Gläubigen und interessiere sich für die Probleme der Kirche.

Ein Detektiv suchte mit dem Foto von Matuschka in der Hand die Prostituierten in den Wiener Bordellen auf und meldete, dort sei der geheimnisvolle Mann wohl bekannt. Mehreren Frauen habe er das Bild gezeigt, und einige hätten »Silvi«, den galanten Ritter der Nacht, erkannt. Er besuche Destillen und in schlechtem Ruf stehende Vergnügungslokale, trinke Rum, manchmal einen ganzen Liter. Wenn es zu dämmern beginne, schüttele sich der allgemein beliebte Silvi und gehe steifen Schrittes nach Hause.

Die Polizei fragte bei den Händlern und Banken nach. Dort war Matuschka als sparsamer und in Geldangelegenheiten als sehr sparsamer Geschäftsmann bekannt. In der Kartei der Kreditauskunftei fand sich die Notiz: Ehrenhafter, zuverlässiger Händler, kreditwürdig.

Im Kaffeehaus auf dem Margaretenplatz, das sein Stammlokal war, erzählte man über Matuschka, dass er ein leidenschaftlicher Schachspieler sei. Es wäre jedoch häufig vorgekommen, dass er, obwohl er vor einem Gewinn stand, plötzlich vom Tisch aufgesprungen und ohne sich zu verabschieden davongestürzt sei. Da sich das merkwürdige Verhalten einige Male wiederholt habe, hatten ihn die Tischpartner verfolgt. Sie sahen, wie er in ein Taxi stieg und sich zu irgendeinem Bahnhof fahren ließ. Nie verriet er ein Wort über seine geheimnisvollen Fahrten, immer gab er ausweichende Antworten. Nach Meinung seiner Freunde könnte das unerklärliche und plötzlich auftretende Reisefieber die Folge einer Nervenverletzung aus dem Krieg sein.

Immer deutlicher entfaltete sich der Polizei Matuschkas Charakter: Verrückt, manisch, von dem man alles erwarten konnte. Dieser Meinung schlossen sich der Budapester Polizeirat Schweinitzer und der Berliner Kriminalrat Gennat an, der sich ebenfalls in Wien aufhielt. Immer mehr ahnte die Wiener Polizei, dass sich in ihrer Hand ein Eisenbahnattentäter befand, immer weniger wollte sie von der Ehre und natürlich der Belohnung an die deutschen oder ungarischen Kollegen abgeben, die ebenfalls interessiert waren, die Geheimnisse um Matuschka zu lüften.

Kriminalkommissar Dr. Wahl nahm die Leitung der Fahndung und Vernehmungen in die Hand. Er hatte es nicht mehr schwer. Denn in Matuschkas Wohnung fand man bei der Durchsuchung die Kniehose, die er in Biatorbágy getragen hatte, eine Garderobenmarke, die vom auf dem Budapester Ostbahnhof hinterlegten Koffer stammte. Die Polizei fragte Frau Matuschka nach einem braunen Vulkanfiberkoffer, in dem sich die Bombe von Biatorbágy befunden hatte. Tatsächlich, sie hatten einen solchen Koffer besessen, jetzt war er verschwunden.

Auch die Hausdurchsuchung in Tattendorf war erfolgreich. Die Villa, die Matuschka mit der Fabrik gekauft hatte, stand zwar leer, aber in der Speisekammer fand man einen Draht. Die Fachleute hatten in Biatorbágy solche Drähte entdeckt, die von der Bombe zurückgeblieben waren. Im Wöllersdorfer Sprengmittelwerk erfuhr die Polizei, wann Matuschka Ekrasit gekauft hatte. Auf dem Ostbahnhof von Budapest wurde am 11. Oktober festgestellt, dass gegen die bei der Hausdurchsuchung gefundene Garderobenmarke am 3. September ein Hut und ein Mantel abgegeben worden waren und dass die Bekleidungsstücke in der Bahnhofsgarderobe geblieben waren.

Dr. Böhm und Dr. Wahl begannen nach diesen Erkenntnissen das Verhör.

»Sehr geehrter Herr Matuschka! Wir haben alle Angagen überprüft, und wir haben über Ihre Person neue Einzelheiten erfahren. Einige Umstände sind jedoch noch immer nicht geklärt. Wir sind überzeugt, dass Sie im eigenen Interesse die unklaren

Details aufklären werden. Erzählen Sie bitte noch einmal, warum Sie Ekrasit gekauft haben. Wenn Sie sich erinnern, haben Sie zuerst gesagt, dass Sie das Ekrasit in einem Steinbruch verwenden wollten.«

Matuschka unterbrach:

»Bitte, Herr Oberinspektor, ich hatte mich geirrt, habe danach deutlich und klar erklärt, dass ich das Ekrasit nicht im Steinbruch verwendet habe, sondern einen Fabrikschornstein damit sprengen wollte.«

»Richtig. Auch ich wollte so fortfahren. Sie sagten, dass Sie einen Fabrikschornstein sprengen wollten. Aber welchen Fabrikschornstein?«

»Den Schornstein meiner Fabrik in Tattendorf!«

»Dazu brauchten Sie Ekrasit?«

»Meine Herren, ich habe gründlich nachgedacht. Ich möchte nicht, dass Sie glauben, ich hätte zuvor gelogen. Werden wir uns also über die Sache klar: Ich nahm schließlich Abstand von der Sprengung, weil ich ein anderes und weniger gefährliches Verfahren fand.«

»Sie haben es also zur Sprengung eines Fabrikschornsteins gekauft, aber dennoch nicht verwendet, weil Sie den Schornstein auf andere Art und Weise abgerissen haben?«

»Genauso war es, bitte.«

»Und Sie bleiben dabei?«

»Natürlich, denn das ist die Wahrheit.«

»Nun, dann bin ich gezwungen festzustellen, dass dies nicht die Wahrheit ist. Sie wollen uns wieder in die Irre führen. Wir haben festgestellt, und daran gibt es keinen Zweifel, dass der Fabrikschornstein, als Sie das Ekrasit in Wöllersdorf kauften, längst abgerissen war.«

Matuschka sah den Kriminalpolizisten erschrocken an. »Haben Sie nichts zu bemerken«, fragte Böhm.

Matuschka rutschte auf seinem Stuhl hin und her. Er sah die vor ihm sitzenden Polizisten an, spielte nervös an seiner Krawatte und sagte mit Unschuldsmiene und ganz schüchtern:

»Kann es sein, dass ich mich geirrt habe?«

Dr. Böhm antwortete ihm freundlich:

»Angenommen, Sie irren sich, verehrter Herr Matuschka. Fahren wir fort. Kennen Sie dieses Kleidungsstück? Wir haben es in Ihrer Wohnung gefunden.« Der Polizist hielt ihm die Kniehose hin.

»Natürlich«, sagte Matuschka, »das ist meine Reisehose, die ich in Biatorbágy an hatte.«

»Ist das sicher?«

»Ja. Es gibt gar keinen Zweifel. Ich bin in dieser Hose sogar fotografiert worden.«

»In Ordnung, wir danken für Ihre entschiedene Erklärung. Seien Sie bitte so freundlich, nehmen Sie die Hose und stülpen Sie die Taschen heraus!«

Das Futter war gelb.

»Wovon ist Ihre Hosentasche so gelb? Was hatten Sie in Biatorbágy in dieser Tasche, Herr Matuschka?«

Der in die Ecke gedrängte Verdächtige erfand eine neue Ausflucht: »In Budapest habe ich Kaliumpermanganat gekauft. Ich hatte so eine Krankheit, die habe ich damit behandelt. Die Arznei hatte ich mal in der rechten, mal in der linken Hosentasche. Davon ist das Futter gelb geworden. Sie sind ja Männer, Sie können die Sache verstehen, ich bin verheiratet und musste die Sache verheimlichen. Es kann natürlich leicht sein, dass das Mittel in der Tasche verschüttet worden ist.«

»Sie befinden sich bereits zum zweiten Mal im Irrtum. Ich muss Sie darüber aufklären, dass wir die Hose einer mikroskopischen und chemischen Untersuchung unterworfen haben. Das sind nicht die Spuren von Kaliumpermanganat. Wissen Sie, wodurch Ihre Hose so gelb geworden ist? Durch Ekrasit!«

»Ekrasit?«

»Ja, Ekrasit!«

»In Ordnung. Sagen wir, Ekrasit. Und was wollen Sie damit sagen? Ich habe mich eben wieder geirrt. Die Herren können sich sicher leicht ausmalen, dass jemand, der tagelang unschuldig eingesperrt ist, in eine solche nervliche Verfassung gerät, dass er nicht mehr zu sagen vermag, wovon seine Hose gelb geworden ist oder was er vor einigen Wochen an irgendeinem Tag zu einer bestimmten Stunde getan hat.«

»Wieviele Koffer besitzen Sie?«

»Das kann ich nicht sagen. Es ist aber doch sonderbar, dass Sie solche Fragen stellen! Fragen Sie hundert ehrenwerte Leute, wieviele können Ihnen wohl auf so etwas antworten? Man hat doch anderes zu tun, als seine alten Koffer zu zählen.«

»Ich erwarte nicht, dass Sie alle aufzählen. Ihre Frau aber weiß es. Die gnädige Frau hat gesagt, dass ein Vulkanfiberkoffer fehlt, den Sie üblicherweise bei Ihren Reisen mitnehmen. Von Ihrer letzten Reise haben Sie ihn nicht mit zurückgebracht. Ist Ihnen bekannt, dass in Biatorbágy in die Bombe der Patentverschluss eines Vulkanfiberkoffers eingebaut war? Und genau so ein Vulkanfiberkoffer fehlt in Ihrer Wohnung!«

»Freilich«, sagte Matuschka, »ich selber habe in Biatorbágy angezeigt, dass mein Koffer verschwunden ist. Da gab es nichts zu ermitteln. Oder haben Sie mir etwa nicht geglaubt?«

Matuschka wurden auch der Hut und der Mantel gezeigt, die man in der Garderobe des Budapester Ostbahnhofs gefunden hatte. Matuschka erkannte bereitwillig beide Stücke als sein Eigentum an.

»Warum haben Sie die Sachen dort vergessen?«

»Die Erklärung ist ganz einfach. Der Mantel war schmutzig und abgetragen. Der Hut ebenfalls. Ich wollte sie loswerden. Auf der Straße konnte ich die Sachen doch nicht wegwerfen?«

»Sie haben sich bereits zweimal geirrt«, antwortete unheildrohend Dr. Böhm. »Auch jetzt haben Sie eine unlogische Antwort gegeben. Ich mache Sie darauf aufmerksam, dass Sie sich nicht so oft irren sollten. Dieses Geflunker hat gar keinen Zweck. Nennen wir dies hier Draht Nummer eins. Und nun schauen Sie her, hier habe ich einen anderen Draht, nennen wir ihn Draht Nummer zwei. Hier ist der eine gerissen, hier der andere. Der Draht wurde durchgerissen. Kommen Sie bitte her, nehmen Sie die zwei Drähte in die Hand und halten Sie sie aneinander!«

Matuschkas Hände zitterten. Nur schwer gelang es ihm, die Drahtstücke aneinanderzuhalten.

»Die beiden Drahtstücke sind aus dem gleichen Material…«

»Und doch ist das eine Stück gelb und das andere grau«, erhob der Polizist seine Stimme. »Der eine Draht wurde bei der Explosion verwendet und hat sich vom Ekrasit verfärbt. Das andere Stück wurde nicht zum Sprengen verwendet, sondern zu Hause liegen gelassen. Die beiden Drähte hat ein Sachverständiger untersucht und festgestellt, dass die Enden zusammenpassen. Draht Nummer eins haben wir in Tattendorf in Ihrer Villa gefunden. Drahtstück Nummer zwei stammt aus Biatorbágy. Sie werden doch nun wohl zugeben, dass Sie irgendetwas mit dem Anschlag zu tun haben?«

»Nein«, schrie Matuschka, »ich bin mit dem in die Luft gejagten Zug gefahren. Wer will sich vorstellen, dass ich mich in einen Zug setze, den ich hochjage? Herrn Schweinitzer habe ich meinen Fahrschein gezeigt. Der Polizeirat hat festgestellt, dass er sogar vom Schaffner entwertet worden war.«

Die Vernehmung wurde unterbrochen. Nach dem Plan der Polizei sollte Matuschka aus einem Haufen Fotos die Aufnahme des Schaffners heraussuchen. Die Fotos waren jedoch bei Schweinitzer geblieben, und der war nicht anwesend, er hatte gar keine Ahnung, dass Böhm den Matuschka verhörte.

Eine Stunde später, nachdem ihn Dr. Böhm telefonisch verständigt hatte, erschien Schweinitzer und brachte auch den Berliner Polizeirat Gennat mit (der die Ermittlungen zum Attentat von Jüterbog leitete), zumal sich beide geeinigt hatten, mit der Belohnung halbe-halbe zu machen! Schweinitzer war erbost, dass Böhme seit Stunden in Matuschka eingedrungen war und sie beide nicht einmal dabei sein sollten, wenn der Attentäter von Biatorbágy ein Geständnis ablegte. Doch so weit war es noch nicht. Matuschka wurde wieder in das Vernehmungszimmer geführt. Schweinitzer legte ihm mit theatralischer Geste einen Stoß Fotos der 22 Todesopfer hin. »Zeigen Sie uns bitte, wer der Schaffner war!« Matuschka wendete kaltblütig die Bilder und wählte eines aus. »Dieser Mann ist der Schaffner!« Die Polizeibeamten reagierten verlegen, denn Matuschka hatte richtig geraten. Das war jedoch noch kein Alibi für ihn. Vielleicht kannte er den Schaffner von wiederholten Reisen zwischen Wien und Budapest, vielleicht hatte er einen Fetzen der Eisenbahneruniform erkannt.

Dr. Böhm legte drei Fotos hin.

»Dies ist die Aufnahme von der Zeitungsseite, dem auf eine Zeitungsseite geschriebenen Text, der am Schauplatz von Jüterbog zurückgelassen wurde. Die zweite Aufnahme ist eine Kopie des Briefes, der in Biatorbágy gefunden wurde. Und das hier ist Ihre Handschrift. Die Schriftsachverständigen haben festgestellt, dass es sich dreimal um die selbe Handschrift handelt.«

Matuschka begann zu lachen. »Ihre Schriftsachverständigen haben bereits einmal ganz todsicher festgestellt, dass es sich bei dem Brief von Biatorbágy um die Handschrift eines Kommunisten namens Márton Leipnik handelt. Die Zeitungen waren voll davon. Auch daraus kann man ersehen, was Ihre Schriftexperten wert sind. Im übrigen bin ich sehr müde, bitte lassen Sie mich in meine Zelle zurück.« Er müsse 30 Tage schweigen – anderenfalls müsse er und seine Frau sterben.

Bei der Vernehmung am 12. Oktober 1931 gab Matuschka zum ersten Mal seine Mitwirkung bei den Attentaten in Jüterbog und Biatorbagy zu, schränkte jedoch ein, er sei der »spiritus rektor« und der eigentlich Ausführende ein gewisser Bergmann gewesen (ebenso, mit dem Hinweis auf einen eigentlichen Täter verhielt sich Monsieur X bei seiner Vernehmung – siehe 3. Abschnitt). Er habe nur den Sprengstoff beschafft. Er sei auch nicht am Tatort gewesen.

Am nächsten Abend fand keine Vernehmung statt, vielmehr wollten sich die Berliner Kriminalkommissare Berndorff und Gennat nur mit Matuschka unterhalten, um »sich zu informieren«. Der nannte bei dieser Gelegenheit viel wirres Zeug, aber zwei Einzelheiten, die nur der Täter wissen konnte: Der dünne Draht und dass er mit der Ehefrau und der Tochter des Ladenbesitzers in der Berliner Friedrichstraße angebändelt hatte.

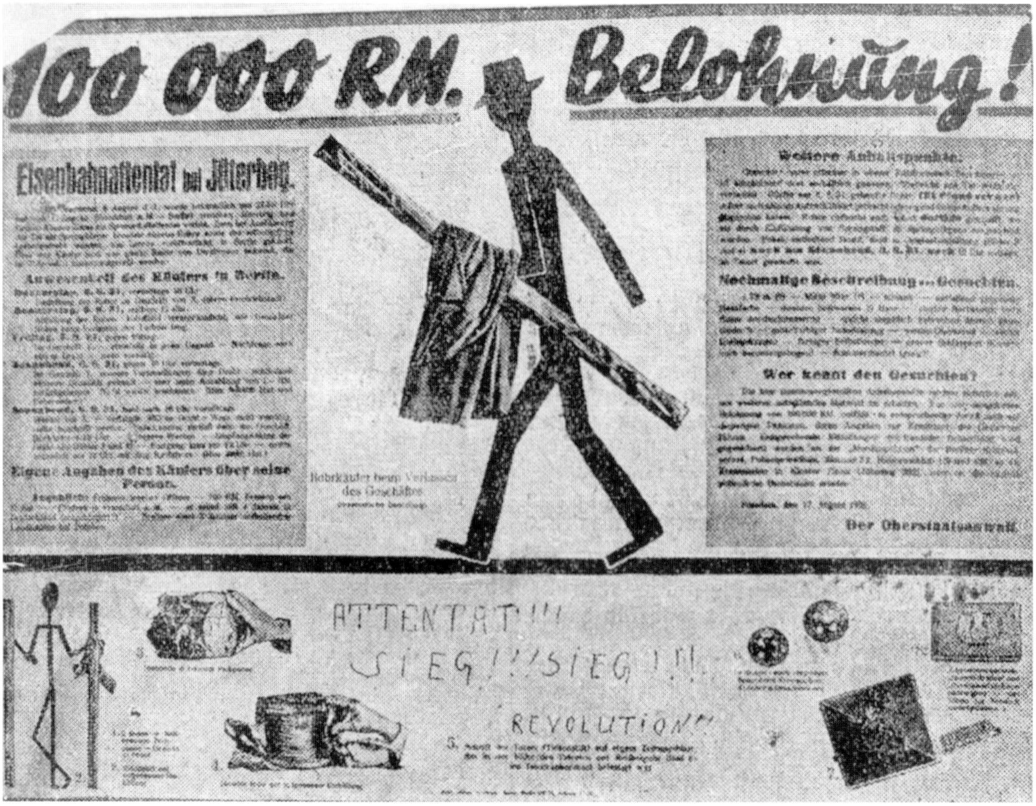

Aus einer Tageszeitung: Das im unteren Teil gezeigte Plakat fand sich im Wald neben der Attentatsstelle von Jüterbog. Slg. Preuß

Drei Tage danach, am 16. Oktober, gestand er, der Alleintäter der Sprengstoffanschläge von Jüterbog und Biatorbagy zu sein und gestand auch die Attentate bei Anzbach und Neulengbach.

Bei Neulengbach (Strecke Wien–St. Pölten), am km 33,1, hatte Matuschka am 31. Dezember 1930 die Laschen der Schienenverbindungen gelöst und einen Zettel mit seiner »Botschaft« hingelegt. Nach Matuschkas Aussage soll der Zug über diese Stelle gefahren sein, ohne dass etwas passierte. Er nahm das Werkzeug und den Zettel an sich und ging nach Anzbach in ein Gasthaus.

Nach der Zeugenvernehmung vor Gericht hatte die Tat der Streckenwärter Josef Kraus entdeckt, der dem nahenden Personenzug Haltsignale gab. Der Zug kam erst 50 m hinter der Schadensstelle zum Halten, entgleiste aber nicht. Niemand von den wenigen Eisenbahnern, die von dem Vorfall erfuhren, maß ihm große Bedeutung bei.

Deshalb fand Matuschka, der anderentags in den Zeitungen einen Hinweis auf seine Tat suchte, nichts, was ihn sehr verdross. Er wollte nun jeden Monat ein Attentat versuchen, »bis man darauf kommt«.

Am 30. Januar 1931 ging Matuschka wieder in die Nähe der ersten Attentatsstelle, nach Anzbach, wo er ein etwa 1,5 m langes Schienenstück über das Gleis legte und mit einem Schraubstock befestigte. Die Laufachse der Lokomotive des D 117, der mit etwa 75 km/h Geschwindigkeit fuhr, entgleiste 35 m nach dem Hindernis und bohrte sich in das Erdreich. Verletzt wurde niemand. Die Österreichischen Bundesbahnen setzten zunächst 1000, später 5000 Schilling als Belohnung zur Ergreifung des Täters aus; niemand fand sich, der die Belohnung verdient hätte.

In Gennats Denkschrift findet sich erneut eine Abweichung zu den späteren Gerichtsberichten. Möglicherweise haben den Kriminalkommissar die »Nebenschauplätze« Neulengbach und Anzbach nicht so interessiert, sodass die Tatbegehung und die anderen Umstände nicht mit der Präzision wie beim Attentat von Jüterbog beschrieben wurden.

Nach Gennat bereitete Matuschka bei Anzbach kein Hindernis, sondern löste abermals die Schienen von den Schwellen und legte unter einen Stein einen Zettel mit dem Wortlaut: »Arbeiter bitte zur Kenntnis zu nehmen, dieses Attentat wurde in eurem Interesse durchgeführt, es wird einmal eine Zeit kommen, wo ich mich vor den Arbeitern aufdecken werde.« Matuschka sah noch, wie der Zug stehen blieb und Leute mit Lampen kamen.

Egal, wer mit seiner Beschreibung der Wahrheit am nächsten kam, Matuschka muss bemerkt haben, dass die Attentate anders ausgeführt werden müssen, wenn sie groß in der Zeitung erscheinen sollen. Er muss sich damit abgefunden haben, dass Unschuldige ums Leben kamen. Denn nach dem Attentat bei Anzbach beabsichtigte er, wie er in der Vernehmung gestand, das nächste mit einem autogenen Schweißapparat in Deutschland auszuführen. Mehr noch. Er wollte in allen Ländern Attentate ausführen, in Amsterdam eine Brücke sprengen, den Zug Paris–Marseille entgleisen lassen, einen anderen zwischen Mailand und Ventimiglia, bis man darauf gekommen wäre, dass er es war, aber nur bis zum 25. Dezember 1931!

Die Richter werden sich später vergeblich bemühen, etwas über die Motive zu erfahren und über Helfer, denn sie bezweifeln, dass der Angeklagte allein die Schiene und die Geräte tragen konnte.

Aus einem nicht aufgeklärten Grund hatte Matuschka sich die Stelle bei Jüterbog ausgesucht, will jedoch mit dem Autogenschweißgerät nicht zurechtgekommen sein, das die Schienen durchschneiden sollte. Also musste er künftig mit Sprengstoff arbeiten. Wie aber sollte er den beschaffen? Da fand er in einer Zeitung eine Kleinanzeige »Steinbruch Rabenstein zu verpachten.« Er beschloss, ihn zu pachten, denn Gruben und Steinbruchbesitzer durften Sprengstoff kaufen. Als er Pächter des Steinbruchs geworden war, packte er das Sprengmittelbuch in seine Aktentasche und eilte mit dem Taxi zum Sprengstoffwerk Wöllersdorf. Er kaufte alles, was man benötigte, um eine Bombe herzustellen: Ekrasit, Zündladungen, Schnüre und einen Induktionsapparat. Diesen »Schatz« brachte er in die leer stehende Villa neben dem Tattendorfer Werk. Er begann, eine Bombe zu basteln.

Wieso, so fragten sich die Vernehmer, hatte Matuschka überhaupt einen Anschlag auf die Eisenbahn vor? War er ein Geistesgestörter? Wir werden uns mit dieser Frage noch beschäftigen und versuchen, einiges zur Person des Sylvester Matuschka aufzuhellen. So viel vorweg: Warum Matuschka zum Attentäter wurde, diese Frage wurde nie geklärt. Matuschkas Persönlichkeitsprofil wird uns noch einmal interessieren (siehe 11. Abschnitt). Nur so viel: Matuschka war Zeit seines Lebens von Misserfolgen geplagt. Als er nach Ungarn übergesiedelt war und sich bei Mezötúr ein Gut von 120 Morgen Größe gekauft hatte, befand sich die Landwirtschaft der ganzen Welt in einer Krise. Er verkaufte diesen Besitz mit Verlust und ging nach Budapest, wo er reich werden wollte, vor allem durch Spekulationen an der Börse. Reich wurde er nicht, aber er hatte so viel Geld erhalten, dass er ein dreistöckiges Haus kaufen und einen Lebensmittelladen eröffnen konnte. Unterdessen betrieb er weitere Geschäfte, er war stiller Teilhaber in einer Holzhandlung und in einer Fleischerei.

Alsbald mietete er eine luxuriöse Vierzimmerwohnung und soll dort das beste Familienleben geführt haben. Tatsächlich reiste er viel, weil er fern der Familie gern die Frauen eroberte. Auf diesen Reisen erlebte er einiges. So lernte er einen Immobilienmakler kennen, mit dem er eine Grundstückspekulation ausheckte.

In Wien konnte man billig Mietshäuser kaufen, weil die sozialdemokratische Regierung die Mieten eingefroren hatte. Matuschka rechnete damit, dass die Regierung bei den nächsten Wahlen stürzen, die nächste Regierung die Mietpreisbindung aufheben und den Hauseigentümern freie Hand lassen werde, die Mieten also steigen würden. Matuschka verkaufte sein Budapester Miethaus und kaufte dafür drei Miethäuser in Wien. Die Spekulation schlug fehl. Denn Matuschka war das Geld ausgegangen, um weiter spekulieren zu können. Er musste die Wohnung in Budapest aufgeben und wohnte vom August 1928 an in einem seiner Miethäuser in Wien.

Dann verkaufte er die drei Miethäuser und kaufte ein kleines Miethaus in der Hofgasse 9, in das er auch einzog. Das restliche Geld steckte er in andere Geschäfte, kaufte mit zwei anderen Unternehmern die Fabrik in Tattendorf, die unter dem Namen Österreichische Eisenwerke AG, Werk Tattendorf, im Handelsregister eingetragen war. Das leere Werk sollte einen großen Aufschwung nehmen, aber die Unternehmer zerstritten sich. 1931 waren sie gezwungen, das Werk stillzulegen und das Vermögen aufzuteilen. Matuschka musste einen Verlust hinnehmen. Er pachtete den Steinbruch in Rabenstein, nicht wegen eines Geschäftes, sondern nur, um an Sprengstoff zu gelangen.

Als man Matuschka verhaftet hatte, war er am Randes des Ruins. Das Haus in der Hofgasse war mit 80.000 Schilling Schulden belastet und bereits die Versteigerung angesetzt. Matuschka hatte in den anderthalb Jahren bis zu seiner Verhaftung kaum noch Geschäfte betrieben, sondern seine Energie in die Vorbereitung der Eisenbahnattentate gesteckt. Im Steinbruch probierte er den selbst gebastelten Sprengapparat aus, verbesserte ihn und baute ihn in einen Koffer ein. Dann fuhr er nach Berlin.

Auf einer der ersten Zwischenstationen, in Wels, stieg er aus, hatte dort nichts vor und streifte ziellos durch die Stadt und deren Umgebung. Abends bestieg er erneut den Zug und kam am frühen Morgen in Berlin an.

Er stieg in einem Hotel nahe dem Anhalter Bahnhof ab, lief und fuhr auch hier ziellos durch die Straßen, bis er in ein Potsdamer Gartenlokal kam. Dort fand er keinen freien Tisch, sodass er sich zu einem Gast setzen musste, den er bald in ein Gespräch verwickelte. Er gab sich für einen irischen Offizier aus, der in einem kleinen Haus in Caputh wohne. Über seine Frau sagte er, sie halte sich in Frankfurt am Main auf.

Am nächsten Tag kaufte er in der Friedrichstraße Eisenrohre und Draht. »Auf irgendetwas wartete ich in Berlin«, gestand er bei der Polizei, »ich kannte niemanden und wenn ich die Straßen entlangging, erwartete ich immer, dass jemand, ein Mann oder eine Frau plötzlich an mich herantritt, mich anspricht, dass ich mitkommen soll. In mir brannte das starke Verlangen, mit jemandem zu reden. Jemand sollte gut zu mir sein. Ich sprach mit vielen Mädchen, dabei verflogen meine Illusionen. Ich gab ihnen Geld und schickte sie weg.«

Nachdem Matuschka geschildert hatte, wie er jede Nacht durch Berlin gelaufen war, sagte er: »Ich dachte, wie gut es wäre, wenn ich die S-Bahn in die Luft jagen würde. Wie die Menschen an mir vorbeirannten, eilig ihren Geschäften nachgingen, mich

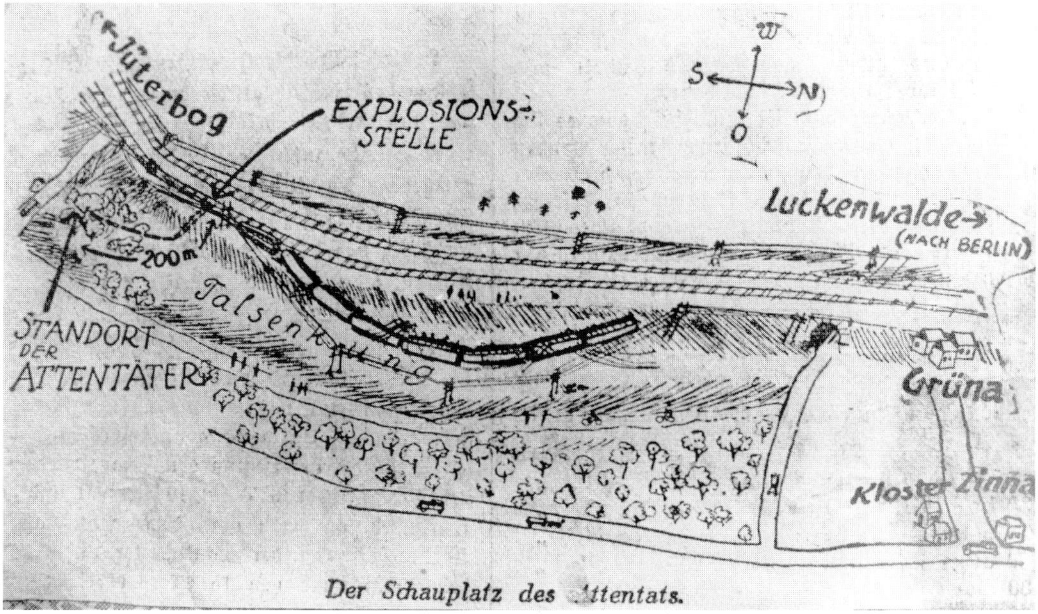

So stellte der Zeichner einer Zeitung den Schauplatz des Attentats dar. Slg. Preuß

nicht einmal anblickten, dachte ich, was für ein menschliches Wrack ich bin, und in den heutigen Zeiten werden die Schwachen zermahlen. Ich wollte nichts Anderes mehr, als meinen Plan ausführen, meine Vision wahr machen, frei und glücklich sein.«

Matuschka nahm seinen Koffer, in dem der Sprengapparat verpackt war, und gab ihn als Reisegepäck nach Jüterbog auf. Bevor der Zug abfuhr, kaufte er sich eine Zeitung, den »Angriff«. Matuschka wusste, welche politischen Verhältnisse in Deutschland herrschten und dass »Der Angriff« ein Blatt der Nationalsozialisten war. Mit dieser Zeitung wollte er eine falsche Spur zurücklassen. Noch auf dem Bahnhof schrieb er an den Rand der ersten Seite »Revolution! Attentat! Sieg!« Die Zeitung wollte er am Tatort liegen lassen, sodass man den Attentäter unter den Nazis suchen würde.

Er reiste am 8. August 1931 nach Jüterbog. Auf dem Bahnhof holte er seinen Koffer ab und ging zum Ort seines ersten, missglückten Anschlags vom April, einer Stelle am Kilometer 60,650 zwischen dem Bahnhof Jüterbog und dem Bahnhof Grüna Kloster Zinna. Er besichtigte die Stelle, vergrub den Koffer im Sand und legte sich neben ihm schlafen. In Gennats Denkschrift wurde die Stelle beschrieben: »Der Bahndamm ist für das dritte und vierte Gleis vorbereitet. Das Gelände liegt auf der Westseite 3 bis 4 m, auf der Ostseite 10 m tiefer als die Dammkrone.

Als es zu dunkeln begann, grub er den Koffer aus und ging zum Bahnkörper. Er füllte das Ekrasit in die Rohre, brachte die Patronen und Zünder an und verband den Sprengstoff mit einem 200 m langen Draht. Ihn zog er bis zum Wald, schloss ihn an den Induktionsapparat, versteckte sich und wartete auf den Zug. Es war D 43 Basel–Frankfurt (Main)–Berlin, der Jüterbog um 21.43 Uhr mit der Lokomotive 01 023, 520 t Last und einer Geschwindigkeit von 100 km/h in Richtung Berlin passierte.

Die Zugbildung:

- Postwagen Magdeburg 3998
- Sitzwagen Saarbrücken 02746
- Sitzwagen Frankfurt am Main 21075, 16444, 16445
- Speisewagen MITROPA 1069
- Sitzwagen Karlsruhe 26067, 26511
- Sitzwagen Halle 21072
- Sitzwagen Schweizerische Bundesbahnen 8951
- Gepäckwagen Halle 90220.

Matuschka sah den Schein der Lampen des Spitzensignals durch das Dickicht. Später, bei den Ermittlungen, war die Polizei der Meinung, der Täter habe von hier aus nicht sehen können, wann der Zug an der »richtigen« Stelle gewesen sei. Folglich müsse es einen Gehilfen gegeben haben, der dem Täter den besten Augenblick für das Zünden der Sprengladung signalisierte. Ein solcher Gehilfe fand sich nie; es blieb immer etwas Unerklärliches zurück.

Der Schnellzug kam an die Stelle, wo die Bombe angebracht worden war. Wann sie detonierte, darüber gingen die Meinungen der Sachverständigen auseinander. Sicher ist, dass sie ein etwa 3,50 m langes Stück aus der Schiene brach. Der Schotter zwischen der nächsten und der darauf folgenden Schiene wies eine tellerförmige Vertiefung auf, deren Ausdehnung etwa 30 cm im Durchmesser betrug. Die obere Steinschicht war staubartig zermalmt. Diese tellerartige Vertiefung war nicht etwa,

Die Attentatsstelle mit dem Blick in Richtung Jüterbog. Eingezeichnet sind der vermutliche Hinterhalt des Matuschka (x) und der Verlauf des Sprengkabels. Quelle: Foto-Ziegler

Dank ihrer Stahlkonstruktion nahmen die abgestürzten Wagen keinen großen Schaden. Slg. Preuß

wie die Kriminalisten zuerst annahmen, als Sprengstelle anzusehen, vielmehr durch Ausschlagen der Räder der entgleisten Wagen entstanden.

Gefunden wurde nach geraumer Zeit ein über 2 m langes Stück der fehlenden Schiene in einer Entfernung von 160 m in einem Ackerstück westlich der Sprengstelle. Dieses Stück war das obere Teil der Schiene, der so genannte Schienenkopf, etwa ein Zentner schwer. Dass ein solches Stück in derartiger Entfernung vom eigentlichen Tatort gefunden wurde, zeigte die ungeheure Gewalt der Explosion. Später wurden bei nochmaliger systematischer Suche im Gelände etwa 100 m östlich des Bahndamms auf einem verhältnismäßig kleinen Raum noch 126 Splitter eines dünnwandigen Eisenkörpers gefunden.

Die Lokomotive entgleiste mit der ersten Lauf- und der letzten Tenderachse und hielt mit dem folgenden Post- und dem Personenwagen etwa 400 m hinter der Explosionsstelle an. Von den folgenden neun Wagen rissen sich sieben Personen-, der Speise- und der Gepäckwagen vom vorderen Zugteil ab, entgleisten und kippten an der östlichen Böschung hinunter. Der Sturz wurde durch den losen Sand erheblich gemildert. Wie sich zeigen sollte, milderte die damals noch nicht sehr verbreitete Stahlkonstruktion statt der üblichen Holzbauweise der Eisenbahnwagen die Folgen.

»Die Unglücksstelle«, so Gennat, »war an und für sich – vom Standpunkt eines Eisenbahnattentäters aus – besonders günstig gewählt. Sie gewährleistete einem verbrecherischen Anschlag einen vollen Erfolg. Es konnte angenommen werden, dass der mit einer derartigen Geschwindigkeit hinbrausende, plötzlich aus der Richtung gebrachte Zug mit ungeheurer Gewalt die tiefe Böschung herunterstürzen und alles Lebende in und unter sich begraben würde. Ein glücklicher Stern hat es jedoch gefügt, dass eine Katastrophe dieses Ausmaßes nicht eintraf.«

Für die reichlich Versammelten ist erst der vorbeifahrende Zug interessant, dann wird man sich um die Unfallwagen kümmern. Quelle: Foto-Ziegler

Ein Schriftsteller schrieb: »Matuschka hörte das Schreien der Verletzten, sprang auf, lief zu einem Baum, umarmte ihn glücklich und floh in Richtung Straße, wo ihn ein Taxifahrer aufnahm und nach Berlin brachte.«

Wie das Lokomotivpersonal den Anschlag erlebt hatte, beschrieb Wanderlehrer Frohgemut in der bahnnahen Zeitschrift »Der Eisenbahnfachmann«:

»Mit einem Male schlägt, nicht feststellbar, ob vor, neben oder kurz hinter ihnen, eine 10–15 m hohe Flamme hoch und im Bruchteil einer Sekunde schlägt ein Knall durch, ein Knall von solcher Stärke, dass er die donnernde Fahrt der Lokomotive, auf der sonst auch der stärkste Gewitterdonner nicht zu hören ist, überbrüllt. Noch bevor der Knall bis an das Ohr des Lokomotivführers dringt, hat er schon mit der Instinktsicherheit des wirklichen Führers Schnellbremse gerissen und im Knall den Sandstreuer bedient und Dampf abgestellt. ›Jetzt ist das Gleis gesprengt‹, ruft er einem Heizer zu. Kohlen stürzen vom Tender in den Führerstand. Beide Männer bleiben unverletzt. ›Jetzt fällt der Zug um‹, ruft der Führer seinem Heizer zu.«

Ob sich das wirklich so abgespielt hat, darf bezweifelt werden. Der gesamte Beitrag ist in dem Tenor geschrieben, wie er uns Jahrzehnte später, vor allem aus Publikationen der Deutschen Bahn AG, bekannt vorkommt: Egal, was passiert, wir haben die Sache im Griff!

Auch angesichts der dramatischen Situation, die Wanderlehrer Frohgemut schilderte, ohne die Slogans »Leib und Seele Lokomotivbeamte« und »wie der Schiffskapitän auf der Kommandobrücke« zu vergessen: »Der Heizer weiß, dass jetzt die eine Pflicht für ihn besteht: Die Zugdeckung, und zwar nach vorn die Zugdeckung des Nachbargleises für Züge aus der Gegenrichtung. Noch steht der Zug nicht ganz, da hat er bereits die Karbidhandlaterne ergriffen, blendet sie rot. An die Knallkapseln kann er wegen der herabgestürzten Kohle nicht heran. Da hält der Zug.

Beide Beamte springen von der Lokomotive, leuchten sie ab, sehen, dass die vorderste Lauf- und die letzte Tenderachse entgleist sind, sehen rückwärts in der Fahrtrichtung den teilweise umgestürzten Zug – und auf dem Nachbargleise schon die herannahenden Lichter eines Güterzuges.

Jetzt gibt es kein Besinnen mehr. Der Heizer rennt, was seine langen Beine hergeben können. Er gibt dem Güterzuge mit der kreisrund geschwungenen Laterne das Haltsignal. Der Zug ist aber schon außerordentlich nahe. Der Führer des Güterzuges kann das von links her gegebene Signal nicht erkennen. Der Heizer ist an der Feuerung beschäftigt. Was kann der Heizer des verunglückten Zuges noch tun, den Güterzug zum Halten zu bringen? Seine einzige Hoffnung ist der Schlussschaffner. Er rennt weiter, winkt und schreit.

Der Lokomotivführer[4] des D 43 sieht, dass der Güterzugführer das Signal noch nicht aufgenommen hat. Da springt er ebenfalls dem Zug entgegen, springt über das Gleis hinweg nach der Führerseite und ruft, was seine Lungenkraft hergibt ›Halt, Halt, Unfall!‹ Den Schrei hört der Lokomotivführer des Güterzugs. Aber auch der Schlussschaffner des Güterzuges ist wachsam gewesen. Im selben Augenblick, als der Lokomotivführer zum Bremshebel fasst, reißt er den Notbremshahn auf. Der Güterzug steht.«

In dem Bericht des »Eisenbahnfachmanns« wurde das hohe Lied vom braven Eisenbahner gesungen, aber auch mit Akribie all das geschildert, was an einer Unfallstelle zu tun ist, und wir erfahren recht viel von der damaligen Organisation der Deutschen Reichsbahn, von Tätigkeiten, Vorschriften und Vordrucken, an die sich heute kaum jemand mehr erinnert.

Doch bleiben wir beim Attentat. Da die abgestürzten Wagen unzerstört blieben, auch weil sie im Sand und Schotter keinen festen Widerstand fanden, sodass die Energie der Bewegung langsam aufgezehrt wurde, kam die Mehrheit der Reisenden glimpflich davon. Drei wurden schwer verletzt, der Koch Hugo Weymar im Speisewagen am schwersten. Ihn hatte ein umgestürzter Kessel kochenden Wassers verbrüht. 81 Reisende meldeten sich am Tag des Attentats als leicht verletzt. Später wurde die Zahl der Leichtverletzten mit 178 angegeben. Gennat schrieb in seiner Denkschrift von 109 Verletzten. Nach viereinhalb Tagen waren die Trümmer weggeräumt und die Strecke wieder befahrbar.

Anders als nach dem Attentat von Leiferde (5. Abschnitt) verzichtete »Die Rote Fahne« auf Attacken der Art, dass der Zug wegen vernachlässigten Oberbaus entgleist sei. In diese Richtung hätte man denken können, da am Gleis gearbeitet worden war. Unfälle wegen unzureichender Arbeitsausführung am Gleis hatte es ja bereits gegeben. Doch von Anfang an standen für die Staatsanwaltschaft und die Polizei fest, dass sie keinen klassischen Eisenbahnunfall, sondern ein Attentat zu untersuchen hatten. Gennat: »Absolut schlüssig wurde der Beweis, dass im vorliegenden Falle ein Sprengstoffverbrechen vorlag, durch die noch in der gleichen Nacht erfolgte Auffindung einer an der Entgleisungsstelle mündenden elektrischen Leitung: Eine Doppelleitung rosa umsponnener Kupferdraht lag in Höhe des Tatortes auf dem

[4] Er hieß Fischer.

Die Explosion hatte ein 2 m langes Stück Schiene auf einen Acker gefegt. Quelle: Foto-Ziegler

Böschungsabsatz. Wenn man die Leitung nach rückwärts verfolgte, gelangte man – in einer Entfernung von etwa 177 m – in ein unmittelbar an der Böschung gelegenes Gebüsch, das so dicht war, dass es unbedingt gegen Sicht schützte. In diesem Gebüsch befand sich eine höhlenartige Ausbuchtung, in der sich ein oder zwei Personen bequem aufhalten konnten. Die Doppelleitung endete – zusammengerollt – auf einem Gebüschzweig in etwa 1 m Höhe.«

»Die Reichsbahn« schrieb:

»Sachkundige Vorbereitung und Durchführung des Verbrechens lässt darauf schließen, dass die Täter mit der Sprengtechnik gut vertraut waren.«

Die Generaldirektion der Deutschen Reichsbahn setzte für die Ermittlung sofort 20.000 Mark Belohnung aus, die von der Reichsregierung auf 50.000 Mark erhöht wurde; zuletzt sollten 100.000 Mark Belohnung gezahlt werden, wenn man des Täters oder der Täter habhaft wurde.

Die Zeitungen reagierten bei der Frage nach dem Motiv und den Tätern ähnlich wie beim späteren Attentat von Biatorbágy die politische Polizei reagiert hatte. So schrieb die »Vossische Zeitung« am 9. August 1931:

»Mit größerer Wahrscheinlichkeit wird vermutet, dass das Attentat entweder von Kommunisten oder von Nationalsozialisten angezettelt worden ist. Es lässt sich die Annahme nicht ganz von der Hand weisen, dass es dem Reichskanzler Dr. Brüning und dem Reichsaußenminister Curtius gegolten habe. Für diesen Fall würden die Täter […] sich an dem Reisetermin des Reichskanzlers und des Reichsaußenministers, die heute Früh aus Rom zurückgekehrt sind, geirrt haben.«

Julius Dorpmüller, der Generaldirektor der Deutschen Reichsbahn, mit einigen Beamten an der Attentatsstelle.
Slg. Preuß

Ließen sich die Ermittler und die Journalisten von den von Matuschka ausgelegten »Spuren« täuschen, wenn sie meinten: »Eine wertvolle Spur ist eine Nummer des nationalsozialistischen ›Angriffs‹, die an einem Telegrafenmasten mit Reißzwecken befestigt war und die Aufschrift trug: ›Achten, Achten, Attentat!‹?« Am Telegrafenmast oberhalb des erwähnten Gebüschs hatte Matuschka die Titelseite des »Angriffs« vom 7. August 1931 mit Reißnägeln angeheftet. Der Staatsanwalt betrachtete den Fund mit größter Vorsicht, schrieb eine Zeitung, der Zettel kann auf politische Hintergründe des Verbrechens hindeuten, er kann aber eine Irreführung sein. Das war sie auch, wie Matuschka im Budapester Prozess zugab. Auch der Berliner Kriminalkommissar Lehmann, der anfangs die Ermittlungen in der Hand hatte, dachte nicht an ein politisches Motiv.

Welches aber kam infrage? Eisenbahnattentate hatten die Kriminalen schon öfter untersuchen müssen, Sprengstoff fiel jedoch aus dem Rahmen der bisher vorgekommenen.

Der Umfang der Ermittlungen weitete sich aus, und so schickte man am 10. August aus Berlin die Kriminalkommissare Dr. Berndorf, Dr. Wächter, Lissigkeit und Fähnrich nach Jüterbog, worauf die »Vossische Zeitung« am 11. in ihrer Abendausgabe voreilig schrieb, der Anschlag gehe seiner Aufklärung entgegen.

Die Untersuchungskommission der Kriminalpolizei und der Hauptverwaltung der Deutschen Reichsbahn, denen ein nach Hunderten zählender Beamtenstab unterstellt war, nahmen ihr Hauptquartier im Dorf Kloster Zinna. Generaldirektor Julis Dorpmüller schlug für damalige Verhältnisse etwas Eigenartiges vor: Auf dem Bahnhof Grüna solle ein Funkzug der Reichsbahn aufgestellt werden. Der war bisher in Deutschland einzigartig. Er konnte die Funkverbindungen mit sämtlichen europäischen Ländern herstellen. Zu diesem Funkzug wurden Schlaf- und Speisewagen gestellt.

Staatsanwälte und Kriminalpolizisten befragten und verhörten in den ersten zwei Tagen 25 Zeugen, nahmen fünf Personen fest, aber den Täter fanden sie nicht. Der bedeutendste Hinweis kam vom Fund des Signalwerkführers Rudolf Kowarczik, der am 10. August im Gebüsch ein Paket entdeckte, das Isolierband, zwei Zeitungsstücke vom »Angriff«, zwei leere Zigarettenschachteln enthielt. Das Wichtigste war das Packpapier mit der Adresse A. Ruppert, Berlin SW 48, Friedrichstraße 9. Das war ein Installateurgeschäft, und dort hatte jemand den roten Draht, die Gasrohre und andere Sachen gekauft. Der Mann wurde vom Verkäufer, seiner Frau und seiner Tochter so beschrieben: 35 Jahr alt und 1,72 m groß. Er war durch die aufrechte Haltung und das gebrochene Deutsch aufgefallen. Bei einem zweiten Besuch in diesem Geschäft habe er gesagt, er sei ein früherer irischer Offizier.

Während in Berlin nach dem Mann gesucht wurde, beschäftigten sich die Kriminalisten an der Attentatsstelle mit der Frage: Wie viel Zeit hatte der Täter? Von 19.27 Uhr bis 21.27 Uhr verkehrten neun Züge in Richtung Berlin mit einem durchschnittlichen Abstand von 10 Minuten, aber zwischen dem D 33 und dem FD 5 war 43 Minuten Zeit. 6 Minuten später kam D 61, D 43 18 Minuten danach. Die Sprengung war etwa 21.45 Uhr.

Der Sachverständige, Professor Dr. Ritter von der Chemisch-Technischen Reichsanstalt, hielt das Anbringen der Sprengapparatur in etwa 20 Minuten für ausgeschlossen, auch dass darüber fahrende Züge die Sprengung auslösen konnten. Folglich musste die Sprengapparatur schon einige Zeit an der Schiene angebracht gewesen sein, und zwar hintereinander an der Außenseite der zu zerstörenden Schiene. Vermutlich waren es zwei Rohre zu 1,55 m Länge – sie entsprachen in etwa dem herausgesprengten Schienenstück –, waren mit Sprengstoff gefüllt, und es wurde auf elektrischem Wege eine Zündpatrone gezündet. Zur Herbeiführung des Stromschlusses wurden als Kontaktapparat zwei kleine Stücke eines Pappdeckelkoffers benutzt, welche die messingenen Verschlussteile trugen. Die federnde Klappe wurde durch die Vermittlung eines gelben Zollstocks, wahrscheinlich durch die Radbremse der Lokomotive, niedergedrückt. Die Streckenbegehung fand zwischen 8.30 und 11.00 Uhr statt und nicht, wie von der Deutsche Reichsbahn angegeben, eine Stunde vor der Durchfahrt des Unglückszuges. Zum Zeitpunkt des Streckenbegangs muss die Sprengvorrichtung bereits angebracht gewesen sein. Der Unterschied zum späteren Attentat von Biatorbagy war: In Jüterbog löste der Attentäter die Explosion aus, in Biatorbagy war es der fahrende Zug.

Wie wir wissen, führten die Ermittlungen nach dem irischen Offizier nur in die Irre. Als die Polizei den angeblichen Wohnort dieses Ex-Offiziers in der Ringstraße 14 von Caputh bei Potsdam ermittelt und sich auf die Festnahme des Mannes gefreut hatte, fand sie ein seit Monaten unbewohntes Gartenhaus vor. »Der Angriff« hatte behauptet, die Eisenbahner selbst kämen als Täter für das Attentat infrage – eine Behauptung, wie sie auch die »Rote Fahne« beim Attentat von Leiferde aufgestellt hatte. Diese Sensationsnachricht brachte dem »Angriff« ein Verbot für 14 Tage ein, aber auch »Die Rote Fahne« und das Karl-Liebknecht-Haus in Berlin, Sitz der Kommunistischen Partei Deutschlands, wurden für einige Tage verboten bzw. geschlossen.

Auch wenn die »Vossische Zeitung« am 13. August 1931 meldete: »Das Bahnattentat steht kurz vor der Aufklärung« und der Polizeipräsident von Berlin am 23. August abermals die Bevölkerung zur Mitarbeit aufrief und am 9. Oktober die Görlitzer Kriminalpolizei in Petershain acht Personen verhaftete, die im Verdacht standen, aus einem Steinbruch große Mengen von Sprengstoff entwendet zu haben, der Attentäter von Jüterbog fand sich nicht.

Erst die Katastrophe von Biatorbágy und die Vernehmung durch die Wiener Polizei führten zum Ziel.

Vom 15. bis 17. Juni 1932 fand vor dem Oberlandesgericht Wien der Prozess statt. Die Akten umfassten 1000 Seiten Vernehmungsprotokolle, 30 Seiten Anklageschrift

Zwei Beamte der Kriminalpolizei begleiten Frau Matuschka zum Prozess, in dem sie als Zeugin aussagte. Slg. Preuß

und 60 Seiten psychiatrische Gutachten. Sie sind verschwunden, sodass wir auf die Zeitungsberichte angewiesen sind.

Den Angeklagten, der seit der Verhaftung zunehmend den Geisteskranken simulierte (Der Gerichtspsychiater Hoevel soll erklärt haben, Matuschka sei nicht geisteskrank, er sei entartet und habe sadistische Neigungen – mehr dazu im 11. Abschnitt), stand ein Rechtsanwalt Dr. Steines aus Saarbrücken bei. Er schickte dem Gericht einen Brief, durch den er die Motive des Attentäters erhellen wollte. Danach hatte Matuschka vor Jahren den Französischen Staatsbahnen eine Erfindung zur Verhütung von Eisenbahnanschlägen angeboten, die jedoch nicht angenommen worden sei. Dr. Steines habe ihn in dieser Sache vertreten, Matuschka sei ihm das Honorar schuldig geblieben, habe ihm auf seinen Brief nur grob geantwortet. Allerdings hatte sich Matuschka weder über die Erfindung noch zu seiner Enttäuschung über das Verhalten der französischen Bahn geäußert.

Matuschkas Ehefrau, die von der Unschuld ihres Mannes überzeugt war, berichtete im Gerichtssaal, ihr Mann sei einmal in Budapest Zeuge eines Straßenbahnunfalls gewesen, bei dem eine Frau verletzt wurde. Er habe sich danach nicht mehr beruhigen können.

Am Abend des 17. Juni wurde das Urteil verkündet: Matuschka wird wegen Verbrechens der öffentlichen Gewalttätigkeit durch boshafte Handlungen unter besonders gefährlichen Umständen zu sechs Jahren Zuchthaus (nach anderen Quellen schweren Kerker) verurteilt, verschärft durch hartes Lager und Fasttag an jedem 31. Dezember und 30. Januar sowie zu 4199 Schilling Ersatz des Schadens an die Österreichischen Bundesbahnen. Die Untersuchungshaft vom 7. Oktober 1931 an wurde angerechnet.

Das Strafmaß war – auch nach Meinung der deutschen Presse – sehr hoch, denn das Urteil betraf nur das missglückte zweite Attentat bei Anzbach. Die Anschläge bei Jüterbog und Biatorbágy mussten erst noch verhandelt werden.

Matuschka hatte sich das Urteil interessiert, aber ohne Anzeichen von Bewegung angehört. Während der Verurteilte im Zuchthaus von Stein saß, verhandelten die österreichischen, deutschen und ungarischen Behörden, wie die weitere Strafverfolgung auszusehen habe. Da in Österreich 1918 die Todesstrafe abgeschafft worden war, kam eine Auslieferung in ein anderes Land nur infrage, wenn es zusicherte, Matuschka nicht zum Tode zu verurteilen. Das Deutsche Reich sah deshalb von der Auslieferung und weiteren Strafverfolgung ab, da es damit rechnete, dass Matuschka in Ungarn zu einer lebenslänglichen Freiheitsstrafe verurteilt werden würde. Andererseits wollten die österreichischen Richter keinem ausländischen Gericht vorschreiben, wie es Matuschka zu verurteilen habe. Der juristische Kniff war, dass man in das Wiener Urteil die Landesverweisung in Matuschkas Heimatland Ungarn aufgenommen hatte.

Matuschka wurde noch während seiner Haft für vier Wochen nach Budapest überstellt, weil man dort das zweite Gerichtsverfahren vorbereiten wollte. Abermals wurde er zum Motiv seiner Taten vernommen. Was er auch sagte, stimmte zwar genau mit den bisherigen Aussagen im Detail überein, aber eine glaubhafte Erklärung für die Attentate fand sich nicht. Er will überhaupt nicht der Attentäter gewesen sein, habe nur für die Anschläge in Jüterbog und in Biatorbagy das Material geliefert. Ein gewisser Leo soll ihn zum Sprengen gezwungen haben. Von solchem Komplizen oder Anstifter fand sich indes keine Spur. Auch habe das Attentat von Biatorbagy nicht dem Schnellzug, sondern einem Güterzug gegolten.

Das Budapester Gericht verurteilte Matuschka am 20. November 1934 wegen des Attentats von Biatorbágy zum Tode. Dabei blieb es in den Berufungsverfahren, die sich bis Dezember 1935 hinzogen. Die Todesstrafe war eine Formalie, denn Matuschka musste zur Verbüßung der in Österreich verhängten Strafe zurück, und Österreich würde ihn nicht hinrichten. Schließlich begnadigte ihn der Reichsverweser Miklos Horthy.

Unterdessen ging bei der Deutschen Reichsbahn eine Vielzahl von Schadenersatzansprüchen wegen des Attentats von Jüterbog ein, die zuständigkeitshalber von der Reichsbahndirektion Halle bearbeitet worden. Die zahlte nicht, weil die Deutsche Reichsbahn kein Verschulden traf, vielmehr »höhere Gewalt« vorlag. Das Landgericht Halle bestätigte diese Auffassung und wies alle entsprechenden Klagen ab.

In Stein wurde Matuschka wegen guter Führung vor Ablauf der sechsjährigen Zuchthausstrafe entlassen, aber nun wartete in Ungarn ein Zuchthaus auf ihn, wo er lebenslang eingesperrt werden sollte. Zuerst saß er in Györ ein, kam dann jedoch nach Vác. Seine Tochter mietete in Budapest eine Wohnung, um ihren Vater regelmäßig besuchen zu können. 1944 verlieren sich die Spuren. Nach Prodöhl kam Matuschka nach dem so genannten Anschluss Österreichs an das Deutsche Reich 1938 in ein Konzentrationslager und wurde »auf der Flucht erschossen«. Das kann nicht stimmen, denn mehrere ungarische Quellen berichten von der Überstellung nach Györ bzw. Vác, wo wegen der Kriegsereignisse alle Gefangenen frei kamen. Er soll später in Schweden gesehen worden und dort gestorben sein. Ein deutsches Nachrichtenmagazin schrieb, 1951 habe ihn jemand im Krieg auf der nordkoreanischen Seite gesehen – als Sprengstoffspezialist.

5. Leiferde – eine Dorpmüller-Lüge?

Die Schlagzeile der »Vossischen Zeitung« lautete am 19. August 1926: »12 Todesopfer des Eisenbahnverbrechens«. Man las: »Der D-Zug 8 Berlin–Köln, der Berlin um 1/2 11 Uhr abends vom Schlesischen Bahnhof verlässt, ist in der vergangenen Nacht zwischen Isenbüttel und Lehrte entgleist, und es sind bisher außer mehreren Schwerverletzten zwölf Todesopfer zu beklagen. Es handelt sich nicht um ein Eisenbahnunglück, das auf ein Verschulden von Bahnbeamten oder auf ein Versagen der technischen Einrichtungen zurückzuführen ist, sondern wie zweifelsfrei festgestellt worden ist, um ein Attentat auf diesen Zug, herbeigeführt durch das Herausschrauben von Laschen und Verbindungsstücken der Schienenbefestigung am Abhange des Bahndammes durch verbrecherische Hand. Es ist leider bisher nicht geglückt, der Verbrecher, die möglicherweise in räuberischer Absicht gehandelt haben, habhaft zu werden.«

Wer sich von der Überschrift und dem Vorspanntext des dann folgenden seitenlangen Berichts fesseln ließ, erfuhr noch, dass die polizeilichen Ermittlungen erleichtert wurden durch das Handwerkszeug, das an der Attentatsstelle lag und dass die Eisenbahndirektion Hannover eine Belohnung von 2000 Mark ausgesetzt habe.

Legte sich der D 8 auf die Seite, weil die Reichsbahn ihren Oberbau vernachlässigt hatte? Slg. Preuß

Lügenrekord der Dorpmüller-Presse!

Der anonyme Brief — Das „neue Attentat“ vom 16. August — Die Feldscheune als Attentäterquartier

Reichsbahndirektion in den Tagen seit dem Unglück von Leiferde an Schwindel- ...te geleistet hat, ... der Kriegszeit ... den Vorort- ...

Prompt erhält die Staatsanwaltschaft ... Berlin mit dem Poststempel vom 21. ... Brief (vielleicht von Herrn Dorpm... dient, ...

Zimperlich ging »Die Rote Fahne«, das Organ der Kommunistischen Partei Deutschlands, mit dem Reichsbahn-Generaldirektor nicht um. Quelle: Zentrales Staatsarchiv Potsdam

...mmer: 186 1. Beilage — Die Rote Fahne — Mittwoch, 25. August 1926

Das Attentat der Reichsbahndirektion

...e „losgelösten“ Schrauben / Die verfaulten Holzschwellen / Der findige Detektiv / Wie das Unglück geschah / Die Wunder der Belohnung / Keine Verhaftung der Attentäter

Von M. Schütz, M. d. R.

Der Leser der »Roten Fahne«, des Zentralorgans der Kommunistischen Partei Deutschlands, wurde ganz anders informiert, denn nach Meinung der Redaktion handelte es sich bei dem Attentat von Leiferde um ein »Attentat der Reichsbahndirektion«, die nur von ihren Versäumnissen ablenken wollte. Warum sollte es ein Attentat gegeben haben? Um einen Zug auszurauben? Das war ja nicht einmal versucht worden. Politische Motive? Keine hervorragende Persönlichkeit hatte den Zug benutzt, die man für diesen Zweck benutzen konnte. Ein Attentat aus Rache, weil jemand im Zusammenhang mit dem rigorosen Personalabbau bei der Bahn entlassen worden war? Das war zu unwahrscheinlich. Nach Meinung der »Roten Fahne« lag ein Schwindel der Deutschen Reichsbahn vor, um die eigene Schuld zu verbergen. »Den Attentäter von Leiferde kann und wird man nicht finden«, prophezeite sie, «da zweifelsfrei feststeht, dass die Ursache des Unglücks kein Attentat ist. […] Die Schuldigen sitzen in den Direktionen und die Staatsanwaltschaft hätte hier ein dankbares Tätigkeitsfeld.« »Was sind die wirklichen Tatsachen?«, fragte die Zeitung und gab gleich die Antworten, nachdem der Genosse M. Schütz, Mitglied des Reichstages, an die Unglücksstelle nach Leiferde gefahren war.

Vieles erinnert uns an die Berichterstattung zu den Attentaten 1998/1999, die Aussage über die Aufklärungsbemühungen des Genossen Schulz ähnelt den Veröffentlichungen in der »Jungen Welt« nach dem Unglück von Eschede am 3. Juni 1998. Nach Leiferde war der Genosse Schütz geeilt, um sein fachkundiges Urteil abzugeben, nach Eschede Heinz Betzlers, Vorsitzender des Verkehrsclubs Deutschland, der in der »Jungen Welt« bezweifelte, ob es richtig gewesen sei, in die Gleise einer

Ausbaustrecke normale Weichen einzubauen. Offenbar kommt der von solcherart präsentierten »Fachleuten« ausgestreute Zweifel an den offiziellen Feststellungen bei den Lesern immer gut an.

Schütz stellte 1926 fest, dass es sich bei der Strecke Berlin–Lehrte keineswegs um eine der besten handeln könne, wie der DR-Generaldirektor Dorpmüller behauptet hatte, denn auf der ganzen Strecke seien die Schrauben locker, die Schwellen verfault, der Steckschlüssel erst nach dem Attentat zum Gleis gebracht worden. Die Katastrophe sei wegen der Profitsucht herbeigeführt worden. Schließlich forderte »Die Rote Fahne«: »Die Arbeiterschaft hat alle Veranlassung, volle Aufklärung über die Katastrophe zu verlangen. Die Eisenbahner dürfen nicht länger mehr dulden, dass eine verbrecherische Gesellschaft ungestraft Menschen morden kann und einmal die Schuld auf das ›unzuverlässige‹ Personal oder das andere Mal auf einen ›Attentäter‹ abschieben will.«

Dass die Deutsche Reichsbahn sich seinerzeit mit dem Zustand ihrer Gleise nicht brüsten konnte, lag an den Vernachlässigungen der Anlagen und Fahrzeuge während des Ersten Weltkriegs und in den Nachkriegsjahren. Das gab das Unternehmen auch zu. Der Bericht für das Geschäftsjahr 1925 schrieb: »Die auffällige Zunahme der auf Mängel der Einrichtungen zurückzuführenden Entgleisungen betrifft in der Hauptsache Mängel an Gleisanlagen, die 1924 in 40, 1925 aber in 88 Fällen als Ursache festgestellt wurden.« Die Verdoppelung der Zahl der Entgleisungen ging vor allem auf die unzureichende bis unterlassene Gleisunterhaltung im besetzten Rhein-Ruhr-Gebiet. zurück. Dann aber im Bericht: »Ferner hat es sich ungünstig bemerkbar gemacht, dass die notwendige Erneuerung des Oberbaus der Strecken, auf denen er den Beanspruchungen durch die schweren, neuzeitlichen Fahrzeuge auf die Dauer nicht gewachsen ist, aus den bekannten Gründen bisher nur teilweise durchgeführt werden konnte.«

Ob die Entgleisung bei Leiferde auf Versäumnisse bei der Oberbauinstandhaltung oder auf ein Attentat zurückging, darüber konnte sich der fachkundig Interessierte in der Nummer 35/1926 der Zeitschrift »Die Reichsbahn« noch kein Bild machen. Sie beschrieb zunächst sachlich die Folgen:

»Zwischen den Bahnhöfen Leiferde und Meinersen der Strecke Berlin–Hannover entgleiste am 19. August 1926, vormittags 2.10 in km 209,075 zwischen Vorsignal und Hauptsignal der Blockstelle 169 der D-Zug 8 Berlin–Köln mit Lokomotive und den folgenden sieben Wagen.

Die Lokomotive stürzte die 1 1/2 m hohe Böschung hinunter und blieb etwa 100 m von der Entgleisungsstelle entfernt auf ihrer rechten Seite liegen. Der Gepäckwagen stürzte ebenfalls um. Der nachfolgende Postwagen riss sich los, beschädigte den Gepäckwagen und lief rechts an ihm vorbei, wo er etwa in Höhe des Tenders in schräger Lage zum Stehen kam. Die ihm folgenden drei Wagen, ein Schlafwagen und zwei III.-Klasse-D-Zugwagen (2 C4ü) blieben verhältnismäßig wenig beschädigt auf der Dammböschung stehen. Der an siebenter Stelle laufende II./III.-Klasse-D-Zugwagen (BC4ü) wurde unter den davorlaufenden I./II.-Klasse-D-Zugwagen (AB4ü) geschoben. Beide Wagen blieben auf dem Bahnkörper stehen. Die letzten drei Wagen entgleisten nicht.

Bei dem Unfall wurden der Zugführer und 18 Reisende sofort getötet, zwei weitere Reisende erlagen im Laufe des Tages ihren Verletzungen, sodass die Zahl der Todesopfer 21 beträgt. Zwei Zugbegleitbeamte und ein weiterer Reisender wurden erheblich verletzt…«

Das Teleskopieren des siebenten Wagens unter dem sechsten überlebten die Reisenden nicht.
Slg. Preuß

Schließlich würdigte die DR-Hauszeitschrift das Verhalten des Blockwärters Klußmann von der Blockstelle 169: »Er stellte den auf dem Gleis von Hannover herannahenden beschleunigten Personenzug 233 in strenger Befolgung seiner Dienstvorschriften durch Einschlagen des bereits auf Fahrt gestellten Signals und Entgegenlaufen mit der Handlaterne. Der Blockwärter Klußmann erhielt eine Belobigung durch den Generaldirektor und eine besondere Leistungszulage.«

Was »Die Reichsbahn« zum Hergang geschrieben hat, ist eine Rekonstruktion. Die Angaben zur Ursache sind nur Vermutungen auf der Grundlage von Spuren. Deshalb kann man die Ursachen unterschiedlich interpretieren, wie es – je nach Einstellung zur Deutschen Reichsbahn – die Journalisten und Redakteure getan haben. Aber ein Fachmann für Oberbau, der die Unfallstelle von Leiferde zu beurteilen hatte, kam der Wahrheit schnell nahe. Abgebrochene Schrauben im Gleis lassen sich ohne weiteres von herausgedrehten unterscheiden.

»Die Reichsbahn« schrieb dazu:

»... dass die Laschen eines Schienenstoßes gelöst waren, dass das Ende dieser Schiene stark nach innen abgebogen war und dass längs dieser Schiene eine größere Anzahl von Schraubenmuttern und Schwellenschrauben unbeschädigt lose auf und neben den Schwellen lag. Dass der Beginn der Entgleisung an diesem Stoß zu suchen ist, zeigen die dort beginnenden Anschlagstellen der Räder auf den Schwellen.«

Legte diese erste Feststellung schon die Annahme eines Verbrechens nahe, so fand diese Vermutung durch die weiteren Feststellungen der Eisenbahnbeamten und der Polizei ihre Bestätigung.

»Der Schienenkopf der nach innen verschobenen Anschluss-Schiene zeigt deutlich am freien Schienenende den scharfen Anschlag von Radreifen. Die innere Lasche lag auf der gekuppelten Stoßschwelle zwischen den Schienen, wo auch die Muttern der Laschenbolzen und eine Klemmplatte des gelösten Stoßes vorgefunden wurden. Die Laschenbolzen und zwei unversehrte Schwellenschrauben einer Hakenplatte des gelösten Stoßes lagen ebenfalls auf den Stoßschwellen. Weitere Schwellenschrauben lagen neben der gelösten Schiene. Diese Schrauben und Bolzen waren ganz unversehrt, frische Spuren eines aufgesetzten Schlüssels waren zu erkennen. Die äußere Stoßlasche wurde bisher noch nicht gefunden...«

Zurück zur Nacht der Katastrophe. Unter den Fahrgästen soll Panik geherrscht haben, zumal schlagartig die Zugbeleuchtung erlosch. Nach einer Weile entzündete man einen rasch zusammengetragener Holzstoß, sodass die – übrigens von großen

Das Kleineisen war von den Schwellen gelöst worden und lag noch da. Quelle: Die Reichsbahn

Ortschaften abgelegene – Unglücksstelle ein wenig Licht hatte. Das Zugpersonal des Personenzuges 233 half so gut es ging mit Fackeln und Werkzeug. Ärzte und Helfer waren bald zur Stelle.

Um 4.45 Uhr kam der erste Hilfszug von Lehrte (dem die aus Hannover und Oebisfelde [»Die Reichsbahn« nannte fälschlich Osterfelde] folgten), dessen Mannschaft begann, die Wagen auseinanderzuziehen. Jetzt erst zeigte sich das Ausmaß der Katastrophe. Nicht zwölf Tote lagen in den Trümmern, wie im ersten Bericht der Deutschen Reichsbahn an die Presse gegangen war, auch nicht 21, wie später berichtet, sondern 24!

Wie bereits bemerkt, gingen Bahn und Polizei sogleich von einem Attentat als Katastrophenursache aus. Die Belohnung für die Ergreifung der Täter von 2000 Mark wurde am nächsten Tag von der Generaldirektion der Deutschen Reichsbahn auf 25.000 Mark erhöht. Nach der Erklärung des Generaldirektors Julius Dorpmüller auf der Pressekonferenz entstand das Unglück dadurch, dass jemand auf 15 m Länge die Schienen von den Schwellen gelöst und die Schienen auseinander geschoben hatte. Die zu den Laschen- und Schwellenschrauben gehörenden Schrauben oder Muttern lagen lose auf den Schwellen. Am Bahndamm fand man zwei Steckschlüssel, einen Hemmschuh, der nicht benutzt worden war, und eine Tabakspfeife. In der Nacht hatten die D 12 um 1.13 Uhr, D 16 um 1.36 Uhr und D 174 um 1.52 Uhr die Unglücksstelle durchfahren, sodass für die Tat nicht viel Zeit blieb und mindestens zwei, wenn nicht sogar noch mehr Täter infrage kamen.

Merkwürdig erschien den Journalisten, wie später auch die Zeitung »Die Rote Fahne« bemerkte, dass das Attentat nicht zu einem Raub genutzt worden war. Überhaupt fehlten Erkenntnisse zum Motiv der Tat. Dorpmüller blieb aber bei der Attentatstheorie und meinte, der Unfall habe überhaupt nichts mit dem Personalabbau bei der Reichsbahn zu tun.

Die »Vossische Zeitung« erinnerte an ein ähnliches Verbrechen, »das vor etwa 18 Jahren in der Nähe von Strausberg bei Berlin verübt worden ist. Damals haben Verbrecher, deren Ermittlung leider nicht gelungen ist, auf die gleiche Art einen D-Zug zum Entgleisen gebracht, um die unvermeidliche Panik zu einer Beraubung der Fahrgäste ausnutzen zu können.«

Gemeint war der Anschlag auf den D 6 Insterburg–Berlin am 3. September 1907 bei Rehfelde (Strecke Berlin–Küstrin), nach dem der Zug entgleiste und es einen Toten und neun Verletzte gegeben hatte. Eine Schiene war nach Lösen der Schrauben und anderen Befestigungsmittel aus ihrer Lage gebracht worden. Der Täter, der sich wahrscheinlich zumindest eines Gehilfen bediente, hatte sich am 28. August bei einem Schmiedemeister in Strausberg einen Schraubenschlüssel anfertigen lassen, den er angeblich für die Reparatur seines liegen geblieben Autos benötigte. Der vermutete Täter hielt sich bis zum Attentat mehrmals in einer Gaststätte auf. Er wurde als 23- bis 27-Jähriger mit vielen Einzelheiten beschrieben. Obwohl der Erste Staatsanwalt beim Landgericht III Berlin 5000 Mark Belohnung ausgelobt hatte, ist der oder sind die Täter nie gefasst worden.

Die Zwanzigerjahre waren von einer Vielzahl von Eisenbahnattentaten gekennzeichnet. Ritzau nennt eine Serie von 64 Anschlägen zwischen 1928 und 1931 allein im Umland von Braunschweig, ausgeführt von Fritz Opitz, dem gefährlichsten Verbrecher des Deutschen Reiches, auf dessen Konto weitere 57 Raubüberfälle und etliche Morde gingen. 1937 wurde Opitz zum Tode verurteilt und hingerichtet.

In der »Vossischen Zeitung« war von weiteren Attentaten zu lesen, darunter auch grobem Unfug, wie das Anhalten eines Schnellzuges Berlin–Chemnitz mit der roten Laterne. Ob es sich um Dumme-Jungen-Streiche oder um mehr handelte, wenn Schienen quer über die Gleise gelegt wurden, wer wollte das beurteilen? Solche Taten konnten unbeobachtet und unentdeckt bleiben, weil die Deutsche Reichsbahn aus ihrer Not, Personal abbauen zu müssen, um die Reparationen des Deutschen Reiches für den Ersten Weltkrieg zu zahlen, auf Hauptbahnen den Gang des Streckenwärters von zweimal am Tage und einmal nachts auf einen Gang am Tage reduziert hatte.

Als sich die Ministerialen trafen, um über Vorkehrungen gegen die zunehmende Zahl von Eisenbahnattentaten zu beraten, hieß es natürlich, »dass eine Vermehrung der planmäßigen Streckenbegehung keine Aussicht bieten würde, derartige Vorkommnisse hintanzuhalten.« Anderenfalls hätte man sich eingestehen müssen, dass die eingeschränkten Streckenbegänge eine falsche Entscheidung waren. Nein, gegenüber der Presse verwies die Reichsbahn-Hauptverwaltung auf den seit Jahren besonderen Streifendienst »zur unvermuteten Überwachung der Bahnanlagen« hin. Verschärfung des Streifendienstes und engste Zusammenarbeit zwischen der Kriminalpolizei und Deutscher Reichsbahn sollten helfen, Attentate zu verhindern. Das klang zumindest beruhigend.

Die »Frankfurter Zeitung« schrieb am 4. September 1926:

»Die rasche Aufeinanderfolge von mehr oder weniger schweren Eisenbahnunfällen beginnt dem reisenden Publikum unheimlich zu werden. Es könnte ja wohl ein Zufall sein, dass in den Monaten Juli, August und nun auch schon wieder im September die Unglücksnachrichten sich auffallend dicht aneinander reihen; es ist schon schwerer, in den seit Anfang Mai in steigendem Maße sich häufenden Attentaten harmloser und ernster Art eine Zufälligkeit sehen wollen. Rein gefühlsmäßig lehnt es das Publikum ab, hier noch an das furchtbare Walten eines blinden Zufalls zu glauben, die Zahl der Unfälle erscheint ihm für eine fatalistische, sich selbst beschwichtigende Auffassung zu groß, und es droht sich die Meinung festzusetzen, dass es um die Fahrsicherheit der Eisenbahn schlecht bestellt ist.«

In dieses Horn stieß »Die Rote Fahne«, die die Festnahme oder Verhaftung der vermutlichen Täter des Attentats bei Leiferde hämisch kommentierte. Ohnehin musste die Polizei sie nach einiger Zeit laufen lassen, da man ihnen diese Tat nicht nachweisen konnte. Nach Meinung der »Roten Fahne« am 25. August 1926 konnte man den Attentäter von Leiferde nicht finden, »da es zweifelsfrei feststeht, dass die Ursache des Unglücks kein Attentat ist.« Der Vorsitzende der Reichsbahn-Gesellschaft greife zu dem Attentatsschwindel, um die eigene Schuld zu verbergen.

Demgemäß hieß es in der Interpellation der kommunistischen Reichstagsfraktion:

»Die Entgleisung des Berlin-Kölner D-Zuges ist [...] unzweifelhaft auf sträfliche

Die Bahnbewachung war Sache der Bahnmeisterei. Einige der Bahnwärter liefen regelmäßig Streife und wurden vorübergehend mit einer weißen Armbinde gekennzeichnet. Slg. Hörnemann

Vernachlässigung der Sicherungspflicht der Reichsbahnverwaltung zurückzuführen. [...] Die Beweisführung für ein Attentat der Reichsbahngesellschaft durch den Generaldirektor Dorpmüller ist nicht gelungen. Für ein Attentat liegen absolut keine Gründe vor.«

Für Nachlässigkeiten der Reichsbahn auch nicht.

Die entschloss sich, mit Einzelheiten an die Öffentlichkeit zu gehen – ganz anders als nach der Katastrophe in Eschede am 3. Juni 1998, wo einzelne Journalisten die Umstände um den Intercity-Express und die Radsätze aufdeckten und die Deutsche Bahn AG unter Hinweis auf staatsanwaltliche Ermittlungen jede Äußerung verweigerte. Wen wundert es, wenn die Deutsche Bahn durch ihr Verhalten die Journalisten in Harnisch brachte und die Öffentlichkeit misstrauisch machte. Professionelle Öffentlichkeitsarbeit war das nicht. Ganz anders die Deutsche Reichsbahn nach Leiferde. Die Zeitschrift »Die Reichsbahn« zu den Vorwürfen des vernachlässigten Oberbaus und unzureichender Bahnbewachung:

»Der Oberbau besteht aus 15 m langen Schienen der Form 15 c, die auf 24 kiefernen Holzschwellen und am Stoß auf Breitschwellen gelagert sind. Die unmittelbar an der Entgleisungsstelle liegenden Schwellen tragen das Jahreszeichen 1909 und sind durchaus gut erhalten. Sie sind natürlich unter der Last der entgleisten Lokomotiven und Fahrzeuge erheblich gesplittert, doch zeigen die Reißstellen gesundes Holz. Auch die Gleisstrecken vor und hinter der Entgleisungsstelle sind in durchaus betriebssicherem Zustand. Das Gleis Leiferde–Meinersen ist nach dem Arbeitsprogramm 1926 von km 209,0 bis 209,6, also an der Unfallstelle, in der Zeit vom 4. bis 24. April gründlich durchgearbeitet worden. Dabei wurde auch die Bettung sorgfältig gereinigt. Ebenso sind am Laufwerk der Wagen des D-Zuges und der wieder aufgerichteten Lokomotive keine Mängel festgestellt worden, die die Entgleisung hätten begünstigen können. Der Zug hat die vorhergehende Strecke von Berlin ab in ruhiger, glatter Fahrt zurückgelegt.

Die Unfallstelle ist vor Eintritt des Unfalls vom Streckenwärter letztmalig am 18. August zwischen 9 und 9.30 Uhr vormittags, also etwa 16 1/2 Stunden vor dem

Die inzwischen durch die Automatik ersetzte Blockstelle 169 (Kranzfeld), 62 Jahre nach dem Attentat (1988). Der Blockwärter hatte damals beim Anbringen der Signallaternen nichts Verdächtiges bemerkt.
Foto: Högemann

Unglück begangen worden. Außerdem wurde sie am 18. abends vor Eintritt der Dunkelheit, also etwa 6 1/2 Stunden vor dem Unglück, von dem Bediensteten begangen, dem das Anbringen der Signallaternen der Blockstelle 169 obliegt. Beide Bediensteten haben eine Unregelmäßigkeit am Gleis nicht bemerkt.«

Jetzt musste man nur die Täter finden. Eine Gruppe des Landeskriminalpolizeiamtes Hannover ermittelte unter Leitung des Kriminalkommissars Rätz und eine Sonderkommission des Berliner Polizeipräsidiums unter Leitung des Kriminalkommissars Paul Dost. Wen die Polizei auch festnahm, alle Verdächtigen besaßen ein Alibi; sie waren von Arbeitskollegen oder einer eifersüchtigen Braut bezichtigt worden. Das Werkzeug am Unfallort gehörte der Deutschen Reichsbahn, gab also auch keinen Hinweis auf die Täter, ebenso wenig nutzten die Hinweise der Bevölkerung, wenn auch die Polizei die Öffentlichkeit zu beruhigen versuchte, man habe drei neue Spuren, zwei davon wären sehr aussichtsreich.

Die Hoffnung, die Kriminellen zu finden, schwand zunehmend – bis wieder einmal der »Kommissar Zufall« half. Der hieß Harry Schröder und war ein jugendlicher Landstreicher. Er meldete sich am 6. September auf der Bahnhofswache Hannover und erzählte seine Geschichte.

»Ich bin tagelang mit einem Willy Weber aus Schötmar in Westfalen unterwegs gewesen. Er ging mit mir zur Grabstelle seines Vaters und war danach ganz verändert. Plötzlich sagte Weber zu mir: ›Ich habe mit der Leiferder Sache zu tun.‹ Wir haben uns dann getrennt. Ich glaube, er wollte nach Berlin weiter.«

Die Polizei setzte Harry Schröder sofort fest und holte sich in Schötmar die Personalien des Willy Weber. Dabei wurde ihr mitgeteilt, Weber habe einen Bruder Walter, der sich in Hannover aufhalte. Kriminalkommissar Rätz suchte den Walter Weber und erfuhr, der Bruder habe eine Postkarte geschrieben und wollte sich am 6. September um 19 Uhr im Wartesaal des Potsdamer Bahnhofs in Berlin mit ihm treffen. Das war der Abend, an dem Rätz noch mit Walter Weber in Hannover sprach. Rätz flog deshalb eiligst nach Berlin, überwachte mit Polizeibeamten den Wartesaal, doch Willy Weber erschien nicht.

Willy Weber (1) und Otto Schlesinger (2) werden zur Unglücksstelle gebracht. Slg. Preuß

Der besaß sicherlich kein Geld und musste wohl oder übel in einem Obdachlosenasyl übernachten. Also fahndete man in den Asylräumen und fand ihn schlafend in einem Saal in der Fröbelstraße. Mit ihm war der einundzwanzigjährige Musiker Otto Schlesinger aus Stuttgart. Beide mussten ins Polizeigefängnis und wurden am nächsten Morgen vernommen. »Nein, mit der Leiferder Sache haben wir nichts zu tun«, bestritten sie die Vorwürfe.

Die Kriminalpolizei hatte gegen sie nichts in der Hand, zumal der Informant nur Willy Weber genannt hatte. Zur Freude der Ermittler ließ sich Schlesinger am Morgen des 7. September vorführen und sagte: »Ich will ein Geständnis ablegen!« Schlesinger hatte Weber am 3. Juni 1926 im Obdachlosenasyl in Friedrichshafen kennen gelernt und war mit ihm quer durch Deutschland gezogen. Der Tagesablauf war immer der Gleiche: Wandern, betteln, hungern. Wie sie so beisammen waren, kamen die Gedanken, die schier aussichtslose Situation zu ändern. Angeblich wollen sie nach einem Bad in der Andernach überlegt haben, ob sie nicht durch ein Verbrechen – Diebstahl von Autos, von Autoreifen, Einbruch in einem Postamt – zu Geld kommen könnten. Den Postwagen eines Zuges zu berauben, auf diese Idee soll sie bei Münster ein Handwerksbursche gebracht haben, »der den Eindruck eines ausgesprochenen Verbrechers machte«. Er hätte auch, so Schlesinger, von seinen »Heldentaten« erzählt und von einem Raub, der in einem Eisenbahnzug begangen worden sei, wobei den Räubern drei Millionen Mark in die Hände gefallen wären.

Aus solchem Bericht wuchs der Plan, und er nahm erst recht Gestalt an, als die Bettler das reich geschmückte Paderborn sahen, im Wohlfahrtsamt aber bei der Bitte um Essenkarten schroff abgewiesen worden waren. In den nächsten beiden Nächten mussten sie auf freiem Feld schlafen und kamen immer mehr in Wut über die Ungerechtigkeit der Welt, bis Schlesinger sagte: »Wir machen es jetzt, damit es uns besser geht!«

Helfen sollte Webers Bruder, der Elektriker, der 1925 bei Eisenbahnbauten gearbeitet hatte, aber erst nach dem 29. Juli zur Verfügung stand. Denn er saß wegen schweren Einbruchdiebstahls in der Strafanstalt Detmold. Dort holten sie ihn ab und besprachen die Einzelheiten, wie man den entgleisten Zug ausrauben könne. Die größte Beute versprachen sie sich von einem internationalen Zug. Sie verschafften sich eine Karte von der Umgebung Hannovers und stahlen auf dem Reichsbahngelände Schraubenschlüssel und einen Hemmschuh.

Den Hemmschuh legten sie in der Nacht vom 15. zum 16. August auf die Schiene an der späteren Unfallstelle, doch der Bahnräumer der Lokomotive vor dem Schnellzug Berlin–Amsterdam warf den Hemmschuh von der Schiene. Drei Nächte später gelang der Anschlag. Die Täter bekamen Angst und wagten sich nicht an den entgleisten Zug. Ohne etwas zu erbeuten, wanderten sie weiter.

Kommissar Rätz hatte das Geständnis Schlesingers, Kommissar Dost am Nachmittag das Webers, das mit dem von Schlesinger übereinstimmte. Beide glaubten, Walter Weber habe sie »verpfiffen«, Bruder Willy sagte deshalb noch aus, Walter sei »von der geplanten Kiste« genau unterrichtet gewesen, worauf auch er verhaftet wurde. Wie in anderen Fällen buchte sich die Polizei die Aufklärung zu, als Musterbeispiel ihrer kriminalistischen Tätigkeit (Der Steuerzahler soll doch wissen, wo sein Geld bleibt). Das war, wie wir wissen, keineswegs so, sondern die Redseligkeit Willy Webers gegenüber dem Wanderburschen Schröder hatte zu den Tätern geführt. Alles andere war Routine.

Am Morgen des 8. Septembers 1926 wurden Otto Schlesinger und Willy Weber mit ihren Habseligkeiten, von der Öffentlichkeit unbemerkt, in getrennten Abteilen des D 4 nach Hannover ins Untersuchungsgefängnis gebracht. Am 11. September kam es um 8.30 Uhr zum Lokaltermin am Tatort. Während Schlesinger zeigen musste, wie sie am Gleis entlanggegangen waren und die Schwellenschrauben gelöst hatten, blieb die Polizei mit Willy Weber abseits im Wald, damit er nicht hören konnte, was sein Komplize sagte.

Bei diesem Lokaltermin erfuhr die Polizei weitere Einzelheiten der Tatausführung. Am 8. August 1926, einem Sonntag, hatten sie sich in Lehrte von Walter Weber getrennt und danach am Weg von Dahldorf nach Gifhorn gelagert. Am 9. August beobachteten sie die Züge, und am 13. August wanderten sie nach Braunschweig und zurück. Von einem Braunschweiger Bahnhof war der im Rucksack getragene Hemmschuh, mit dem der Anschlag in der Nacht vom 15. zum 16. August misslang. Nun musste neues Werkzeug beschafft werden. In den Blockstellen 168 und 170 fanden sie in der Nacht zum 17. August zwei Schraubenschlüssel. Mit diesen lösten sie die Laschen- und Schwellenschrauben und versuchten, eine Schiene nach innen zu biegen. Wenn sie durch ein Licht oder ein Geräusch darauf aufmerksam wurden, dass ein Personen- oder Güterzug nahte, mussten sie ihre Arbeit unterbrechen und liefen hinter ein Gebüsch, um nicht aufzufallen. Endlich, so glaubten sie, war es geschafft, in den Schienen klaffte eine Lücke. Zu ihrer Verwunderung fuhr der Amsterdamer Zug über die Stelle, ohne dass er entgleiste. Jetzt machten sie sich erneut am Gleis zu schaffen, vergrößerten die Lücke auf einen handbreiten Spalt. Die Entgleisung gelang beim nächsten Zug.

Die Ausführungen der Verhafteten stimmten mit dem rekonstruierten Ablauf des Attentats überein. Danach brachte man sie zum Bahnhof Meinersen, wo die Trümmer des Unfallzuges lagen. Auch das gefundene Werkzeug war dort aufbewahrt. Mit dem sollten sie demonstrieren, wie sie am Gleis gearbeitet hatten. Schlesinger zeigte eine in sich gekehrte Haltung, während Weber vor sich hin weinte. Das Ergebnis dieser Ermittlungen war: Das Attentat war in allen Einzelheiten vorbereitet worden, die Beiden waren nicht erst durch den Fund eines Schraubenschlüssels auf die Idee gebracht worden, wie sie zunächst behauptet hatten. Mit dem Bruder Walter hatten sie im Wartesaal 3. und 4. Klasse des Bahnhofs Lehrte den Aushangfahrplan gelesen, um zu erfahren, welche Züge in der Nacht über die Strecke fuhren. Auf den Schnellzug Berlin–Amsterdam waren sie gekommen, weil sie meinten, der Postwagen eines internationalen Zuges enthalte erhebliche Werte. Mit der erhofften Beute von 300.000 bis 400.000 Mark wollten sie sich ins Ausland absetzen.

Alles, was die Verhafteten aussagten, ließ den Schluss zu, dass sie sich mit den Folgen des Attentats abgefunden hatten, mit Toten und Verletzten. Deshalb klagte sie der Staatsanwalt in Hildesheim wegen Transportgefährdung und wegen Mordes an. Die Hauptverhandlung fand am 3. und 4. November 1926 vor dem Schwurgericht des Landgerichts Hildesheim statt.

Vorsitzender Landgerichtsdirektor Dr. Kämmerer: »Und dann kam der Zusammenstoß?« (sic!)

Schlesinger: »Ja, wir hörten nur ein Schwirren und Schieben und einen Schrei, wie wenn einer Schmerzen hat. Im Verhältnis zu dem, was wirklich passiert ist, war es kein großer Radau. Aber in dem Moment, wo wir hörten, dass Menschen schreien, war auch schon der Plan von uns fallen gelassen und wir liefen fort. Dann sagte ich zu Willy: ›Wir wollen aber doch sehen, was geschehen ist.‹ […] Wir sind fortgegangen und haben uns gen Berlin gewendet.«

Je größer ihre Notlage geworden war, desto zwingender wurde der Gedanke an das Verbrechen. Als es geschehen war, bemerkten die Täter schlagartig, was sie angerichtet hatten. An den Postwagen und das viele Geld dachten sie nicht mehr. Sie rannten weg, um der Strafe für ihr Verbrechen zu entgehen.

Die weiteren Vernehmungen brachten keine neuen Erkenntnisse, gaben auch keine Antwort auf die Frage, wer der geistige Urheber des Attentats war. Walter Weber kämpfte um seine Unschuld. Natürlich durfte auch der Sachverständige nicht fehlen, der in Gestalt des Sanitätsrats Mönkemüller, Direktor der Landesirrenanstalt, die drei Angeklagten für voll zurechnungsfähig hielt und sich über den sozialen Abstieg durch Arbeitslosigkeit ausließ:

»Bei dem unsteten Leben der Deklassierten ist hauptsächlich damit zu rechnen, dass sich ihre Verbitterung in verbrecherischen Taten Luft macht […] Wenn auch schwere Hungererscheinungen manchmal Zustände von Geisteskrankheit auslösen, scheinen sich nach ihren eigenen Schilderungen die beiden Angeklagten Schlesinger und Willy Weber doch nicht in einem solchen Zustand befunden zu haben, die ihre Willenskraft so entscheidend hätte stören können, dass sie der Verführung zu dem Verbrechen nicht hätten Widerstand leisten können.«

Diese und andere Ausführungen verleiteten den Berichterstatter der »Vossischen Zeitung« dazu, den Sachverständigen zu begutachten:

»Der Sachverständige ist eine eigene Betrachtung wert: In dreißig Jahren Berufsarbeit, sagt er, sind ihm Tausende von Fürsorgebedürftigen durch die Hände gegangen. Und man erwartet danach, diese Hände müssten feine Nerven für solche gefährliche Gefährdete haben. Aber er gebraucht abgenutzte Sprachbehelfe: ›Psychopath‹, ›normal‹, ›nervös‹, wie ein ungelernter Arbeiter sein Handwerkszeug. Und gibt statt des Schlüssels zur Tat die Aufforderung, kein Mitleid zu zeigen. Als einer der Verteidiger ihm – endlich doch – sagt, er sei ›mindestens einen zweiten Staatsanwalt wert‹, ist er in zwei Tagen der Erste im Saal, der laut gelacht hat.«

Der Anklagevertreter beantragte gegen Schlesinger und Willy Weber wegen des in der ersten Nacht versuchten Verbrechens des Mordes und der Transportgefährdung fünf Jahre Zuchthaus, wegen des in der zweiten Nacht begangenen Verbrechens des vollendeten einundzwanzigfachen Mordes und der vollendeten Transportgefährdung die Todesstrafe. Walter Weber kam wegen Beihilfe zum Mord und zur Transportgefährdung mit vier Jahren Zuchthaus davon.

Das Urteil lautete bei Schlesinger und Willy Weber antragsgemäß, bei Walter Weber aber – nicht wegen Beihilfe, sondern wegen Nichterstattung der Anzeige eines drohenden Kapitalverbrechens – auf zwei Jahre Gefängnis, auf die vier Monate der Untersuchungshaft angerechnet werden sollten.

Zur Vollstreckung der Todesstrafe kam es nicht. Otto Schlesinger und Willy Weber hatten am 17. Januar 1927 gegen das Urteil Revision eingelegt, über die das Reichsgericht verhandelte. Demgegenüber hatte der Vertreter der Reichsanwaltschaft die Verwerfung der Revision beantragt. Das Reichsgericht folgte diesem Antrag und verwarf die Revision als unbegründet. Jetzt blieben nur die Vollstreckung der Todesstrafe oder ihre Wandlung in eine Freiheitsstrafe auf dem Gnadenweg. So entschied das Preußische Staatsministerium am 27. Mai 1927 nach einem Vorschlag des Justizministers Dr. Schmidt. Die Todesstrafe wurde in lebenslängliches Zuchthaus umgewandelt.

Das Attentat von Leiferde hatte zwei Richtungen der Presse und der Öffentlichkeit verdeutlicht: Die so genannte Linkspresse, die Kommunisten und linken Sozialdemokraten glaubten nicht an ein Attentat, gossen Hohn und Spott auf den DR-Generaldirektor Dorpmüller und traten schließlich gegen die Todesstrafe auf. Die Rechten und Nationalen dagegen etikettierten Schlesinger allein wegen seines Namens als »jüdischen Massenmörder«, warfen der jüdischen Presse Gewissenlosigkeit vor und bezeichneten den Gnadenakt als »Wohltat für die Verbrecher«. Wie schrieb die Berliner Börsen-Zeitung? »Das Gericht in Hildesheim hat zwei Todesurteile gefällt. Man darf ruhig sagen – ohne dass darin ein Werturteil vorhanden ist –, dass das Urteil aus dem Willen zur Todesstrafe hervorgegangen ist, nicht aus eiskalter Gesetzesanwendung, die unserer Meinung nach zu anderem Beschluss hätte führen müssen.«

Das Attentat von Leiferde beschäftigte viele Menschen, schon wegen der vielen Toten und der Sinnlosigkeit des Anschlags, der den Tätern nicht einmal für kurze Zeit etwas gebracht hatte. Es inspirierte sogar einen unbekannten Poeten zum Gedicht »Des eisernen Pferdes Ende«. Aus ihm eine Kostprobe:

[...] Bedrückend still, ja unheimlich stumm
Der Erlenbruch droht, die Nebel brauen,
Kein Zweig, kein Blatt regt sich ringsum,
Als hielt den Atem es an vor Grauen.
Des fernen Dorfes Kirchturm schlägt
Die nachmitternachtliche Geisterstunde,
Der Nachtwind die Töne herüberträgt,
Weithin verschwimmend in einsamer Runde.
Doch horch – was war's? – es knackt im Gebüsch –
Sahst du's nicht auch? – Jetzt hier – jetzt dort,
Als ob ein Wesen vorüberschlich,
Nichts Gutes sinnend, vielleicht gar – Mord?
Gar Mord? – Wo niemand weit und breit?
Nur Heide und Moor, wacholderbedeckt?
Im nahem Schilf ein Vogel aufschreit –
Was war's, was ihn im Schlaf erschreckt?
[...]
Kaum ist zur Seite die Schiene geklemmt.

Der Räder Takt von neuem erschallt.
Und näher es graust – und näher es dröhnt,
Vier ruchlose Augen im Dunkeln lauern.
Der eiserne Pfad ohnmächtig stöhnt,
Und durch die Erlen zittert ein Schauern.
Nun ist es da, das eiserne Pferd,
Gefolgt von schimmernder Fenster Reih'n –
Jetzt bäumt es sich auf, vom Wege gezerrt,
Und bohrt sich tief in das Erdreich hinein.
Ein Krachen, ein Knirschen, ein einziger Schrei,
Ein Stürzen, ein Wälzen, ein Splittern, Verwunden –
Erlöschende Lichter – dann ist es vorbei –
Und lähmendes Schweigen herrscht für Sekunden. [...]

O. F. Heinrich verwendete das Leiferder Attentat als Stoff für ein Jugendbuch, in dem Paul, Sohn eines Blockwärters, der Held ist, der ein Attentat auf den FD 122 verhinderte und nicht nur 1000 Mark Belohnung erhält, sondern auch auf Kosten der Bahn die technische Laufbahn einschlagen darf.

Dass in den Zwanzigerjahren schnell Spartakisten, Kommunisten oder die Kommunistische Partei als Drahtzieher oder sogar als aktive Täter von Attentaten verdächtigt wurden – nach dem Anschlag von Biatorbagy (siehe 4. Abschnitt) wurden sogleich die ungarischen Kommunisten bezichtigt –, soll nicht verwundern. Es half nichts, wenn kommunistische Funktionäre jede Gelegenheit nutzten, um solche Vorwürfe zurückzuweisen und die Ursache von Zugentgleisungen als Ausgeburt des »Systems«, des kapitalistischen Ausbeutersystems, zu brandmarken.

In Deutschland hatte man Erfahrungen mit revolutionären Aktionen gegen die Bahn. Leider fehlt es an einer objektiven Analyse der so genannten Märzkämpfe. Lebenserinnerungen sind bei der Frage von Schuld und Ursache wenig hilfreich. Jeder dreht die Geschichte so zurecht, wie sie in sein Weltbild passt.

Auch Karl Heiges. Der Hauptmann des Ersten Weltkriegs hatte nach der Demobilisierung seine Waffen behalten und bildete in Stuttgart den so genannten Bahnschutz, wozu ihn der Reichsverkehrsminister für das gesamte Reichsgebiet beauftragte. Heiges, der Feind der Kommunisten und der Unabhängigen Sozialdemokraten, erinnerte sich an die Angriffe von »Hunderten von Daimlerarbeitern«, die anlässlich des so genannten Reichssteuerstreiks 1920 in den Bahnhof Untertürkheim

Den Bahnschutz »zur Sicherung der Transporte« gab es bereits während des Ersten Weltkrieges, wie dieses Produkt-Sammelbild zeigt. Über die Brücke fahren die begeisterten Mobilisierten.
Slg. Hörnemann

Die Entgleisung des Personenzuges bei Gröbers soll auf das Konto Gerhard Thiemanns gegangen sein.
Slg. Bundesarchiv

eingedrungen seien, die Stellwerke besetzten, Schranken abschraubten und Weichen beschädigten. Die Arbeiter wollten die Eisenbahner zwingen, sich am Streik zu beteiligen.

Heiges ließ den schwer bewaffneten »Bahnschutz- und Wiederherstellungszug« auffahren und den Bahnhof räumen. Diese Wiederherstellungszüge hatten nichts, wie man meinen könnte, mit Reparaturen zu tun, sie waren (wegen der durch das Versailler Diktat angeordneten Demilitarisierung getarnte) Panzerzüge, die bald überall in Deutschland gegen Streiks, Aufstände und auch Anschläge auf den Eisenbahnverkehr eingesetzt werden sollten.

Heiges schrieb:

»Die Bahnhofsgebäude, eine Brücke sowie die Betriebsgleise in Hettstedt und Ammendorf waren gesprengt worden, ebenso die Eisenbahnbrücken bei Amsdorf und Oberröblingen. Die Strecke bei Gröbers war zerstört, ein Personenzug entgleist. Nach Max Hoelz' Memoiren ging der Anschlag mit fünf Toten und zahlreichen Verletzten unter den Reisenden und Eisenbahnern vermutlich auf das Konto Gerhard Thiemanns, eines Kommandeurs der Aufständischen. Das Attentat soll im Zusammenhang mit einem schweren Gefecht mit der Polizei gestanden haben. In Mitteldeutschland brodelte der Aufruhr, ganz Deutschland lag in Unruhe und Fieber. Die Reichsbahn hatte durch die kommunistischen Anschläge gegen Betrieb und Anlagen einen Sachschaden von 13 Millionen Goldmark erlitten.«

Wie kam es dazu? Die so genannte Novemberrevolution 1918 war keine, wurde jedenfalls von den revolutionären Elementen der Sozialdemokratischen Partei nicht als solche angesehen. Zumindest gab es in Deutschland ein Potenzial, das sich mit den Verhältnissen nach Ablösung des Kaiserreichs nicht abfinden und gegen die neue Ordnung kämpfen wollte. Im März 1921 schien sich eine Gelegenheit dazu zu bieten. Im Bergwerksgebiet des Mansfelder Landes (Provinz Sachsen) lebte eine besonders radikale und entschlossene Arbeiterschaft, die wiederholt mit der örtlichen Obrigkeit Konflikte hatte. Otto Hörsig, Oberpräsident der Provinz Sachsen (SPD), schickte am 18. März 1921 schwer bewaffnete Polizei in das mitteldeutsche Industriegebiet mit der Legende, Diebstähle zu verhindern, tatsächlich jedoch, um die Arbeiter zu entwaffnen. Die Bergarbeiter betrachteten den Einmarsch der Staatspolizei als Provokation und griffen zu den Waffen (meist stammten sie aus den russischen Kriegsgefangenenlagern).

Max Hoelz wurde geholt, der in Sachsen bei der Niederschlagung des Kapp-Putsches bereits legendär geworden war, und er übernahm die Führung des Aufstandes. Die Zentrale der Kommunistischen Partei Deutschlands (KPD) hatte ihn nicht dazu veranlasst, ihre Funktionäre distanzierten sich wiederholt von Gewaltanwendung als politisches Mittel. Es gab jedoch in ihren Reihen radikale und anarchistische Personen, die durch ihre Taten ihrer Partei großen Schaden zufügten, besonders jene, die sich in der 1920 abgespaltenen Kommunistischen Arbeiterpartei (KAP) sammelten. Zu den umstrittenen Personen gehörte Max Hoelz. Verhängnisvoll war der Wechsel im KPD-Parteivorstand, als Heinrich Brandler Vorsitzender wurde und die Zentrale unter seinem Vorsitz zum Generalstreik aufrief. Sie hoffte, die sozialdemokratischen Arbeiter würden sich mitreißen lassen. Doch die große Massenerhebung blieb aus. Dafür breitete sich der bewaffnete Aufstand aus, brach aber schließlich an seiner völligen Aussichtslosigkeit zusammen.

So viel zum Hintergrund, wenn es um die schweren Attentate auf Fahrzeuge und Anlagen der Deutschen Reichsbahn geht. Bei Ritzau »Katastrophen«, Teil II, finden sich folgende Einträge:

»In derselben Nacht[1] wurde südlich Halle zwischen Merseburg und Ammendorf ein Attentat verübt. An den Schienensträngen beider Richtungsgleise waren Schwellenschrauben und Laschenverbindungen gelöst worden, sodass unmittelbar nacheinander zwei Güterzüge entgleisten und abstürzten.« Es soll drei Tote und sechs Verletzte gegeben haben.

Weiter bei Ritzau: »Das war der Auftakt zum zweiten kommunistischen Aufstand in Mitteldeutschland und zur Fortsetzung der Kämpfe des Vorjahres, wiederum von Max Hölz[2] an der Spitze organisiert. Diesmal ging er beinahe strategisch vor. Unter anderem ließ er außer den genannten und weiteren Stör- und Plünderungsaktionen mit einem Teil seiner Kampfverbände am 26. 3. 1921 Bf Sangerhausen besetzen. Die Reichswehr konnte umständebedingt nicht sofort eingreifen, und auch die neu gebildete Schupo (Schutzpolizei) war durch Ge- und Verbote der alliierten Kommission in ihren Aktionen eingeschränkt. Alles in allem rechneten die Führer der Aufständischen mit einer erfolgreichen Aktion, wenn sie das Aufstandsgebiet durch Sabotageakte und Besetzung von Bahnhöfen wichtiger Zufahrtsstrecken abriegeln konnten. In Sangerhausen rettete ein Bahnschutzkommando aus dem Stuttgarter Raum die Lage, wobei es auf beiden Seiten eine beträchtliche Zahl Toter und Verletzter gab. Nach Heranführung staatlicher Kampftruppen wurde auch dieser Aufstand niedergeschlagen.«

Nach Heiges kam der Bahnschutz- und Wiederherstellungszug »Uhland« (benannt nach einem SA-Führer!) unbehelligt am Karfreitag 1921 um 15.40 Uhr am Bahnsteig 3

1 am 16. März 1921
2 In der Literatur findet man die Schreibweise Hölz, in den Memoiren nur Hoelz.

In Ammendorf – später in Halle (Saale) Süd umbenannt – hatten Aufständische das Empfangsgebäude schwer beschädigt und die Gleise unbefahrbar gemacht. Slg. Preuß

in Sangerhausen an, wo der »Kommunistenführer Hölz sich zu einem Osterraubzug mit etwa 500 auf Lastkraftwagen heranbeförderten Kommunisten niedergelassen [hatte]«. Hölz hatte folgende Bekanntmachung auf rotem Papier in Sangerhausen anschlagen lassen [...]:

»Diktatur des Proletariats!

Ich habe mit meinen Truppen den Ort besetzt und verhänge das proletarische Standrecht. Das heißt: Dass jeder Bürger erschossen wird, der sich nicht den Anordnungen der militärischen Oberleitung fügt. Im selben Augenblick, wo mir gemeldet wird, dass Sipo oder Reichswehr im Anmarsch ist, werde ich sofort die ganze Stadt anzünden und die Bourgeois abschlachten, ohne Unterschied des Geschlechts und Alters. Solange kein Sipo oder Reichswehr anrücken, werde ich das Leben der Bürger und ihre Häuser schonen.«

Wie Heiges schrieb, hatten die Männer um Hoelz die Banken gebrandschatzt[3], Geiseln genommen und das Postamt geplündert, bis der Bahnschutzzug »überraschend« einfuhr. »Auf dem Bahnhof herrschte das gewöhnliche Leben und Treiben. Reisende stiegen ein und aus. Ein Personenzug stand Richtung Nordhausen abfahrbereit.« Also kein Grund zur Aufregung. Wo lag die Gefahr? Heiges ließ sofort das Bahnhofsgebäude mit drei leichten Maschinengewehren und einem Halbzug Aulendorfer besetzen mit dem Befehl, das Bahnhofsgebäude unter allen Umständen zu halten. »5 Minuten später erhielt ich Meldung, dass der Bahnhof mit Vorplatz gesäubert und besetzt sei.« Als die Bahnschutzpolizisten den Bahnhof »deckten«, auf dem ganz normaler Rangierbetrieb herrschte, soll es zur Schießerei gekommen sein.

Wer hatte angegriffen? Fühlten sich die Aufständischen provoziert? Was ist die Wahrheit? Erst durch das militärische Gehabe der Stuttgarter Bahnschutzleute eskalierte die Situation. Unverantwortlich, wie man meinen könnte, da die Reisenden nicht einmal gewarnt worden waren. Dort am Bahnsteig 3 soll es auch, als die Schüsse fielen, zur Panik gekommen sein. Zu dieser Zeit rangierte der »Wiederherstellungszug« über den Bahnhof, und die Besatzung schoss überallhin, wo sie die Schützen der Kommunisten vermutete. Damit brachte sie sich selbst in Gefahr. Bis zum Einbruch der Nacht dauerte die Auseinandersetzung, und die Württemberger erlitten starke Verluste (mindestens einen Toten und 22 Verletzte). Das ist natürlich ein Widerspruch zu den markigen Worten des »Strategen« Karl Heiges am Beginn seiner Schilderungen über den Kampf in Sangerhausen: »Hölz nahm schleunigst Reißaus!« Wieso sich angesichts dieser Flucht die Besatzung des Zuges tapfer und zäh behaupten musste und einen Toten sowie 22 Verwundete hatte, diese Erklärung blieb er uns in seinem Buch schuldig.

Bevor ich aus den Erinnerungen von Max Hoelz zitiere, wenige Bemerkungen zum »kommunistischen Aufstand«, wie ihn Ritzau bezeichnete. Im Kampf gegen den Kapp-Putsch spielte Hoelz eine durchaus positive Rolle, denn er veranlasste die Bewaffnung der Arbeiter im Vogtland zum Kampf gegen den Staatsstreich. Ohne die Bewaffnung wäre der Generalstreik kaum erfolgreich gewesen. Doch danach hatten es die Gegner leicht, Hoelz als Bürgerschreck hinzustellen, als er auf drastische Weise reiche Bürger um ihr Vermögen brachte.

Nach den Kämpfen wurden etwa 6000 Verdächtige verhaftet, rund 4000 zu beträchtlichen Freiheitsstrafen verurteilt, Max Hoelz zu lebenslanger Haft. Aus der während der Haft verfassten Autobiografie einige Auszüge:

»In der Mittagsstunde des 24. März fuhr ich mit den Mannschaften auf Lastautos nach Hettstedt. […] Die Zugänge zur Stadt waren von den Grünen versperrt. Es entwickelte sich ein scharfes Gefecht, das bis in die Abendstunden dauerte und bei dem es uns gelang, den Gegner in das Zentrum der Stadt zurückzudrängen. Hier ergab sich die Notwendigkeit zu den ersten Sprengungen, die wir ausführten.

Durch den Feldstecher sah ich, wie auf dem Bahnhof Hettstedt eine Lokomotive unter Dampf gesetzt wurde, obwohl der ganze Betrieb lahm gelegt war. Meine Vermutung, dass die Sipo unter dem Schutze einer Lokomotive einen Vorstoß gegen uns machen wollte, erwies sich als richtig. Mit zwei Mann meiner Begleitung legte ich ein paar fertige Bomben unter die Eisenbahnschienen, um im Augenblick des

3 Das heißt, die Banken wurden erpresst: Entweder sie bezahlten oder sie wären in Brand gesteckt worden. Heute wird »Brandschatzen« oft falsch im Sinne von »Anzünden« verwendet.

Bei den so genannten Märzkämpfen zerstörten der Trupp um Max Hoeltz das Empfangsgebäude von Hettstedt. Slg. Bundesarchiv

Heranrollens der Lokomotive die Bomben zur Entzündung zu bringen. […] Ich war kaum dreißig Meter von dem Bahndamm entfernt, als eine furchtbare Detonation erfolgte und neben großen Steinen und Holzsplittern ein über zwei Meter langes Gleisstück in die Höhe schwirrte und knapp einen Meter vor mir sich senkrecht in den weichen Ackerboden spießte. Der Zweck der Sprengung war erreicht. Die Grünen mussten sich […] zurückziehen. […]

Mit zehn Lastautos, zum Teil mit Anhängern, sowie auf Wagen und zu Fuß rückten wir Mittwoch, den 26. März, in Sangerhausen ein. Meine Absicht war, diesen Ort nur als Durchgangsstation auf dem Marsch nach Halle zu benutzen. […] Kaum eine halbe Stunde nach unserem Eintreffen erhielten wir den unerwarteten Besuch eines mit württembergischen Zeitfreiwilligen besetzten Panzerzuges. Obwohl wir während der vergangenen Nacht im schwersten Kampf gestanden und die Arbeitersoldaten nicht eine Stunde Ruhe gehabt hatten, ergriff jeder mit Begeisterung die Waffen.

Die Besatzung des Panzerzuges war ausgeschwärmt und hielt das Gelände um den Bahnhof besetzt. Die tapferen Schwaben verwendeten reichlich viel Munition, während wir die allergrößte Sparsamkeit üben mussten, da wir empfindlichen Mangel daran litten. Nach vierstündigem Gefecht zogen sich die Zeitfreiwilligen in ihren Panzerzug zurück. Wir erbeuteten einige Gewehre und ein Maschinengewehr. Der Gegner hatte erhebliche Verluste; wir einen Toten und mehrere Verwundete.«

Um an die von der Polizei benutzte Artilleriemunition zu gelangen, marschierte die Hoelz-Einheit von Sangerhausen nach Schraplau und am 28. März in Richtung Halle. In Ammendorf, einem Vorort von Halle, kam es zu schweren Gefechten, und viele der Aufständischen wurden gefangen genommen.

6. Misera u. a. – politische Strafjustiz in der DDR?

Die Rechtsprechung der Nachkriegsjahre in der Sowjetischen Besatzungszone bzw. in der DDR war vom Recht der Sieger, von dem der sowjetischen Besatzung, gezeichnet. Sofern es unmittelbar nach dem 8. Mai 1945, dem »Tag der Befreiung«, zu Gerichtsverhandlungen kam, galt das sowjetische Recht mit den Einschränkungen für den Angeklagten und den in der UdSSR üblichen drakonischen Strafen. »Verhandelt« wurde vor sowjetischen Militärgerichten, und als die Verfolgung der Delikte Sabotage, Spionage und Diversion an die Justizorgane der DDR überging, war den Beschuldigten und Angeklagten nicht mehr gedient, denn die Ermittlungsorgane (Polizei, Staatssicherheit, Staatsanwaltschaft) und die Gerichte der DDR waren zumindest bis nach 1960 von der sowjetischen Justiz beeinflusst. Sachbeschädigungen wurden als Sabotage oder Diversion bewertet, die Schuldform Fahrlässigkeit kam kaum vor, vorherrschend wurde Vorsatz unterstellt.

Dementsprechend skeptisch müssen wir Berichte von Straftaten aus jener Zeit lesen. In der 1987 von der Kommission Betriebsgeschichte der Reichsbahndirektion Berlin herausgegebenen Broschüre »Überblick der Entwicklung des Reichsbahndirektionsbezirks Berlin 1945 bis 1955« wurde auf Seite 77 der Text ohne Korrektur oder Kommentar zeitgenössischen Zeitungen entnommen:

»Die Störtätigkeit gegen die Eisenbahn in der DDR kam verstärkt auch durch Attentate zum Ausdruck. Am 23./24. Mai 1952 fand vor dem I. Strafsenat des Obersten Gerichts der DDR der Prozess gegen die Burianek-Bande, eine Terroristengruppe der Westberliner ›Kampfgruppe gegen Unmenschlichkeit‹, statt. Sie hatten die Sprengung der Eisenbahnbrücke bei Erkner (Strecke Berlin–Frankfurt [Oder] - E. P.) *vorbereitet. J. Burianek wurde zum Tode verurteilt. Auf dem Rangierbahnhof Wustermark wurde Heinz Woithe angeheuert. Um den Jahreswechsel 1953/54 gab es eine Serien von Unfällen und Wagenbeschädigungen. Zwölf Wagen mit Schlachtvieh, Medikamente und Streichhölzer brannten aus. Am 24. Oktober 1954 wurde durch das Bezirksgericht Frankfurt Erich Kutzner wegen terroristischen Sabotageakt zum Tode verurteilt. Als Weichenwärter hatte er auf dem Bf Fürstenwalde* (Strecke Berlin–Frankfurt [Oder] - E. P.) *bewusst durch falsche Weichenstellung den Zusammenstoß eines Güter- und Personenzuges veranlasst. Ziel dabei war, einen sowjetischen Urlauberzug auflaufen zu lassen.«*

Gefährlicher Saboteur zum Tode verurteilt

Das Bezirksgericht Frankfurt (Oder) verurteilte den ehemaligen Reichsbahnangestellten Erich Kutzner wegen terroristischer Sabotageakte zum Tode.

Der Verbrecher Kutzner hatte in der Nacht vom 23. zum 24. Oktober 1954 als Weichenwärter durch bewußt falsche Weichenstellung auf dem Bf Fürstenwalde den Zusammenstoß eines Güter- und eines Personenzuges veranlaßt. Dabei fand ein Lokheizer den Tod, zwölf Güterwagen wurden völlig zerstört und die beiden Lokomotiven wurden beschädigt.

Der Anschlag wurde, wie Kutzner in der Verhandlung zugab, mit dem Ziel vorbereitet, einen wenige Minuten später einlaufenden sowjetischen Urlauberzug auf die Trümmer der beiden zerstörten Züge auflaufen zu lassen. Dadurch sollten Hunderte sowjetische Soldaten ums Leben gebracht werden.

In der Gerichtsverhandlung bestätigte Kutzner, daß er den verbrecherischen Anschlag schon wochenlang sorgfältig vorbereitet hatte und in der Nacht zum 24. Oktober den geeigneten Moment für sein Verbrechen gekommen sah.

Über weitere Einzelheiten dieses verbrecherischen Anschlages werden wir noch ausführlicher berichten.

In diesem Zusammenhang erscheint es notwendig, noch einmal besonders darauf hinzuweisen, daß in der Entschließung der ökonomischen Verkehrskonferenz gefordert wird, die revolutionäre Wachsamkeit zu erhöhen. Es genügt keinesfalls mehr, daß überall im Mittelpunkt der Auswertungen dieser Konferenz Beschlüsse gefaßt und auf dem Papier festgelegt werden, die die Erziehung der Eisenbahner zur bewußten Disziplin und zur verstärkten Wachsamkeit zum Inhalt haben. Es muß jetzt endlich gehandelt werden.

Die »Fahrt frei« versprach, über »weitere Einzelheiten« des terroristischen Sabotageaktes zu berichten, hielt sich jedoch nicht daran.

Ein an der Zugfahrt beteiligter Eisenbahner hatte vorsätzlich einen Eisenbahnunfall herbeigeführt, um die Besatzungsmacht zu treffen? Das war doch ungeheuerlich, sofern der Vorwurf zutraf. Wer mochte so dumm sein, sich für eine solche Tat ans Messer zu liefern? Wie war es überhaupt möglich, vorausgesetzt die Eisenbahnsicherungstechnik funktionierte normal, bewusst einen Eisenbahnunfall herbeizuführen? Lief dieser Kutzner nicht Gefahr, sehr schnell als Täter überführt zu werden? Fragen, zu denen vielleicht die »Fahrt frei«, Wochenzeitung der deutschen Eisenbahner, Auskunft gibt. Unter der Überschrift »Gefährlicher Saboteur zum Tode verurteilt« (Nummer 8/1955) teilt sie mit:

»Der Verbrecher Kutzner hatte in der Nacht vom 23. zum 24. Oktober 1954 als Weichenwärter bewusst durch falsche Weichenstellung auf dem Bf Fürstenwalde den Zusammenstoß eines Güterzuges und eines Personenzuges veranlasst. Dabei fand ein Lokheizer den Tod, zwölf Güterwagen wurden völlig zerstört und die beiden Lokomotiven wurden beschädigt. Der Anschlag wurde, wie Kutzner in der Verhandlung [vor dem Bezirksgericht Frankfurt/Oder - E. P.] *zugab, mit dem Ziel vorbereitet, einen wenige Minuten später einlaufenden sowjetischen Urlauberzug auf die Trümmer der beiden zerstörten Züge auflaufen zu lassen. Dadurch sollten Hunderte sowjetische Soldaten ums Leben gebracht werden.«*

Weiter heißt es in der Nachricht, Kutzner habe den verbrecherischen Anschlag wochenlang sorgfältig vorbereitet und in der Nacht zum 24. Oktober [1954 - E. P.] den geeigneten Moment für sein Verbrechen gekommen gesehen. »Über weitere Einzelheiten dieses verbrecherischen Anschlages werden wir noch berichten.« Niemals wurde über die Einzelheiten berichtet. Sollte niemand erfahren, auf welch dünnem

Hat Kutzner auf diesem Stellwerk in Fürstenwalde (Spree) im Jahr 1954 den Zusammenstoß zweier Züge »veranlasst«? Man glaubt es kaum. Foto: Preuß

Eis die Anklage gestanden hatte und dass es sich bei der Verurteilung Kutzners um einen Justizmord handelte?

In den Ausgaben der »Fahrt frei« des Jahres 1954 liest man wiederholt von verhafteten und verurteilten Militär- und Wirtschaftsspionen. Der 51-jährige Eisenbahner Wilhelm Gläser wurde vom Bezirksgericht Frankfurt (Oder) zu lebenslänglichem Zuchthaus verurteilt (Nummer 15). Das Bezirksgericht Halle verurteilte acht »Agenten des amerikanischen und des französischen Geheimdienstes« Else Bokanda und Felix Marbach zu lebenslangem Zuchthaus, die anderen zu Freiheitsstrafen zwischen 6 und 15 Jahren (Nummer 39).

Auf der Seite mit der Berichterstattung über den Prozess werden Auszüge aus den Schreiben des Hohen Kommissars der UdSSR in Deutschland, G. M. Puschkin, an den amerikanischen Hohen Kommissar Conant zitiert: »Im August wurden von den Organen der DDR die Agenten der Gehlen-Organisation Karl Bandelow, Ewald Missera und Käthe Dorn festgenommen, die Sabotage im Eisenbahnverkehr der DDR betrieben hatten. Sie alle gestanden, dass sie Diversionsakte auf wichtige Objekte der Eisenbahn (Eisenbahnknotenpunkte, Brücken, Depots, Wassertürme) vorbereiteten.«

»Der im Januar 1954 festgenommene Diversant Woite von der ›Kampfgruppe‹ gestand, einen Unfall bei der Eisenbahn verursacht zu haben, der Menschenleben forderte.«

»Im Hinblick auf das oben Dargelegte bestehe ich darauf, dass die amerikanischen Besatzungsbehörden wirksame Maßnahmen zur Auflösung der Spionage- und Diversionsorganisationen in Westdeutschland und in Westberlin, zur Einstellung ihrer verbrecherischen, gegen die Deutsche Demokratische Republik und die sowjetischen Truppen gerichtete Tätigkeit ergreifen.«

Abgesehen davon, dass der Name Misera in drei Varianten vorkommt (auch Miesera, Missera), gewinnt man den Eindruck, dass diese Straftaten im Kalten Krieg nicht ungelegen waren. Woite – ein Diversant, weil er einen Eisenbahnunfall verursachte, der ein Menschenleben kostete? Hat er ihn fahrlässig oder vorsätzlich herbeigeführt? Diese Antwort bleibt uns die Meldung schuldig. Auch in anderen Veröffentlichungen stoßen wir auf große Lücken in der Argumentation.

1955 verurteilte das Bezirksgericht Karl-Marx-Stadt den Vorsitzenden der Betriebsgewerkschaftsleitung des Bahnhofs Berlin-Lichtenberg, Ludwig Buchowski, zur lebenslangen Zuchthausstrafe, sieben weitere Eisenbahner zu Zuchthaus- und

Gefängnisstrafen zwischen zwei und 15 Jahren.[1] Ihnen wurde zur Last gelegt, für den amerikanischen Geheimdienst spioniert zu haben.

Gab es diese Verbrechen der Spionage tatsächlich? Stand das Strafmaß im Verhältnis zur Schwere der Tat? Möglich war alles, wie es zu allen Zeiten und an allen Orten der Welt die Tätigkeit von Geheimdiensten gibt. Warum nicht im Kalten Krieg, an der Nahtstelle von Ost und West, im sensiblen Bereich des Eisenbahnwesens?

Merkwürdig ist nur, dass über diese Facette der deutschen Geschichte und über die entsprechenden Prozesse bisher kaum etwas oder nichts veröffentlicht wurde. Kann man den meist nur knappen Veröffentlichungen in den Tageszeitungen trauen, oder war das, was sie berichteten, lediglich Propaganda, die von den Schwierigkeiten in der Wirtschaft und im zivilen Leben ablenken sollte?

Vom 15. bis 17. Oktober 1957 verhandelte die 1. Strafkammer des Bezirksgerichts Magdeburg gegen Kurt P., Referent im Ministerium für Verkehrswesen, Abteilung Statistik, und seine Ehefrau, Hilfssachbearbeiterin im Technischen Zentralamt, sowie gegen Gerd S.[2], Lokomotivheizer beim Bahnbetriebswerk Magdeburg-Rothensee, wegen Wirtschafts- und Militärspionage zugunsten des amerikanischen Geheimdienstes.

Die Angeklagten fanden in West-Berlin Kontakt mit verschiedenen Stellen – S. zum Beispiel, weil er sich wegen einer Anstellung bei der Deutschen Bundesbahn erkundigte – und wurden angeblich zu Geheimdiensten weitergereicht. P. versorgte diese Stellen mit Vorschriften und Kursbüchern der Deutschen Reichsbahn sowie mit Statistiken und Berichten, dessen Ehefrau mit einem Bericht über die Neuentwicklung einer Dampflokomotive und neue Schmiermittel. S. meldete 170 sowjetische Truppentransporte, den Kohlenbestand und den Kohlenverbrauch seines Bahnbetriebswerks. Das waren Betriebsgeheimnisse, über die man sich heute nicht mokieren sollte, stuft doch die Deutsche Bahn auch vieles als »Betriebsgeheimnis« ein. Jedenfalls verweigerte sie mit dem Hinweis auf das Betriebsgeheimnis eine Auskunft über das Zusammenwirken der Stellwerke in Leipzig Hbf.

Die Strafen für das Preisgeben der Geheimnisse 1957 lagen zwischen zwei und zehn Jahren Zuchthaus. Man kann über die Höhe der Strafen empört sein, bedenkt man, ob und wie nützlich das übergebene Material gewesen sein mag. Bedenklich ist, wie ein unbekannt gebliebener Mitarbeiter der Zentralen Abteilung Kader des Ministeriums für Verkehrswesen, der Zuschauer in dem Prozess war, die Angeklagten charakterisierte: Haltlose Menschen, die straffällig wurden, um die es *nicht schade ist.* Zum Beispiel war Kurt P. ein Säufer und Frauenheld. Bei ihm war der »moralische Sumpf zu erkennen, der den Angeklagten zu einem willfährigen Werkzeug der KgU[3] werden ließ.«

Welche Typen mochten erst die sein, die Attentate planten und sogar in Kauf nahmen, Menschenleben zu opfern? In Nummer 26/1955 der »Fahrt frei« berichtete Kurt Belicke unter der Schlagzeile »Sabotage auf dem Bahnhof Triptis« über die Verurteilung fünf gefährlicher Agenten durch den 1. Strafsenat des Obersten Gerichts der DDR. Darunter waren Gerhard Benkowitz, stellvertretender Schulleiter der Pestalozzischule in Weimar, und Hans-Dietrich Kogel, Angestellter beim Rat der Stadt Weimar, die mit dem Tode bestraft wurden. Der Fahrdienstleiter Willibald Schuster vom Bahnhof Triptis kam mit 15 Jahren Zuchthaus davon. Während die Generalstaatsanwaltschaft Schuster vorwarf, als Agent der Westberliner Kampfgruppe gegen

[1] Die Zuchthausstrafe war die verschärfte Form der Freiheitsstrafe.

[2] Die vollständigen Namen sind in den Akten des Bundesarchivs enthalten.

[3] Kampfgruppe gegen Unmenschlichkeit

Unmenschlichkeit nach der Spionage zu »verschleierten Sabotageakten« übergegangen« zu sein (»er hemmte den Wagenumlauf und verursachte Zugverspätungen durch mangelhafte Aufsichtspflicht und bewusst bürokratische Auslegung der Bestimmungen. Die Arbeit auf dem Bahnhof Triptis überließ er dem Selbstlauf.«), sollten Benkowitz und Kogel die Sprengung der Sechs-Bogenbrücke in Weimar vorbereitet haben.

In dem seitenlangen Beitrag »Eisenbahner und Organe für Staatssicherheit gemeinsam gegen Agenten und Saboteure« in Nummer 33/1955 werden abermals Kutzner und Misera mit ihren Anschlägen auf den Bahnverkehr erwähnt; außerdem Burianek, der die Eisenbahnbrücke bei Erkner (Strecke Berlin–Frankfurt/Oder) sprengen wollte.

Was es tatsächlich mit den Vorwürfen auf sich hatte, könnten die Prozessakten ergeben. Doch die waren nicht greifbar, nicht in Frankfurt an der Oder, nicht im Landesarchiv Brandenburg, und der Beauftragte für die Unterlagen des Staatssicherdienstes der DDR – kurz »Gauck-Behörde« genannt – konnte nach mehr als zwei Jahren keine Auskunft geben, ob ein Aktenstück vorliegt.

Jan Eik und Wolfgang Mittmann gingen für ein im Mitteldeutschen Rundfunk gesendetes Feature, das auch zum Bestandteil des Buches »Fahndung. Große Fälle der Volkspolizei« wurde, dem Sabotageakt von Burkau (Strecke Kamenz–Bischofswerda) auf den Grund. Dort hatte sich angeblich am 30. November 1945 nahe der Autobahnbrücke ein schweres Eisenbahnunglück ereignet, weil ein Personenzug auf eine Mine gefahren war. Ein Zeuge dieses Vorkommnisses sagte den Autoren: »Die Sprengung erfolgte unterhalb der Autobahnbrücke, und die Lokomotive stand vor der Autobahn Richtung Burkau vor der Brücke und hintenan noch einige Wagen, und die erste Wahrnehmung war für mich, dass der Lokomotivführer leblos in diesem Heizungsraum der Lokomotive hing und darüber hinaus noch andere Personen verletzt…« Kurz darauf sperrte die Rote Armee das Gelände ab.

Noch 1979 wurde in einem Buch über die Geschichte der Volkspolizei behauptet: »Bei einem Attentat, das faschistische Elemente am 29. November 1945 in Burkau, Kreis Kamenz, auf einen von einer antifaschistischen Brigade gefahrenen Personenzug verübten, wurden sechs Reisende getötet und zahlreiche verletzt. Durch hervorragenden Einsatz aller beteiligten Dienstzweige der Polizei konnten die Täter innerhalb kurzer Zeit ermittelt und dem Gericht übergeben werden.«

Das Selbstlob der Polizei ist nicht an eine Gesellschaftsordnung gebunden; charakteristisch für die sozialistischen Rechtspflegeorgane ist jedoch, wie das Vorkommnis von Burkau als politisch motiviertes Attentat ausgeschlachtet wurde, ohne aber die Täter und die gerichtlichen Konsequenzen zu nennen, und dass man an der Version des antifaschistischen Klassenkampfes fest hielt, selbst als der Irrtum einzugestehen war.

Die, die sich in der Reichsbahndirektion Cottbus[4] mit Betriebsgeschichte beschäftigten, wussten von einem Blindgänger, der im Gleis gelegen haben soll. Also war das Unglück von Burkau gar kein Attentat? Eiks und Mittmanns Recherchen ergaben, dass auf das Eisenbahnunglück eine völlig überzogene Polizeiaktion folgte, an der vor allem einer interessiert war: Willi Seifert, Referent für die Angelegenheiten der sächsischen Kriminalpolizei, der sich einen Namen machen wollte. Er wurde General-

[4] Die Strecke Kamenz–Bischofswerda lag von 1951 an in diesem Direktionsbezirk. Der Abschnitt Bischofswerda–Burkau wurde am 5. Februar 1968 stillgelegt.

Normalerweise fuhren solche Züge mit der sächsischen Tenderlokomotive der Gattung XI HT bis 1968 von Kamenz nach Bischofswerda.
Foto: Friedrich

leutnant und Stellvertreter dreier DDR-Innenminister. In dieser Funktion sorgte er auch dafür, dass die politisch motivierte Version des »Burkauer Attentats« in der »Geschichte der Volkspolizei« selbst 1984 noch richtig herausgestrichen wurde.

Einigen brachte die Polizeiaktion die Verhaftung, ohne dass sie angeklagt und verurteilt wurden. Schließlich wurden alle entlassen. In der Ermittlungsakte fehlen Schlussbericht und Vermerke über die Übergabe von Akten an die Rote Armee oder an eine Staatsanwaltschaft. Schlimmer noch: Die Aktion der »Konterrevolution gegen die antifaschistischen Kräfte« war nichts Anderes als ein unglücklicher Umstand, bei dem niemand eine unmittelbare Schuld trug. Mittmann ermittelte, dass beim Unglückszug eine Lokomotive der Baureihe 94 vorgespannt war, aber eine preußische mit 17 Tonnen Achslast. Die Strecke war aber nur für eine Achslast von 15 Tonnen zugelassen, denen die sächsischen Lokomotiven der Baureihe 94 genügten.

Am 29. November 1945 sollte die preußische Lokomotive eigentlich einen Zug von Kamenz (Sachs) nach Arnsdorf (b Dresden) bespannen. Wegen eines Schadens der planmäßigen Lokomotive bespannte man den P 864 Kamenz–Bischofswerda mit der schwereren Lokomotive. Diese – und nicht zuvor bereits eine sächsische – löste den Zündmechanismus eines Blindgängers aus. Von der zerstörten Lokomotive gibt es ein Bild in dem Buch, aber um welche Lokomotive es sich handelte, steht nicht darin und ließ sich bisher nicht recherchieren.

Warum reagierten Partei- und Wirtschaftsfunktionäre in der Sowjetischen Besatzungszone bzw. in der DDR auf solche Vorkommnisse derart überzogen? Nur um ihres Vorteiles oder ihres Ehrgeizes willen? Sicher nicht. Wenn man die Lage betrachtet, in der sich diese Funktionäre mit der jungen Republik befanden, wird schon manches verständlich: Die durch Reparationen verschärfte Mangelwirtschaft einerseits, die Auswirkungen der offenen Grenze in Berlin andererseits und dazu die stalinistische Erziehung durch entsprechende Parteikader in der UdSSR, denen jedes technische Verständnis fehlte. Da traute man nicht dem nächsten Freund, sah sich von Feinden umzingelt und versuchte, mit Verhaftungen und hohen Gerichtsstrafen Ordnung zu schaffen. Aus heutiger Sicht fällt es schwer zu urteilen, was gerecht und was ungerecht war.

Beispielsweise sah sich die Deutsche Reichsbahn in den Jahren nach 1950 einer Welle des Diebstahls von Buntmetall ausgesetzt. Mit Buntmetall konnte man auch dank dem Wechselkurs in West-Berlin gutes Geld verdienen. Die DEFA nahm sich dieses Themas an, das den Zugverkehr störte, und drehte 1951 den Film »Zugverkehr unregelmäßig«. Mochten solche Diebstähle »normale Kriminalität« sein, wie aber sollte man sich den wiederholten Diebstahl der OB-Fernsprecher[5] erklären, mit denen ein Privatmann gar nichts anfangen konnte? Durfte man da nicht von Sabotage sprechen?

Schauen wir in den »Bericht über Diebstähle, Sabotage und Unfälle bei der Deutschen Reichsbahn« für die Zeit vom 1. März bis 31. März 1951, der die Mitteilungen aus den Reichsbahndirektionsbezirken zusammenfasste:

8. März, Götz: 300 m Hartkupferdraht aus der Freileitung geschnitten,
13. März, Berlin-Schöneberg Gbf und Berlin Potsdamer Gbf: 20 m aus dem Sicherungskabel geschnitten,
29. März, Berlin Großgörschenstraße: Kabel durchgeschnitten,
29. März, Löwenberg–Grieben: 160 m Freileitung Bronzedraht herausgeschnitten,
2. März, Stauchitz: 30 m Hartkupfer aus der Freileitung geschnitten,
8. März, km 37,55 der Strecke Leipzig–Dresden: 1 OB-Fernsprecher aus der Fernsprechbude gestohlen,
16. März, Limbach (Sachs): 1 OB-Fernsprecher aus dem Raum des Weichenpostens gestohlen,
18. März, Ringleben/Gebersee–Straußfurt: In der Fernsprechbude OB-Fernsprecher beschädigt,
30. März, Silberhausen–Hüpstedt (abgebaute Strecke): Aus Freileitung 1400 m Eisendraht mit Kupferummantelung (Staku) geschnitten,
7. März, Eberswalde–Biesenthal: Aus Freileitung 320 m Hartkupferdraht geschnitten,
11. März, Stralsund–Grimmen, km 198,9: wie vor, 25 m,
19. März, Eberswalde–Niederfinow, km 51,8: wie vor, 150 m,
3. März, Neukieritzsch–Geithain, km 2,150: Aus Fernsprechbude 1 OB-Fernsprecher gestohlen,
3. März, Leipzig–Hof, km 22,790: wie vor
4. März, Halle–Halberstadt, km 4,5: Aus Freileitung 50 m Bronzedraht geschnitten,
19. März, Reuthen: Fernsprecher am Signal A und Signal F gestohlen,
24. März, Halle Ab: Signalfernsprechbude für Signal B gestohlen. Sie enthielt keinen Fernsprecher,
26. März, Großkorbetha–Weißenfels: Aus Fernsprechbude Z Fernsprecher OB 33 gestohlen,
26. März, Großkorbetha–Weißenfels: wie vor am südlichen Ausfahrsignal,
22. März Zielitz–Loitsche, km 22,3: Aus Posten 21 OB-Fernsprecher gestohlen,
4. März, Berlin–Hamburg, km 166,835: Bei Hilfsbude 79 a verschlossener Holzhaken erbrochen, alle Verteilerbrücken herausgerissen und Kabel vom Schienenstromschließer abgerissen,
16. März, Dossow–Fretzdorf, km 56,0 - 57,0: Aus Freileitung 400 m Hartkupferdraht geschnitten.

Einige Vorfälle aus den Zeiten, als drakonische Strafen drohten:

Am 25. September 1951 entgleiste zwischen Oberröblingen und Amsdorf, zwischen den Schrankenposten 16 und 16 a von einem nach Oberröblingen mit nur

[5] OB-Fernsprecher: Fernsprecher arbeitet mit Ortsbatterie

20 km/h als Sperrfahrt zurückkehrenden Arbeitszug ein Wagen der Gattung X und stürzte um. Auf dem Wagen hatten elf Bahnunterhaltungsarbeiter und ein Rottenführer gesessen, die zwischen Wanzleben und Teutschenthal einen Schienenbruch beseitigt hatten. Durch den Sturz des Wagens gerieten einige Arbeiter unter den Wagen. Ein Toter, ein Schwerverletzter und sechs Leichtverletzte waren zu beklagen.

Ursache dieses Unfalls (oder Attentats?): Ein sechsjähriges Kind und zwei Fünfjährige hatten an einer von beiden Schrankenposten nicht sichtbaren Stelle auf die Schienen Steinschlacke gelegt.

Am 16. September 1951 verließ beim abgestellten Zug P 344 in Großenhain Berliner Bahnhof der Lokomotivführer den Führerstand der Lokomotive. Während er auf der Bahnsteigseite die beweglichen Teile des Triebwerkes abschmierte, stieg ein sowjetischer Offizier von der bahnsteigabgewandten Seite aus den Führerstand, betätigte den Regler und setzte den Zug in Bewegung. Dabei überfuhren der Gepäckwagen und ein Wagen 3. Klasse die aufgelegte Gleissperre und entgleisten.

Auf Schrankenposten 30 der Strecke Niesky–Mücka glaubte der Wärter am 22. August 1951, das Läutesignal überhört zu haben. Weil er fürchtete, der angekündigte Zug sei bereits nahe seinem Schrankenposten, stürzte er zum Schrankenbock und kurbelte die Schranken herunter. Dabei widerfuhr ihm das Missgeschick, dass ein Schrankenbaum das hintere Verdeck eines Pkw streifte. In dem saß Minister Hoffmann von der sächsischen Landesregierung.

Der missdeutete den Vorfall als Angriff, als Attentat und verhaftete den Schrankenwärter, wie es in einem Bericht heißt.

Am 14. Juli 1950 bestellte Heinrich Rau, Stellvertreter des Ministerpräsidenten und Mitglied des Politbüros beim Zentralkomitee der SED, den Generaldirektor der Deutschen Reichsbahn, Willy Kreikemeyer, zu sich, um ihm die Verschrottung bzw. die unsachgemäße Verwendung brauchbaren Materials vorzuwerfen. Rau drohte, einzelne Präsidenten und Vizepräsidenten zu verhaften.

»Anklagepunkt Nummer 1« war die Hubbrücke bei Karnin. Die Wehrmacht hatte Teile dieser Brücke zur Insel Usedom gesprengt. An den Wiederaufbau war nicht zu denken, da ein Teil der Insel nun zu Polen gehörte. Eine Eisenbahnverbindung durch das Ausland war zu dieser Zeit illusorisch. Deswegen hatte der Schrottbeauftragte der Deutschen Reichsbahn einen Auftrag ausgelöst, die Brückentrümmer zu verschrotten. Galt nicht ein Erlass der Regierung, Eisen- und Stahlteile, die länger als sechs Monate umherliegen, zu verschrotten? Nein, die Landesregierung von Mecklenburg-Vorpommern erhob Einspruch, die angeordnete Verschrottung wurde als Sabotage angesehen. Dass die Brücke wieder aufgebaut wird, daran ist selbst 2000 nicht zu denken, ihre Reste rosten weiter vor sich hin; verhaftet wurde seinerzeit niemand.

Misstrauen selbst unter den führenden Genossen, Furcht vor den Feinden im Volk. Noch 1959 erarbeitete die Politische Verwaltung der Deutschen Reichsbahn einen »Plan der Maßnahmen zur Bekämpfung des Klassenfeindes«, und im gleichen Jahr als »streng vertrauliche Parteisache« den »Plan der Maßnahmen zur Entlarvung und Zerschlagung des Einflusses des Klassengegners, besonders des Ostbüros, in den Betrieben und Dienststellen der Deutschen Reichsbahn«.

Letztgenannter Plan enthielt die üblichen Festlegungen, wie Beratungen, Seminare, Wanderausstellungen in den Kulturwagen. Angeordnet wurde ein »Dokumentarstreifen« über den Kampf gegen den Klassengegner, den das DEFA-Studio für Wochenschau und Dokumentarfilme zusammenzustellen hatte. Und: »In der »Fahrt frei« und der übrigen Eisenbahnerpresse sind in verstärktem Maße Reportagen,

Die Schautafel einer Ausstellung in Leipzig 1960 enthüllte die Diversionsverbrechen eines Petri auf dem Bahnhof Eisenach am 13. November 1958. Slg. Rampp

Informationen und Berichte zu veröffentlichen, die die Erziehung der Eisenbahner zur Standhaftigkeit und Wachsamkeit zum Inhalt haben.«

»Der Schriftsteller Hans-Gert Lange schreibt für die Eisenbahnerjugend eine Erzählung zu dem gleichen Thema. Der Stoff dazu ist Tatsachenmaterialien zu entnehmen.« Die Erzählung wird die so genannte Eisenbahnerjugend sehr beeindruckt haben.

Misstraute man jedem Eisenbahner, er sei zu wenig immun gegen die vom Klassenfeind ausgehenden Anfechtungen, dann gab es Gruppen von Eisenbahnern, denen die Politfunktionäre a priori unterstellten, dem Staat nur Böses zu wollen. So werden zwei Abschnitte des o. a. Plans verständlich:

»7. a) Der Leiter der Zentralen Abteilung Kader[6] *gibt bis 31. 3. 59 einen Überblick über die Auswirkungen der Westreisen, der Abwerbung, der Republikflucht und anderer Formen der Feindarbeit auf die Personallage bei der DR*

[…]

c) eine Übersicht über vorhandene Konzentrationen von ehemaligen Mitgliedern der NSDAP und ihren Gliederungen, von Unteroffizieren und Offizieren der faschistischen Wehrmacht sowie von Übersiedlern und Rückkehrern aus der Westzone […] Es sind Maßnahmen zur Veränderung auf weite Sicht festzulegen.«

Schließlich entsprach die Abteilung Kader der Reichsbahndirektion Berlin dem angeführten Plan mit einer »Zuverlässigkeitsanalyse« der Eisenbahner in West-Berlin, die sich auf einen Personenkreis vom Vorsteher einer Dienststelle bis zum Schuppenmeister erstreckte. Im Bahnbetriebswerk Grunewald beispielsweise galt im März 1959 allenfalls die Hälfte der Eisenbahner als zuverlässig im Sinne der Ost-Berliner Parteifunktionäre. Obwohl es in allen 48 West-Berliner Dienststellen der Deutschen Reichsbahn Parteileitungen gab, wurde die »kaderpolitische Sicherung« bei der S-Bahn als sehr schlecht beurteilt. Von 320 S-Bahn-Triebwagenführern waren nur neun Genossen der Sozialistischen Einheitspartei Deutschlands (SED)[7], neun Mitglied der Gesellschaft für Deutsch-Sowjetische Freundschaft und nur 41 Prozent Mitglied des Freien Deutschen Gewerkschaftsbundes (FDGB).

Ob diese »Zuverlässigkeitsanalyse« wie der Eifer der Politischen Verwaltung der Deutschen Reichsbahn ein Vorbote für die Grenzschließung am 31. August 1961 war? Um auf das Thema des Buches zurückzukommen: Zumindest bis zum Mauerbau traute die Partei- und Staatsführung jedem »unzuverlässigen« DDR-Bürger ein Attentat zu.

[6] des Ministeriums für Verkehrswesen

[7] Nach 1961 in West-Berlin als Sozialistische Einheitspartei Westberlins (SEW) ausgegliedert

7. Gefangene einer verlorenen Idee

Am 2. Dezember 1975 brachten Ambonesen in den Niederlanden einen Zug in ihre Gewalt. Sie machten auf ein vergessenes Problem niederländischer Kolonialzeit aufmerksam. Das war, nachdem sie verurteilt worden waren, bald vergessen.

Fünf maskierte Männer hielten bei Beilen (Strecke Meppel–Groningen) einen Nahverkehrszug an. Bei dem Versuch, Widerstand zu leisten, verletzten sie den Lokomotivführer und töteten ihn anschließend. Außerdem erschossen sie einen Reisenden. Die Getöteten warfen sie aus dem Zug. Die anderen 59 Reisenden wurden zusammengetrieben, die Fenster mit Zeitungspapier verklebt.

Nach einer Weile ließen die Terroristen zwei Frauen und ein Kind frei, die sie als Boten für ihre Forderungen benutzten. Die lauteten: freies Geleit zum Flughafen Amsterdam-Schiphol und ein Flugzeug mit unbekanntem Ziel. Die Terroristen drohten, die Geiseln zu erschießen, sollten die Forderungen nicht erfüllt werden.

Die niederländische Polizei umstellte sofort den Zug, ohne zu ahnen, dass ihr, der Regierung und den Geiseln eine lange Geduldsprobe bevorstehen und dass die Niederlande in den nächsten zwei Jahren zum Schauplatz einer originären Terroristenszene werden sollte. Originär, weil Täter und Anlass auf die Niederlande zugeschnitten waren. Die Gangster wollten die niederländische Regierung zwingen, ihre früher gegebenen Versprechen einzuhalten.

Welche waren das? 1949 musste sich die niederländische Kolonialregierung aus Indonesien zurückziehen. Sie sicherte aber den Bewohnern der Molukkeninseln, darunter Halmahera, Ambon, Ceram und Buru, das Recht auf Selbstbestimmung zu. Der am 17. August 1950 von Sukarno proklamierte Einheitsstaat Republik Indonesien sah eine solche Selbstbestimmung nicht vor. Ein Aufstand gegen das neue Regime hatte Sukarno 1950 blutig niederschlagen lassen. 4000 Soldaten und Polizisten, die im Dienste der Kolonialherren gegen Sukarnos Befreiungsfront gekämpft hatten, flohen mit ihren Angehörigen ins Mutterland und blieben dort als »Europas seltsamste Minderheit« (Der Spiegel), die schließlich auf 40.000 Menschen – meist sehr fromme Christen – anwuchs. Sie lebten in Baracken und Slums, immer hoffend, die niederländische Regierung werde dafür sorgen, dass sie in die Heimat zurückkehren könnten. Von allein ging niemand, weil man, solange es kein unabhängiges Ambonesien oder keinen Staat der Molukken gab, unter der indonesischen Herrschaft die Repressalien fürchtete.

Ambonesen brachten am 2. Dezember 1975 nahe der Ortschaft Beilen einen Zug in ihre Gewalt. Foto: ANP/dpa

Sie blieben, zumal der Internationale Gerichtshof in Den Haag festgestellt hatte, dass die Molukker nicht an Sukarno ausgeliefert werden dürften, ließen sich aber auch nicht in das Gemeinwesen der Niederlande einbeziehen. Während die geflüchtete Generation friedlich zusah, wie es wohlhabende Einheimische und in Armut lebende Molukker gab, wuchs eine neue Generation heran, die sich mit solchen Verhältnissen nicht zufrieden geben wollte. In diesem Milieu gedieh die Kriminalität. Etwa 1000 Molukker wurden zum militanten Flügel gezählt. 17 von ihnen hatten ein »großes Ding« vor, nämlich Königin Juliana zu entführen und von ihr die Ausrufung einer Unabhängigen Republik Südmolukken zu erzwingen.

Doch offenbar hatte die Gruppe bald erkannt, dass es nicht möglich war, das Staatsoberhaupt zu überfallen. So kam die »Gruppe der Rache« auf die Idee, einen Zug zu entführen. Die Tat war, wie Andreas van Agt, der niederländische Justizminister, anerkennen musste, gut vorbereitet, nicht aber ihre Dramaturgie bis zum Finale. Die Attentäter wussten nicht, wie es weitergehen sollte. Sie waren – wie sich bei der Gerichtsverhandlung bestätigen sollte – geschockt, wie schnell sie zur Waffe gegriffen und Menschen getötet hatten.

Die Regierung blieb hart, erwog von Anfang an, den Zug zu stürmen und die Geiseln zu befreien. Aber auch die Terroristen gaben nicht auf, sondern zeigten erst einmal starke Nerven. Am zweiten Tag ließen sie einen Chinesen frei, der die Forderung nach einem neuen Lokomotivführer übermittelte. Ihn brauchten sie nicht zum Wegfahren mit dem Zug, sondern, um die elektrische Heizung anzuschalten. Im Zug war es bitterkalt geworden. Der Justizminister wollte den Lokomotivführer erst schicken, wenn die Entführer »Garantien« gegeben, wenn sie Alte, Frauen und Kinder freigelassen hatten. Er schickte zur Vermittlung auch Alvarez Manusama, der sich als Präsident einer Republik der Südmolukken bezeichnete. Die Terroristen aber ließen sich auf nichts ein.

Als Zeichen ihrer Entschlossenheit erschossen die Terroristen am 4. Dezember 1975 in aller Öffentlichkeit eine Geisel. »In der Vordertür des Zuges erscheint der gefesselte Werkmeister E. J. Bierling (31) (im Gerichtsbericht als Kaufmann bezeichnet -

E. P.), ein Schuss fällt, die Leiche kippt vornüber auf den Bahndamm.« (»Der Spiegel«) Am gleichen Tag besetzten sieben Südmolukker aus Solidarität mit den Entführern des Zuges das indonesische Generalkonsulat in Amsterdam. Dort wurden 26 Geiseln genommen. Im Zug waren es noch 35. Am nächsten Tag rückten in Beilen 600 Soldaten und 65 Panzerfahrzeuge an. Obendrein wurde die Regierung nicht müde zu erklären, es gäbe Pläne, mit Elitetruppen den Zug und das Konsulatsgebäude zu stürmen. Diese Erklärungen sollten die Täter zermürben und zur Aufgabe bewegen, denn noch versuchte man es mit Verhandeln und mit Geduld.

Am Freitagmorgen forderten die Gangster heiße Getränke; die am Vortag bestellten und gelieferten Medikamente hatten sie vor dem Zug stehen gelassen. Abends sah man einen Feuerschein in den Wagen. Was er zu bedeuten hatte, konnte sich niemand erklären. Danach sah man, dass die Gangster zwei Schwerverletzte – einen Fahrgast und einen Geiselnehmer – zu einem Bahnübergang brachten, wo sie ein Krankenwagen übernahm. Die Leichtverletzten im Zug wurden behandelt, denn einer der Geiselnehmer war Arzt.

Am Sonntag, dem 7. Dezember, zeichnete sich noch kein Ende der Geiselnahmen ab. Zwar wurden wieder zwei Geiseln aus dem Zug entlassen und Unterhändler aus der molukkischen Bevölkerungsgruppe führten Gespräche, aber weder war die niederländische Regierung bereit, auf die Forderungen der Terroristen einzugehen, noch wollten die das Drama beenden. Im Gegenteil: Ein Sprecher des Außenministeriums in Den Haag sagte, die Niederlande würde keine Republik der Südmolukken anerkennen, und UNO-Generalsekretär Waldheim, an den sich »Präsident« Manusama gewandt hatte, wollte an den Beschluss des UNO-Sicherheitsrates von 1950 (der da lautete: Die Frage eines unabhängigen südmolukkischen Staates wird für einen späteren Zeitpunkt in Aussicht genommen) nicht erinnert werden. In Indonesien höhnte Außenminister Adam Malik, die Terroristen machten ihr Volk mit ihrer Forderung nach Unabhängigkeit der Südmolukken von Indonesien in der ganzen Welt lächerlich. Die Bewohner der Südmolukken seien doch mit der Republik Indonesien schon längst unabhängig!

Im Einsatzzentrum von Beilen setzte man darauf, dass die Geiselnehmer, zermürbt vom Warten und von der Erfolglosigkeit des Unternehmens, sich streiten und aufgeben würden. Am Sonntag meinte man, einige seien dazu bereit. Woher kam die Gewissheit? Den Journalisten wurde gesagt, man habe Abhöranlagen am Zug installiert und könne die Gespräche im Zug abhören. Wie sollte das geschehen sein? Die Terroristen beobachteten ihren Zug und ließen niemand heran. Sie hatten erklärt, die Wagen seien mit Sprengladungen verbunden und der Zug uneinnehmbar. Beiderseits wurde geblufft. Die Polizei legte aus taktischen Gründen keinen Wert darauf, an den Zug zu gehen. Das Militär war auf Weisung des Justizministers in einem weiten Kreis zurückgezogen worden, um die Geiselnehmer mit den Geiseln so weit wie möglich sich selbst zu überlassen.

Die Einsatzleitung konnte nicht allein auf die Zermürbung als Lösung hoffen; sie musste auch an das Gegenteil denken: an die Eskalation. Alle Vermittlungsversuche, zum Beispiel auch die eines ambonesischen Geistlichen, scheiterten, weil die niederländische Regierung auf keine der Forderungen einging. Wie sollte sie auch? Gefragt waren nicht soziale Verbesserungen, sondern politische Veränderungen in Indonesien. Mit der indonesischen Regierung wollten sich die niederländischen Politiker nicht anlegen, nicht einmal, indem sie vielleicht einen aussichtslosen Antrag in die UNO einbrachte. Was hätte der bewirkt? Fürs Erste wären die Terroristen beruhigt ge-

Glücklich sind die Geiseln nach zwei Wochen Gefangenschaft in der Obhut der niederländischen Polizei. Foto: ANP/dpa

wesen, bald aber hätten sich die Molukker erneut betrogen gefühlt. Und der Angesprochene eines Antrages auf Unabhängigkeit eines Teils des Landes? Die Niederlande fürchteten weniger den Gesichtsverlust, als vielmehr die wirtschaftlichen Sanktionen aus Indonesien. Von dort kamen Aufträge für den Schiffbau. Schon deshalb wollte man sich nicht auf die Seite eines abtrünnigen Volkes stellen.

Ob das die Geiselnehmer vor ihrer Aktion bedacht hatten? Ich glaube nicht. Mit der Fortdauer des Geiseldramas in Beilen und in Amsterdam, das bei vielen Menschen auch das Interesse an den Opfern erlahmen ließ, spaltete sich die öffentliche Meinung, das »gesunde Volksempfinden«. Die einen unterstützten die harte Haltung der Regierung, empfahlen sogar drakonische Maßnahmen: Wenn man die Geiseln nicht freigäbe, sollten die Familienangehörigen der Geiselnehmer am Zug aufgestellt und nacheinander erschossen werden. Die anderen sympathisierten zunehmend mit den Terroristen wie mit den Molukkern überhaupt, zeigten Verständnis für sie, die weder eine Heimat in den Niederlanden fanden (weil sie auf ihren Staat hofften) noch in Indonesien.

Nach dem ersten Wochenende zeichnete sich keine Wende ab. Die Polizei bediente sich zur Verständigung mit den Terroristen eines tragbaren Fernsprechers, eines so genannten Feldtelefons. Es wurde kaum benutzt, eigentlich überhaupt nicht. Lediglich einmal war Essen angefordert worden, wie am Vortag, das aber, als man es zum Zug brachte, stehen blieb.

Als ein freigelassenes, 84 Jahre bzw. 82 Jahre altes Ehepaar den Schock überwunden hatte und befragt werden konnte, erfuhr die Polizei etwas mehr von der Situation im Zug. Es sei sehr kalt. Offenbar kamen die Molukker mit der elektrischen Anlage nicht zurecht. Man hatte bereits gesehen, dass öfter der Stromabnehmer bewegt wur-

Polizei und Militär nahmen am Mittag des 14. Dezember 1995 die Erpresser fest und halfen den Geiseln. Foto: ANP/dpa

de. Aber sie hätten die Geiseln »wie Kellner« bedient, sagte die Greisin, die sich von ihnen sogar mit einem Abschiedskuss verabschiedet hatte, als sie aussteigen durfte. Am Donnerstag, dem 10. Tag nach der Zugkaperung, kamen nach Verhandlungen des »Präsidenten« Manusama wieder zwei Geiseln frei; 25 saßen noch im Zug.

Am Sonntag, dem 14. Dezember 1975, hatten die Polizeitaktik und die Vermittlung des »Präsidenten« Johannes Manusama Erfolg. Manusama sagte zu, er werde wegen der Forderungen mit den Behörden weiterverhandeln. Die sechs Terroristen stellten sich widerstandslos der Polizei. Die Soldaten der Absperrmannschaft jubelten, in Beilen zog man Fahnen auf.

Nach dem Ende des Geiseldramas von Beilen kamen die Täter schnell auf die Anklagebank. Angeklagt waren sie wegen Mordes, Freiheitsberaubung mit Todesfolge und Verstoßes gegen das Waffengesetz. Sie hatten den Lokomotivführer Johannes Braam (30), den Soldaten Leo Bulter (22) und den Handelsvertreter Bert Bierling (31) erschossen.

Im dreitägigen Prozess hatten sie während ihrer Vernehmung keine Gelegenheit, die Hintergründe ihrer Tat zu erklären, denn ihre Bildung – bis auf den Arzt – und ihre niederländische Sprachkenntnis waren mangelhaft. Ein Dolmetscher, der von der malaiischen Muttersprache ins Niederländische oder umgekehrt hätte übersetzen können, war nicht gestellt worden. So beschränkten sich die Fragen des Gerichtspräsidenten Fliek auf die Gefühle von Tätern und Opfern. »Wie war Ihnen zumute, als sie drei Menschen getötet hatten?« Paulus Saimima: »Die Tränen schossen uns aus den Augen.« Elisa Hakuri: »Ein leeres Gefühl und Mitgefühl«, als er dem angeblich von Jacobus Tumy angeschossenen Lokomotivführer den Todesschuss gab.

Waren die Angeklagten, für die der Staatsanwalt zweimal 18 Jahre, dreimal 15 Jahre und zweimal 12 Jahre Freiheitsentzug beantragt hatte, kaltblütige Mörder, oder waren es von den Vätern und Führern des militanten Flügels angestachelte Amateur-Terroristen, fragte der Korrespondent des »Spiegels«. Niemals hätten sie vorgehabt, Menschenleben zu opfern außer dem eigenen, sollen sie beteuert haben.

Schaulustige stehen am 11. Juni 1977 um den beschädigten »Hundekopf«. Mehr als sechs Wochen saßen die Geiseln in dem gekaperten Intercity fest. Foto: ANP/dpa

Wie nach der Zugentführung in Beilen versprochen, wurde Anfang 1976 zum Zweck der Beratung und Versöhnung mit den Molukkern eine »Kommission der Zehn« gegründet, die sich aus fünf Niederländern und fünf Molukkern zusammensetzte. Der aber wurde mehrfach Untätigkeit vorgeworfen, ihr Ergebnis war ein wenig nützlicher Bericht. Immerhin gründete Karel Wielenga, eine der Geiseln im Zug, ein privates Komitee, das sich für die Belange der Molukker einsetzte. Eine andere Geisel im Zug, Gerrit Vaders, Chefredakteur von »Nieuwsblad van het Noorden«, sagte während des Prozesses: »Wir haben jetzt noch mehr Verständnis für die schlimme Situation des südmolukkischen Volkes als vorher.« Sie schrieb, was ihr Molukker gesagt hatten: »Das ist erst der Anfang. Die Welt hat nicht zugehört, als wir friedlich waren, aber jetzt wird sie zuhören. Morgen schon kann der nächste Schlag kommen. Wir gründen eine Stadtguerilla.«

Zu dieser Zeit hatten natürlich auch die gewaltbereiten Molukker mitbekommen, dass bei den während der Geiselnahme zugesagten Verhandlungen mit den Behörden nicht viel herauskam, und meinten, man müsse mit spektakulären Aktionen nachhelfen. Warum ihnen aber nichts Anderes einfiel, als sich bei der Art und Ausführung des Überfalls die Aktion von 1975 zum Vorbild zu nehmen, blieb rätselhaft. Am 23. Mai 1977 überfielen mit Maschinenpistolen bewaffnete Südmolukker in Bovensmilde die Schule und brachten 105 Schulkinder sowie sechs Lehrer in ihre Gewalt.

Fast zur gleichen Zeit zog jemand im Intercity Den Haag–Groningen die Notbremse. Der Zug hielt auf freier Strecke bei Zuidlaren. Eine aus sechs Männern und einer Frau bestehende Gruppe zog Maschinenpistolen aus Plastebeuteln, feuerte Warnschüsse ab und trieb die Reisenden in die Abteile der 1. Klasse, wo sie niederknien mussten. Der Lokomotiv- und der Zugführer flüchteten, wohl ahnend, was folgen sollte. Die Flucht gelang außerdem jenem Teil der Reisenden, der im hinteren Zugteil saß. Die Geiselnehmer waren bereits in Assen vorn eingestiegen. 34 Reisende ließen sie frei; 54 wurden festgehalten. Kurz danach verklebten die Geiselnehmer, wie bei dem Anschlag in Beilen, die Fenster mit Zeitungspapier. Dann verhängten sie sich, auch aus Erfahrung mit der ersten Zugkaperung, eine Kontaktsperre, damit es keinesfalls zur Solidarisierung mit den Opfern komme.

Erst in der Nacht war es Polizisten möglich, am Zug einen Fernsprecher aufzustellen. Bei dieser Gelegenheit brachten sie einen Brief mit, der die Forderungen enthielt: Freilassung von 21 molukkischen Terroristen, die nach dem Komplott gegen Königin Juliana und nach den Geiselnahmen von Beilen und Amsterdam verurteilt worden waren, sowie Bereitstellung einer »Boeing 747« für den Flug zu einem unbekannten Ziel. »Jede Aktion gegen uns oder gegen die molukkische Gemeinschaft sowie jeder Vermittlungsversuch hat den Tod zur Folge«, hieß es, und das Ultimatum laufe am 25. Mai um 14 Uhr ab.

Die niederländische Regierung verlangte hingegen die Freilassung der Schulkinder und bereitete Verhandlungen vor, indem sie einen molukkischen Geistlichen holte. Sie ließ wiederum das Gebiet von Polizei und Militär absperren. Justizminister van Agt betonte mehrmals, es werde erst zu Verhandlungen kommen, wenn die Schulkinder freigelassen worden seien. Er war Vorsitzender der Regierungskommission, die bereits 1972 nach dem Massaker während der Olympischen Spiele in München ein Konzept entwickelt hatte, wie man mit Terroristen umzugehen habe. Er schien zu wissen, wie man das Verfahren mit Geiselgangstern steuert, und er hatte seine Erfahrungen während des Geiseldramas von 1975 sammeln können. Auch jetzt spielten Psychiater, Psychologen, Soziologen, Ethnologen, Kriminal- und Informationstechniker alle nur denkbaren Fälle durch und stellten sich darauf ein, wie man ohne langes Überlegen gegenüber den Erpressern reagieren sollte. Eines durfte nicht sein: Sie durften untereinander keinen Kontakt haben, keine Erfahrungen austauschen und sich nicht gegenseitig psychisch stabilisieren. Der Zufall wollte es, dass die zwischen Zug und Schule geschaltete Fernsprechleitung sofort ausfiel. Das Krisenzentrum lehnte eine neue Leitung ab.

Andererseits kamen die Krisenmanager jedem Wunsch der Terroristen nach. Keinesfalls sollten sie unter Druck geraten. Sprecher aus dem Krisenstab war Dr. Dick Mulder, ein Psychiater aus der Nähe von Utrecht. Er sollte besonders feinfühlig auf die Gangster eingehen, locker sein (»Na Jungs, wie geht es euch denn heute?«) und Vertrauen gewinnen. Doch anders als 1975 mischten sich die Kidnapper nicht unter die Reisenden und achteten auf strenge Hygiene, mochten sie doch nicht wegen einer Epidemie vorzeitig aufgeben.

Am Mittwoch, dem 25. Mai, durften – auf Wunsch der Molukker – Lebensmittel, Wasser, Kleidung und Decken zum Zug gebracht werden. Litten die Geiseln 1975 an der Kälte, so waren 1977 die Bedingungen im Zug wegen der großen Hitze unerträglich. Die Gefangenen langweilten sich bald, sodass die Gangster Spiele, Kreuzworträtsel, Wolle und Nadeln bestellten. Sogar Männer fingen an, im Zug zu stricken. Am 27. Mai, also am vierten Tag nach der Geiselnahme, wurden alle Schulkinder freigelassen (die Lehrer nicht!), unter denen seit dem 26. Mai eine Infektionskrankheit grassierte, die zu Durchfall führte. Doch im Zug kam es zu keiner Bewegung in Richtung Freilassung. Im Gegenteil: Die Terroristen ballerten in der Gegend umher, führten in Weiß gekleidete Geiseln vor den Zug. Kenner der Molukken wussten, dass Gefangene kurz vor ihrer Hinrichtung in Weiß gekleidet werden. Dann wieder die Forderung, mit den Geiseln zum Flughafen Schiphol gebracht zu werden, von wo man mit ihnen und den 21 inhaftierten Landsleuten ausgeflogen werden wollte.

Hollands Regierung ließ sich auch davon nicht beeindrucken, gab nicht nach, es gab kein freies Geleit zum Flugplatz und kein Flugzeug für die Flucht. So blieben die

Die Erpresser verklebten die Fenster mit Zeitungspapier. Foto: ANP/dpa

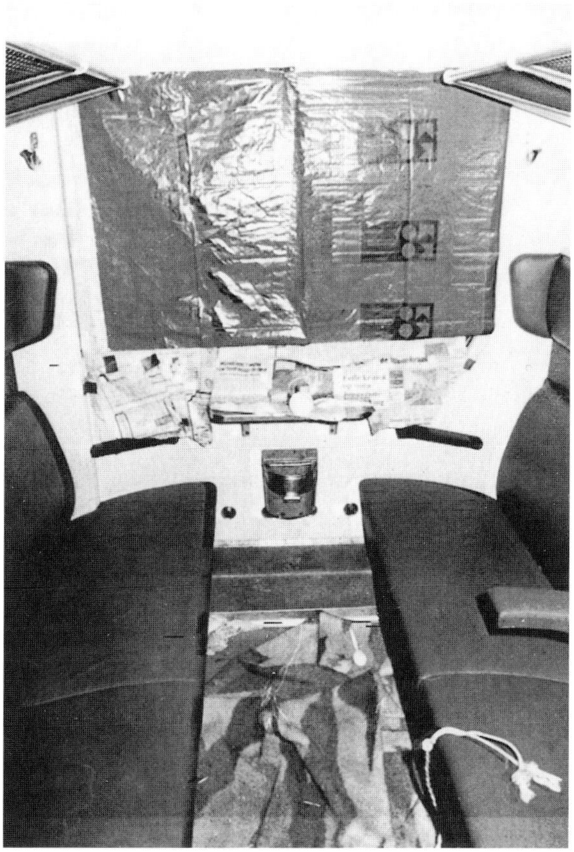

Geiseln und ihre Bewacher, die die »Süddeutsche Zeitung« am 25. Mai 1977 als »Gefangene einer verlorenen Idee« bezeichnete, die zweite Woche in dem Zug, für den es, so sehr die Terroristen dies auch forderten, keine Weiterfahrt gab. Am 4. Juni zeigten sich die Terroristen dann doch gesprächsbereit, akzeptierten die Vermittlung durch Josina Soumokil, die Witwe des ersten Präsidenten der so genannten Republik Südmolukken, die unter ihren Landsleuten als Autorität anerkannt wurde. Nach dem sechsstündigen Gespräch, aber erst Sonntagabend, kamen zwei Geiseln frei: Zwei Frauen, eine davon im siebenten Monat schwanger. Das Drama verlängerte sich in die dritte Woche.

Schon am 30. Mai – eine Woche nach der Geiselnahme – hatten die Terroristen ihre Forderung zurückgeschraubt, wollten nun ohne die Geiseln, aber mit den Verurteilten, ausfliegen. Doch die Regierung und auch die Fluggesellschaft KLM weigerten sich, darauf einzugehen bzw. eine Flugzeugbesatzung aus Freiwilligen zusammenzustellen, solange die Terroristen nicht ihre Waffen ablegten und das Flugziel bekannt gäben. Selbst im Krisenstab zerrte die eigene Hinhaltetaktik an den Nerven. Jeden kleinen Anlass wertete man als Erfolg, etwa den, dass man eine Ortsveränderung – hin zum Flugplatz – verhindert habe. Lediglich die zweimaligen Verhandlungen der Landsleute mit den Terroristen sollen angeblich geholfen haben, den Molukkern wieder ein Gefühl für die Wirklichkeit zu vermitteln.

Die niederländische Bevölkerung fand nach dem Geiselmarathon immer weniger Verständnis für die Molukker, sie meinte, 90 Prozent davon seien Kriminelle, sie sollten sich in ihre Heimat scheren. Eine weitere Woche verging. Am 19. Tag seit dem Anschlag, am 11. Juni 1977, einem Sonnabendmorgen, griff die Polizei sowohl beim Zug als auch bei der Schule ein und befreite die Geiseln. Um 4.53 Uhr rasten zur Ablenkung sechs Starfighter mehrmals über den Zug, während 30 Soldaten einer Spezialeinheit unter dem Feuerschutz von Scharfschützen den Zug stürmten. Sechs Terroristen und zwei Geiseln wurden getötet, sechs Geiseln, zwei Marinesoldaten und ein Terrorist schwer verletzt. Zuletzt waren vier Geiseln in der Schule und 51 im Zug festgehalten worden.

Richtig froh war die niederländische Regierung über das Ende des »sehr risikoreichen Unternehmens« nicht, denn sie fürchtete Rassenunruhen. Zu solchen Unruhen kam es auch, aber sie blieben örtlich begrenzt. Die spektakulärste Aktion dieser Nachwehen traf am 13. März 1978 das Bezirksamt in Assen, das Südmolukker überfielen. 70 Menschen darin wurden zu Geiseln. Am nächsten Tag griffen Marinesoldaten ein und nahmen die Terroristen fest.

Die Befreiung der Geiseln im Zug und in der Schule löste nicht mehr jene differenzierte Diskussion unter der Bevölkerung aus wie die 1975 und auch nicht die vorwurfsvollen Fragen, wie im Sommer 1977: Kam der Sturmangriff der Polizisten und Soldaten zu früh oder zu spät? Hätten sich die Opfer vermeiden lassen? Nein, 1978 waren es die Niederländer leid, sich mit dem Schicksal der Ambonesen zu beschäftigen. Auch lösten die Taten der Roten-Armee-Fraktion, die bis in die Niederlande reichten, die Schlagzeilen ab. Anerkennend stellte Wilhelm Saekel in der »Süddeutschen Zeitung« vom 13. Juni 1977 fest: »... daß eine der [...] Humanität verschriebene durch und durch zivile Regierung an Prinzipien des Rechtsstaates festhielt: Keine Amnestierung unanfechtbar verurteilter früherer Terroristen und für die neuen Terroristen keinen ›Freiflug‹ aus einem Land, das ohnehin jeder nach Belieben verlassen kann.«

Ende September 1978 sind die sieben Geiselnehmer – darunter die Drei, die den Zug gekapert hatten – zu je zehn Jahren Haft verurteilt worden, ein Achter wegen Beihilfe zu vier Jahren.

8. Terrorismus der Bombe

»Ich habe das Gebäude sich heben und wieder zusammensacken sehen. Es war wie im Krieg«, so gab Silvano Nerozzi, ein Augenzeuge jener gewaltigen Detonation im Bahnhof von Bologna, seinen Eindruck wieder. Im von Ferienreisenden übervölkerten Bahnhof hatte am Sonnabend, dem 2. August 1980, um 10.25 Uhr jemand eine Sprengladung gezündet, die im Wartesaal 2. Klasse ein Loch von 1,5 m Durchmesser und 25 cm Tiefe anrichtete. Vom linken Seitenflügel des Gebäudes fehlten 18 m Wand. Das Selbstbedienungsrestaurant, die Wartesäle 1. und 2. Klasse wurden vollständig zerstört, es blieb nur das tragende Gerüst aus Stahlbeton. Das Bahnsteigdach am Gleis 1, auf dem ein Schnellzug Ancona–Basel stand, stürzte ein. Die Menschen, die sich am Bahnsteig aufhielten, gehörten ebenfalls zu den Opfern.

Bis Sonntagmittag zählte man 86 Tote und 260 Verletzte und ging noch nicht einmal von einem Attentat aus, sondern meinte, im Keller des Bahnhofsrestaurants seien der Heißwasserkessel oder eine Gasflasche explodiert.

Italiens Staatspräsident Sandro Pertini unterbrach seinen Urlaub im Grödnertal und flog im Hubschrauber von Südtirol nach Bologna, wo er sagte: »Für das, was ich fühle, gibt es keine Worte mehr.« Zu diesem Zeitpunkt verdichteten sich die Anzeichen, dass der Anschlag wahrscheinlich von Rechtsextremisten verübt worden war. Denn am gleichen Tag hatte sich eine in Italien berüchtigte rechtsradikale Terrororganisation mit zwei anonymen Anrufen bei Redaktionen in Rom und Turin zu der Tat bekannt, wenn auch ein dritter Anruf die vorangegangenen dementierte. Ein anderer Bekenneranruf kam angeblich von einem Rotbrigadisten. Insgesamt gingen zehn Anrufe ein, die sich der Urheberschaft ziehen, aber fast ebenso viele, die widerriefen. Doch Polizei und Staatsanwaltschaft hielten an der Version fest, dass das Attentat von rechts kam, weil Sprengstoff nicht das Markenzeichen der »Roten Brigaden« war. Deren Waffen waren bislang Pistole und Maschinengewehr. Und: Drei Stunden nach der Explosion hatte sich jemand bei der Zeitung »La Republica« in Rom gemeldet, der sich als Sprecher der *Nuclei Armati Rivoluzionari* (NAR) (= Bewaffnete revolutionäre Zellen) vorstellte, in deren Namen die Verantwortung übernahm und »in geschraubten Worten« (»Der Spiegel«) hinzufügte: »Ehre sei Mario Tuti erwiesen«.

Mario Tuti war der vermutliche Täter eines Anschlags auf den Rapido (Schnellzug) »Italicus«, gegen ihn war Anklage erhoben worden. Er ist dann auch wegen Mordes zu lebenslänglichem Freiheitsentzug verurteilt worden. Am Tag der Anklageerhebung

81 Tote und 200 Verletzte forderte der Bombenanschlag neben dem Bahnhofsgebäude von Bologna. Foto: ANSA/dpa

und am Tag der Festnahme eines Helfers von Tuti (der aber mangels Beweisen freigesprochen werden musste) ging in Bologna die Sprengladung hoch. Der Anschlag auf den Bahnhof Bologna war also ein reifes *timing*, und Bologna war für das Verbrechen gewählt worden, weil die Stadt als das Beispiel einer von Kommunisten gut verwalteten Großstadt galt.

Während die Justiz sich langsam Erkenntnisse verschaffte, wem sie das Attentat zuzuschreiben hatte, formierten sich am Sonntag in Bologna 100.000 Menschen zu einer Demonstration gegen den Terrorismus. Die Spurensicherung wurde tätig. Sprengstoffspezialisten entnahmen dem Krater Bodenproben, um eindeutige Hinweise auf die Ursache der Katastrophe zu erhalten. Und es gab Zeugen, die sich vor der Explosion im Wartesaal aufgehalten hatten und einen jungen Mann gesehen haben wollen, der einen Koffer abstellte und rasch davonging. Er entsprach auch dem Phantombild der Polizei. Die Ermittlungsbehörden suchten auch die Fährte, die ins Ausland, namentlich nach Frankreich, führte. Es sollte noch eine Weile dauern, bis man die Beweise hatte, die zu einer Verurteilung reichten.

Sich mit dem Anschlag auf den Bahnhof Bologna zu beschäftigen, heißt, die Terrorszene zu betrachten, die Italien in den Siebzigerjahren erschütterte. Da gab es auf der einen Seite die »Roten Brigaden«, die stets einzelne Politiker, Wirtschaftsführer, Polizeibeamte und Journalisten mordeten oder verletzten und Botschaften hinterließen, die mit dem fünfzackigen Stern gekennzeichnet waren. Nachdem es der italienischen Polizei bzw. Justiz gelungen war, der Anführer der »Roten Brigaden« habhaft zu werden und sie hinter Schloss und Riegel zu bringen, ebbte diese Terrorwelle ab und spielte im öffentlichen Leben Italiens kaum noch eine Rolle. Auch im Kampf gegen die »gewöhnlichen Verbrechen«, gegen die Mafia, waren Polizei und Justiz vorangekommen.

Wenn auch die Politiker diese Erfolge feierten, hatten sie doch leichtfertig den »schwarzen Terror« übersehen, die blutrünstige Spielart, die seit 1970 mit Attentaten ohne Selbstzweck zur Destabilisierung des öffentlichen Lebens beitragen wollte. Nicht nur für Linke war ausgemacht, dass es die Rechtsextremisten waren, die sich in

Der völlig zerstörte neunte Wagen des Schnellzuges Neapel–Mailand.
Foto: ANSA/dpa

der NAR zusammengeschlossen hatten. Die NAR griff anfänglich Parteibüros der Kommunisten und Sozialisten an, sie weitete von etwa 1978 an ihre blutige Tätigkeit aus.

Das Drama von Bologna reichte den Attentätern nicht. Durch einen Anschlag auf den Schnellzug 904 Neapel–Mailand am 23. Dezember 1984 machten sie erneut auf sich aufmerksam. Der Sprengsatz explodierte um 19.06 Uhr im neunten Wagen, als der Zug zwischen Vernio und San Benedetto sechs Kilometer im Apennintunnel (er ist mit 18507 m einer der längsten europäischen Tunnel) zurückgelegt hatte. Hardmeier und Schneider schrieben über dieses Attentat:

»Sogleich bricht Feuer aus. Die Rauchgase bedrohen Hunderte von Reisenden. Doch, Glück im Unglück: Der Zug kommt sofort zum Stehen; die Fahrleitungen beider Gleise sind nämlich durch die Explosion zerfetzt worden, sodass auch ein aus nördlicher Richtung in den Tunnel eingedrungener Gegenzug von selber hält. 15 Fahrgästen ist freilich nicht mehr zu helfen und über 150 erleiden Verletzungen oder eine Rauchvergiftung. Es gelingt später den Bahnbeamten, mittels einer herbeigerufenen Diesellokomotive den unbeschädigten Teil des Zuges samt Elektrolokomotive nordwärts aus der Tunnelröhre zu ziehen. Die zwei am schwersten beschädigten Waggons werden noch vor Mitternacht südwärts geborgen. In diesem Fall wollten die Attentäter eine wahrhaft titanische Katastrophe auslösen: Explosion im Tunnel, Entgleisen und Zerschmettern des mit über 120 km/h rollenden Zuges, Auffahren eines Gegenzuges auf die Trümmer, Brandausbruch, Ausdehnung der Feuersbrunst über das ganze Trümmerfeld, Verbreiten der Rauchgase über die gesamte Tunnelröhre. Doch der Zug entgleiste glücklicherweise nicht. Sogar der von der Detonation unmittelbar betroffene Wagen blieb auf den Schienen stehen.«

Weder Staatspräsident Sandro Pertini noch der mit der Untersuchung beauftragte Staatsanwalt Claudio Nunziata zweifelten, dass auch dieser Gewaltakt auf das Konto des Rechtsextremismus ging. Allzudeutlich war die Übereinstimmung mit den

Knapp acht Jahre nach dem Bombenanschlag von Bologna wurden nach einem anderthalbjährigem Prozess zwölf Angeklagte zu harter Strafe verurteilt, acht – aus Mangel an Beweisen oder wegen erwiesener Unschuld – freigesprochen.
Foto: dpa/epa

Methoden der vorangegangenen Massaker: Anschlag auf eine Mailänder Bankfiliale in der Piazza Fontana (17 Tote, Dutzende Verletzte), Bombenanschlag am 4. August 1974 auf den Schnellzug »Italicus«, wobei die Bombe außerhalb des Tunnels explodierte und deshalb weniger Opfer forderte, nämlich »nur« 8 Tote und 94 Verletzte, als bei den schweren Anschlägen der Jahre 1980 und 1984.

1984 im Appennin-Basistunnel hatten die Attentäter genauer kalkuliert. Die Bombe sollte dort zünden, wo die Wirkung am größten war. Möglicherweise war daran gedacht, dass der Zusammenstoß mit dem vom Norden kommenden Expresszug das Unheil vergrößern könnte. Dieser Zug hatte jedoch Verspätung und kam vor der Katastrophenstelle zum Halten.

Der oder die Täter hatten während der 15 Minuten Zugaufenthalt in Florenz den fünf bis sieben Kilogramm schweren Sprengsatz auf den Gepäckträger im Gang des Wagens gelegt. Der Zündmechanismus musste so eingestellt gewesen sein, dass er genau im Tunnel auslöste. Eine andere Vermutung: Hatte jemand eine Bombe im Tunnel gezündet? Das wäre im Hinblick auf die Wirkung sicherer gewesen, auch falls sich der Zug verspäten sollte. Die Kriminalisten sagten Nein. Die Explosion kam nicht aus dem Gleis, sondern vom Dach des Wagens und zerriss die elektrische Oberleitung.

Jemand wollte eine Person gesehen haben, die in Florenz den betreffenden Wagen mit einem Sportbeutel verlassen hatte. Von ihr wurde ein Phantombild gezeichnet und nach ihr gefahndet. Eine andere Frage beschäftigte die Ermittler, die nach dem Motiv. Wem sollte der Anschlag gegolten haben? Offenbar keiner bestimmten Person, der oder die Täter wollte(n) einfach eine möglichst große Zahl vom Menschen umbringen.

Da sich in Italien die Attentate häuften, aber kaum ein Verdächtiger festgenommen, gar verurteilt wurde, unterstellten viele Bürger der italienischen Polizei und Justiz sowie der Antiterroreinheit Digos Unfähigkeit und Untätigkeit. Die »Süddeutsche Zeitung« kommentierte am 27. Dezember 1984:

»Danach wird das tragische Ereignis jahrelang, wenn nicht auf Jahrzehnte die Richter, die Staatsanwälte, die Polizei, die Politiker und vor allem die Journalisten beschäftigen; mit immer neuen Angeklagten, neuen Zeugen, frischen Enthüllungen, wilden Verschwörungstheorien, Verhaftungswellen, Verleumdungsklagen; danach

Die zu lebenslänglicher Haft verurteilten Valerio Fioravanti (links) und Sergio Picciafuoco. Foto: dpa/epa

(wenn es überhaupt zur Eröffnung des Hauptverfahrens kommt) folgen die Freisprüche wegen Mangels an Beweisen. Den Terrorismus der Bombe, den mörderischen Schlag in die Menge kennt Italien seit fünfzehn Jahren. Mit den juristischen Folgelasten ist bereits eine zweite Generation von Richtern und Staatsanwälten beschäftigt, und junge Italiener lesen gelangweilt die neusten Untersuchungsberichte über Massaker, die sich ereignet haben, als sie selbst noch in der Wiege strampelten.«

Das Vorurteil gegenüber der italienischen Justiz war unberechtigt. Das Gericht in Bologna konnte zwar nicht ermitteln, wer den Sprengstoffkoffer auf den Bahnhof von Bologna gebracht hatte, verurteilte jedoch am 11. Juli 1988 vier Neofaschisten zu lebenslanger Haft, denen es die Beteiligung an der Tat nachgewiesen hatte. Mehrere als Drahtzieher des Anschlages verdächtige Rechtsextremisten mussten mangels Beweisen freigesprochen werden.

Ein knappes Jahr danach: Am 25. Februar 1989 endete vor dem zweiten Schwurgericht in Florenz der Prozess gegen die Hauptangeklagten des Anschlags auf den Schnellzug 904 am 23. Dezember 1984 mit exemplarischen Urteilen. Fünf der Angeklagten wurden zu lebenslänglichem Zuchthaus, zwei zu 28 bzw. 25 Jahren Gefängnis verurteilt. Seitdem blieben Italiens Züge und Bahnhöfen von Attentaten solcher Dimension verschont.

9. Kein Bauernkrieg: der Protest gegen Castor

Das Wort Castor löst bei vielen Menschen das Gefühl der Angst, aber auch des Zorns aus. Aus verschiedenen Gründen: Einer ist, dass die Castor-Transporte mit einem massenhaften Aufgebot von Polizei, von Krawall, Randale und Anschlägen auf Einrichtungen der Bahn begleitet waren und zum Teil noch immer sind. Mögen die Anschläge die Castor-Transporte auch nicht aufgehalten haben, die Missstimmung dürfte dem Unternehmen, das diese Transporte übernimmt, nicht gleichgültig sein.

Diese von Deutscher Bundesbahn bzw. Deutscher Bahn organisierten aufwändigsten Sonderzüge gehen auf ein technisch und politisch ungelöstes Problem zurück. Die Frage, was mit dem radioaktiven Müll der Kernkraftwerke werden soll, hat niemand beantwortet. Man – gemeint sind die Kraftwerksbetreiber wie die Regierung – schob die Antwort vor sich her. Mit ihr befasste sich die (West-) Deutsche Atomkommission 1956 und vertagte die Entscheidung nach dem Motto: Kommt Zeit, kommt Rat.

Nachdem 1957/1958 die ersten Versuchsreaktoren, 1961 in Karlsruhe der erste Forschungsreaktor eigener Konstruktion und 1974 in Biblis das größte Kernkraftwerk der Welt in Betrieb gegangen waren, gehörte die Bundesrepublik Deutschland in der

Versuch in Horstwalde, Kreis Teltow-Fläming: Ein harmlos aussehender Kesselwagen, gefüllt mit 5 t Propangas und der CASTOR-Behälter auf einem Gestell.
Foto: BAM

Der Castor

Der Castor-Behälter ist 6 m lang und hat einen Durchmesser von 2,5 m. Die Wand besteht aus 40 cm dickem Sphärogusseisen.

Nach internationalen Vorschriften muss der Behälter schwersten Unfällen standhalten. Bevor ein Behältertyp vom Bundesamt für Strahlenschutz zugelassen wird, wurde zum Beispiel beim Typ B getestet, ob er den folgenden Belastungen widersteht, ohne dass seine Sicherheitsfunktion wesentlich beeinträchtigt ist:

* freier Fall aus 9 m Höhe auf ein mit einer Stahlplatte befestigtes, unnachgiebiges Betonfundament
* freier Fall aus 1 m Höhe auf einen mit diesem Fundament starr verbundenen Dorn aus Baustahl von 15 cm Durchmesser
* halbstündiges Feuer bei einer Temperatur von mindestens 800 C
* achtstündiges Untertauchen in Wasser bei einem Druck, der mindestens 200 m Wassertiefe entspricht.

In den USA und in Großbritannien wurden B-Behälter zusätzlich Zusammenstößen ausgesetzt, indem der Behälter von einem ferngesteuerten Lkw mit der Geschwindigkeit von 100 km/h gegen eine Betonmauer gefahren wurde und eine Lokomotive mit drei Wagen bei der Geschwindigkeit von 160 km/h einen quer über das Gleis abgestellten Behälter rammte.

Nach Angaben des Bundesamtes für Strahlenschutz darf beim beladenen Behälter im Abstand von 2 m der Wert der Strahlung 0,1 Millisievert je Stunde nicht übersteigen. Im Abstand von 5 m nehme die Strahlung auf ein Zwanzigstel ab. Der von der Internationalen Strahlenschutzkommission empfohlene jährlich höchstzulässige Dosisgrenzwert beträgt 1,0 Millisievert. Die mittlere Strahlenbelastung der Bevölkerung in Deutschland betrug 1955 4 Millisievert.

Ein Ölbrand unter dem Kesselwagen ließ den Behälter nach 20 Minuten explodieren. Den CASTOR rammte es in den Boden, aber er hielt stand. Foto: BAM

Kerntechnologie zur Weltspitze, doch die Entsorgung blieb ungeklärt. Zu keiner Zeit wuchs die Akzeptanz unter der Bevölkerung, im Gegenteil. Sie fürchtet bis heute die neuen Technologien, die Einschränkung der Demokratie, die zivile und militärische Verflechtung der Nutzung der Atomkraft.

Die Atomwirtschaft und die Politiker wiegelten solche Befürchtungen unter Hinweis auf den hohen Sicherheitsstandard der Kernkraftwerke ab. Nach der Explosion des ukrainischen Kernkraftwerkes Tschernobyl 1986 waren die Argumente Pro Atomstrom fragwürdig geworden. Das technisch weitaus höhere Niveau der westlichen Kernkraftwerke stellte die Entsorgung des Atommülls keineswegs auf feste Füße.

Seit 1980 mussten die Betreiber von Kraftwerken sechs Jahre im Voraus nachweisen, was mit den verbrauchten Brennelementen werden sollte. Ohne diesen Entsorgungsnachweis durfte kein Kraftwerk betrieben werden.

Die Unternehmen hatten vorgesorgt. Sie schlossen seit 1977 mit Unternehmen in Frankreich und England Verträge für die Wiederaufarbeitung der Brennelemente. In La Hague und in Sellafield werden aus ihnen hochgiftiges Plutonium und Uran isoliert und aus den alten Brennelementen neue Brennstäbe. Den bei diesem Vorgang anfallenden Abfall wollten die Betreiber von Kernkraftwerken bis zum Jahr 2004 zurückzunehmen. Alles war vertraglich gesichert und seit 1979 sogar völkerrechtlich legitimiert. Der in den Wiederaufarbeitungsanlagen verbleibende Abfall sollte in den Zwischenlagern Ahaus und Gorleben eingelagert werden. Seitdem wird in Europa der hoch gefährliche Atommüll hin- und hergeschoben, weil es keine geeigneten Endlager gibt.

Die Anschläge auf die Bahn richteten sich bisher nur gegen die in Bayern geplante, aber vereitelte Wiederaufbereitung Wackersdorf und gegen die Castor-Transporte von den Kernkraftwerken nach Ahaus und nach Gorleben, nicht aber gegen die zu den Wiederaufbereitungsanlagen in Frankreich und England. Durch das Saarland rollen jährlich 60 bis 100 Castor-Transporte zum Grenzübergang Perl/Apach. Allenfalls Sitzblockaden oder ein »Schienenfrühstück« in der Saarbrücker Bahnhofsgaststätte wurden organisiert. Unbehelligt blieben auch die Transporte des bei der Wiederaufbereitung erzeugten radioaktiven Mülls, der in die Zwischenlager gebracht werden muss. Außer nach Ahaus und Gorleben, zwei Ortsnamen, die inzwischen jedermann kennt, rollten seit Jahren Transporte mit Atommüll zu anderen Orten, die weitgehend unbeachtet und ungestört blieben, zum Beispiel nach Lubmin bei Greifswald.

Im Kernkraftwerk Nord (vor der Wende hieß es Kernkraftwerk »Bruno Leuschner«) wurden 1990 aus Sicherheitsgründen die vier Druckwasserreaktoren abgeschaltet und ein Zwischenlager eingerichtet, zu dem unter anderen die Brennstäbe vom ebenfalls abgeschalteten und demontierten Kernkraftwerk Rheinsberg gebracht werden.

Warum der Aufstand gegen die Castor-Transporte? Den Protestierern sind diese Transporte zu riskant. Sie verlangen, die abgebrannten Brennelemente in den Lagerbecken (»Abklingbecken«) der Kraftwerke zwischenzulagern. Angeblich staut sich dort der hoch radioaktive Müll. Die Kernkraftgegner sagten dazu: Wenn das Becken voll ist, soll das Kraftwerk abgeschaltet werden. Die Taktik ist klar: Wenn es keine Transporte gibt, dann hat auch die atomare Energieerzeugung ihr Ende gefunden.

Bevor ich zu einigen Anschlägen gegen die Bahn und die Strafverfolgung komme, einen Blick auf die jüngere Geschichte der Castor-Transporte: Castor werden die Behälter genannt, in denen die in Atomkraftwerken abgebrannten Brennstäbe zum Zwischenlager oder zur Wiederaufarbeitungsanlage gebracht werden. Die Bewegung gegen sie und die Zwischenlager formierte sich vor über 20 Jahren. Denn am 22. Feb-

Anschläge auf Bahn und Strommasten innerhalb von zehn Monaten 1986 in Bayern.
Quelle: LKA Bayern

ruar 1977 entschied die niedersächsische Landesregierung unter dem CDU-Ministerpräsidenten Ernst Albrecht, im an der Elbe gelegenen Dorf Gorleben ein nukleares Entsorgungszentrum mit einer Wiederaufarbeitungsanlage und einem Endlager für Atommüll zu bauen. Albrecht wollte dem wirtschaftlich zurückgebliebenen Zonenrandgebiet wirtschaftlichen Aufschwung geben. Seit 1979 prüft das Bundesamt für Strahlenschutz, ob sich ein Salzstock als Endlager eignet. Das Verfahren soll 2003 beendet sein; das Endlager könnte 2012 zur Verfügung stehen.

Doch die Bürger im Landkreis Lüchow-Dannenberg entsagten solchem Segen. Am Abend der Entscheidung in Hannover trafen sich die Aktivisten der Anti-Atomkraft-Bewegung und meldeten sich mit der Losung, die sich der Albrecht folgende Ministerpräsident und 1998 zum Bundeskanzler gekürte Gerhard Schröder zu Eigen machte: »Wir wollen nicht das Atomklo Deutschlands werden!«

Am 12. März 1977 demonstrierten 15.000 Menschen in Gorleben, 1979 sollen es 100.000 gewesen sein, die nach Hannover marschierten. Ministerpräsident Albrecht

Wir transportieren alles – Plakat auf einem Berliner Bahnhof im April 1996. Foto: Preuß

musste daraufhin zugeben: »Die Wiederaufarbeitungsanlage ist technisch machbar, politisch aber nicht durchsetzbar.« Zwar wurde die Wiederaufarbeitungsanlage nicht gebaut, aber beim Zwischen- und Endlager blieb es, und dagegen richtete sich weiter der Protest.

Auf die Sicherheitsbedenken der Anwohner reagierten der Betreiber des Zwischenlagers mit dem Hinweis auf die Langzeitversuche mit den Castor-Behältern, aber auch die Bundesanstalt für Materialprüfung, die in einem Verfahren vor dem 7. Senat des Oberverwaltungsgerichts Lüneburg im August 1996 das systematische Versagen der Dichtungen ausschloss. 1998 beruhigte man die Öffentlichkeit, die gusseisernen Castor-Behälter könnten einen Flugzeugabsturz überstehen, aus 9 m Höhe auf Beton fallen oder eine halbe Stunde lang in 800 °C heißem Feuer schmoren – die radioaktive Fracht bliebe unversehrt. Sie muss 30 bis 40 Jahre im Zwischenlager bleiben, bis der Inhalt so weit abgekühlt ist, dass er zur Endlagerung gebracht werden kann – doch die gibt es nicht.

Die Deutsche Bahn AG ist wegen der Einnahmen an den Castor-Transporten sehr interessiert. Verweigerte sie solche Transporte, bliebe den Kernkraftwerken im Norden Deutschlands noch der Seeweg. So aber rollten alljährlich 80 bis 100 dieser Transporte auf dem Schienenweg durch Deutschland – bis man 1998 bei einem Transport von abgebrannten Brennstäben zur Wiederaufbereitungsanlage in La Hague sehr starke radioaktive Belastungen an der Oberfläche der Transportbehälter festgestellt hatte. In einem Fall war der Grenzwert um das Zweitausendfache überschritten worden, woraufhin die damalige Umweltministerin Angela Merkel die Transporte stoppte. Die im Februar 1999 abgewählte rot-grüne hessische Landesregierung beauftragte das Öko-Institut in Darmstadt mit einer Studie. Und in der wurde festgestellt, dass besonders für die Bahnarbeiter – sprich: für die Eisenbahner – das Risiko einer »erheblichen potenziellen Strahlenexposition« bestand.

Alles halb so schlimm, meinte die neue hessiche Regierung, die Studie beziehe sich ausdrücklich nicht auf innerdeutsche Transporte von Castorbehältern, sondern auf internationale Transporte mit französischen Containern. Diese seien wegen ihrer Bauart erheblich schwerer zu dekontaminieren als der Castor.

Wie dem auch sei. Die Deutsche Bahn bestimmt mit ihrer 100-prozentigen Tochter Nuklear Cargo Service sowie dem Bundesamt für Strahlenschutz die Route von Castorbehältern oder Containern und hält sie geheim (trotzdem wird sie bekannt). Sie legt die zusätzlichen Aufwendungen, wenn es zu Störungen ihres Zugverkehrs kommt, auf die Transportkosten der Behälter um.

Da wegen des Polizeischutzes die Züge nicht ver- oder behindert werden können, richten sich die Anschläge gegen andere Züge und andere Strecken der Art: Hindernisse auf die Gleise, zerschnittene Kabel, abgelegte Bombenattrappen, Sprengsätze in Gleisen und unter Eisenbahnbrücken, vor allem aber Beschädigungen der Oberleitung durch Hakenkrallen oder Wurfanker. Die Anschläge auf Anlagen des elektrischen Zugverkehrs sind wirkungsvoll, ist doch etwa die Hälfte des Streckennetzes der Deutschen Bahn elektrifiziert. Auf dieser Hälfte werden 80 Prozent der Betriebsleistungen erbracht. Gegenstände in die Oberleitung zu werfen, bedeutet in aller Regel, in einem Abschnitt die Stromversorgung der Züge auszuschalten. Ein Gutachten der Deutschen Bahn erläutert, was folgt. Die Lokomotive reißt die Oberleitung auf einer Länge von mehreren hundert Metern herunter, wenn sie mit ihrem Stromabnehmer eine Hakenkralle erfasst. Auch die heruntergerissenen Isolatoren können mit ihrem Gewicht von bis zu 30 kg zu tödlichen Geschossen werden.

Unter den 1108 Oberleitungsstörungen 1993 (Deutsche Bundesbahn 512, Deutsche Reichsbahn 596) gehörten 628 bei der Deutschen Bundesbahn und 252 bei der Deutschen Reichsbahn zu den »Fremdeinwirkungen«. Nicht jede Störung der Oberleitung geht auf einen Anschlag zurück. In den bahninternen Analysen werden noch folgende Ursachengruppen genannt: Einwirkungen von außen, unter anderem Fehlleitungen [von Zügen - E. P.] in Gleise ohne Oberleitung mit gehobenem Stromabnehmer, Nichtbeachten der El-Signale durch den Lokomotivführer insbesondere bei den Kuppelstellen, falsche Bedienung des Stromabnehmers, Arbeiten am Oberbau [zum Beispiel Kran reißt Oberleitung herunter - E. P.] und bei den bereits genannten Fremdeinwirkungen: Tiere, Bäume, Panzerantennen! Zu Störungen durch Beschießen oder Bewerfen der Oberleitungen kam es im jährlichen Durchschnitt über 400 mal.

Die Deutsche Bahn wendet sich verbal gegen die Attacken auf ihre Einrichtungen, scheint aber den Verlust des Ansehens bei den Reisenden hinzunehmen, die um ihre Sicherheit fürchten und für die die durch Anschläge und Störungen verursachten Verspätungen ärgerlich sind. Im Übrigen vertraut sie auf das Gewaltmonopol des Staates und denkt, er werde es schon richten.

Fachleute werden nicht müde, die Sicherheit der Castor-Behälter und der Eisenbahntransporte zu bestätigen. Als am 4. Februar 1997 – zum Glück für die Deutsche Bahn – 500 m hinter der Grenze auf der Spitzenweiche des französischen Grenzbahnhofs Apach die Lokomotive und die ersten vier Wagen des Zuges 44 520 entgleisten (vermutliche Ursache: Schienenbruch), war die Aufregung groß. Das war kein gewöhnlicher Güterzug, sondern einer, der 180 t hoch radioaktiven Abfall vom Kernkraftwerk Lingen zum Hafen in Dünkirchen brachte. Das Umweltministerium in Bonn beschwichtigte sogleich: Strahlung sei nicht ausgetreten, Hinweise auf Sabotage gäbe es nicht. Dass der Zug nach Apach kam, lag an dem Umweg, den er nehmen musste, weil Belgien den Transit der Fracht verweigerte.

Nach diesem Eisenbahnunfall lasen wir von anderen beunruhigenden Störungen: erhöhte Strahlenwerte im Umfeld der Castor-Behälter, Wassertropfen in einer Dichtung und ein 60 cm langer Riss im Behälter beim Umladen am 8. Juli 1998 in Magdeburg.

Die Haltung der Regierungen zu den Transporten von Atommüll ist keineswegs einheitlich. In Schweden und Finnland wird der Seeweg benutzt, zumal die Reaktoren und Zwischenlager am Meer liegen. Dort soll laut der Internationalen Atomenergie-Organisation IAEO die Bevölkerung zu den Zwischenlagern »auch positiv eingestellt« sein. Proteste und Aktionen gab es dagegen in Belgien und in der Schweiz.

Man könnte lange Listen von Anschlägen gegen den und über Eingriffe in den Bahnverkehr schreiben, die im Zusammenhang mit der Anti-Kernkraft-Szene stehen. Die Medien berichteten mehr oder weniger ausführlich darüber. Einige Beispiele sollen genügen.

Am 2. Dezember 1986 prallte ein vollbesetzter Nahverkehrszug auf der Strecke Nürnberg–Regensburg gegen eine 30 m lange Fichte. Etwa zur gleichen Zeit fuhr der Eilzug Frankfurt (Main)–Regensburg gegen einen Baum, der auf die Oberleitung gestürzt war. Nicht ein Unwetter hatte ihn dorthin gebracht, sondern die Säge von Attentätern. Die sägten nicht nur Bäume um, sondern auch an Hochspannungsmasten. Man wollte damit die Energieversorgungsunternehmen treffen. Bayern war der Schwerpunkt derartiger Aktionen. Die Steigerungsrate belief sich von drei Anschlägen im Jahr 1985 auf 36 im folgenden Jahr, 1986 waren es bundesweit 113. Personen wurden nicht verletzt.

Insgesamt 100.000 Mark kosteten die Anschläge auf die Oberleitungen 1986, die Folgekosten durch Ausfall und Verspätung von Zügen nicht gerechnet. Diese den Medien mitgeteilten Kosten dürften zu niedrig angesetzt sein, denn der Anschlag am 30. November 1986 zwischen Karlsfeld und Dachau soll bereits 50.000 Mark gekostet haben. Zwei Moniereisen waren von einer Brücke auf die Oberleitung geworfen worden. Als ein Güterzug die Stelle passierte, kam es zum Kurzschluss, und der Zug blieb stehen. Bis zur Beseitigung des Schadens, der heruntergerissenen Oberleitung, konnte die Strecke nur eingleisig befahren werden.

Die Polizei fand ein Flugblatt mit der Überschrift »Alle Räder stehen still«, das genaue Anweisungen enthielt. Unter »Wie man Wurfanker baut« gab es den Tipp, dass sie an einem 4,10 m langen Seil befestigt sein müssen. In einem anderen Handzettel wurde beschrieben, wie man mit einem »41er-Maulschlüssel und 'nem kleinen Spaten« Bahnschwellen aus der Verankerung löst. Auch Hinweise auf die Gefahren fehlten nicht: »Bei strömendem Regen empfehlen wir keine Aktionen, da die Leitfähigkeit des Wassers zu riskant ist.«

Derartige »Anleitungen zu strafbaren Handlungen und zu Verbrechen« (Zitat aus einem Beschluss des Bayerischen Verwaltungsgerichtshofs) waren Vorwand oder Anlass, den Anti-Atom-Bundeskongress zu verbieten, der Ende 1996 in Regensburg tagen und im Januar 1987 in München nachgeholt werden sollte.

Auf der niedersächsischen Nebenbahn Uelzen–Dannenberg, über die die Castor-Transporte zum Zwischenlager Gorleben rollten, bis die Strecke am 1. Juni 1996 stillgelegt wurde, fehlte die Oberleitung für entsprechende Aktionen. Hier versuchten die Attentäter, Schwellen im Gleis zu entfernen, offenbar mit der Absicht, der Zug werde entgleisen und die Fracht könne aufgehalten werden. Nach der Stilllegung der Strecke war die von Lüneburg nach Dannenberg das Objekt der Aktionen, aber auch weiträumig andere Zulaufstrecken, wobei zeitweise der Raum Göttingen einen Schwerpunkt bildete.

Dass sich die »Bewegung« nach Niedersachsen verlagerte und hier die Jahre 1994/1995 erster Höhepunkt der Proteste (und Anschläge) waren, stand im Zusammenhang mit der Weisung der Bundesregierung vom 26. Oktober 1994. Sie hatte das Land

Niedersachsen angewiesen, dem Castor-Transport zuzustimmen. Das Land beugte sich. 1999 wieder.

Einen Vorgeschmack auf die kommenden Aktionen lieferte am 14. November 1994 das »K. Ollektiv Gorleben«, das an sieben Stellen je einen Wurfanker in die elektrische Oberleitung brachte. Die Strecken waren für mehrere Stunden blockiert. Der Sachschaden belief sich auf mehrere 100.000 Mark.

Solche Anschläge wiederholten sich am 26. Januar 1995 auf der Strecke Hannover–Hamburg. Am 19. April waren zwischen Bad Bevensen und Emmendorf an derselben Strecke Signalkabel durchgetrennt, und am 20. April hielten Unbekannte mithilfe der Notbremse den Interregio zwischen Stade und Cuxhaven an, wo sie Flugblätter hinterließen.

Bis zum April war der Transport aus verschiedenen Gründen aufgehalten worden, auch durch Entscheidungen der Verwaltungsgerichte. Zuletzt hob das Oberverwaltungsgericht Lüneburg am 23. Januar 1995 die von Vordergerichten ausgesprochenen Verbote auf. Am 24. April begann der Transport um 20.05 Uhr in Philippsburg.

Quasi als Warnung auf das Folgende setzten sich tags zuvor im Bahnhof Kassel-Wilhelmshöhe 25 Demonstranten auf die Schienen und hielten den ICE »Breisgau« auf. Zwischen Uelzen und Dannenberg wurden Schienen durchgesägt und Bahnschwellen freigelegt. Ein Güterzug überfuhr die Lücken, entgleiste aber nicht.

Die Fronten verhärteten sich. Der Staat in Gestalt der Ministerin Angela Merkel wollte sich mithilfe von fast 15.000 Polizisten durchsetzen, und die Atommüllgegner, ob militant oder nicht, zeigten sich kampfbereit. Überall an der vorgesehenen Strecke kam es zu weiteren Anschlägen.

Doch der Zug erreichte unbehelligt das Rhein-Main-Gebiet, aber der übrige Zugverkehr war in Mitleidenschaft gezogen worden. Nicht durch die 60 stillen Demonstranten in Groß Gerau, die sich zurückzogen, noch ehe der Zug den Bahnhof erreichte, aber durch die Wurfanker, die am 25. April zwischen 4.30 und 5.30 Uhr zwischen Darmstadt-Eberstadt und Darmstadt Hbf, Gernsheim und Biebesheim sowie Worms Hbf und Osthofen auf die Oberleitung geworfen worden waren. Auf den drei Hauptstrecken Heidelberg–Frankfurt (Main), Mannheim–Frankfurt (Main) und Ludwigshafen–Worms–Mainz, die als Alternativrouten für den Castor-Transport bestimmt worden waren, ruhte der Zugverkehr. Der Fahrplan war aus den Fugen geraten.

Die Betriebsleitungen hatten Hochbetrieb, um wenigstens einige Züge über die Strecken zu bringen. Tausende Pendler, die morgens im Berufsverkehr die Züge benutzen mussten, saßen fest. Die Deutsche Bahn improvisierte, bespannte einige Züge mit Diesellokomotiven. In Darmstadt gab es Schienenersatzverkehr, zwischen Frankfurt (Main) Hbf und Darmstadt Hbf Pendelzüge. Der gesamte Fernverkehr auf der Rheinschiene wurde nach 7.00 Uhr über Worms–Mannheim geleitet, nachdem wenigstens auf einem Gleis die Oberleitung wieder intakt war.

Die Deutsche Bahn schickte den Castor-Zug um den Knoten Frankfurt (Main) herum und unter größter Geheimhaltung in Richtung Aschaffenburg–Fulda–Bebra–Kassel-Wilhelmshöhe–Göttingen, aber nicht auf die Hochgeschwindigkeitsstrecke, wie die Medien behaupteten. Dort hätte er mit 80 km/h Höchstgeschwindigkeit auch nicht hingehört. Hubschrauber des Bundesgrenzschutzes begleiteten den Zug, und ein zweiter Zug fuhr – als eine Art Minenräumer – dem Transport wenige Minuten voraus. In Göttingen wurde Lokomotiv- und Personalwechsel vorgesehen, obwohl man wusste, dass es hier immer zu Aktionen kommt (tatsächlich Bombendrohung und Sitzblockade in Rosdorf). Der Betriebshalt war nur Tarnung; tatsächlich wurde in Eichenberg gewechselt.

Unterdessen besetzten etwa 600 Atomkraftgegner in Zernien, Strecke Uelzen–Dannenberg, einen Bahnübergang, wo sie versuchten, das Gleis abzutragen. Auch der Haltepunkt Hitzacker war besetzt worden. Hier errichteten die Demonstranten aus Baumstämmen brennende Barrikaden und zerstörten das Gleis. Auf dem Bahnhof Dannenberg Ost hatten sich 2000 Atomkraftgegner eingefunden, wo der Castor-Behälter auf einen Tieflader umgesetzt und ins Zwischenlager nach Gorleben gebracht werden sollte. Während die Polizei zunächst meldete, auf dem Bahnhof sei es ruhig, leisteten die Atomkraftgegner nach Ankunft des Zuges und beim Umladen des Castor-Behälters erbitterten Widerstand.

Mehrmals wurde der Zugverkehr zwischen Hannover und Hamburg durch Hakenkrallen in der Oberleitung unterbrochen. Am 27. September 1995 sollte ein Betonklotz die Strecke Burgdorf–Uelzen lahm legen. Und auch am 24. Oktober war die Strecke Hamburg–Hannover durch Anschläge mit Hakenkrallen empfindlich getroffen.

Im Mai 1996 wiederholten sich die Proteste und Anschläge, als ein Atommülltransport von Frankreich nach Gorleben angekündigt worden war. Nun traf es auch Strecken in Brandenburg, zum Beispiel Berlin–Magdeburg, wo Wurfanker in der Oberleitung hingen. Die Polizei will in der Nähe des Tatortes Bekennerschreiben gefunden haben. Ein herausgeschnittenes Schienenstück wurde am 28. August dem Zug 3270 zwischen den Haltepunkten Harlingen und Leitstade (Strecke Dannenberg Ost–Lüneburg) zum Verhängnis; er entgleiste.

1997 konzentrierten sich die Aktionen auf die bislang unbehelligt gebliebene Strecke Coesfeld (Westf)–Ahaus. Zum Zwischenlager in Ahaus war bereits von Juni 1992 bis April 1995 mit 57 Zügen und 305 Castor-Behältern das gesamte strahlende Inventar des stillgelegten Hochtemperaturreaktors Hamm-Uentrop gebracht worden, ohne dass jemand protestierte.

Am 16. Oktober 1977 wurde zwischen Coesfeld und Billerbeck ein 1,80 m langes Stück Schiene aus dem Gleis gesägt. Dieser Tat bezichtigte sich eine Gruppe unter den Atomkraftgegnern, die sich »Mut zur Lücke« nannte. 1998 sollen weitere Anschläge auf die Oberleitungen und sogar verklebte Münzeinwürfe von Fahrkartenautomaten im Raum Frankfurt am Main im Zusammenhang mit den Transporten nach Ahaus gestanden haben. Mitte März ketteten sich vor dem Zwischenlager in Ahaus vier Greenpeace-Aktivisten an das Gleis. Die Polizei schnitt einfach das Schienenstück mit den Protestierern heraus.

Die Auseinandersetzungen unter dem Stichwort »Stoppt Castor« mit der Staatsmacht, die durch den massenhaften Auftritt von Polizisten Stärke zeigte, wurden immer gewalttätiger. Sowohl der Bundesinnenminister Manfred Kanther als auch der niedersächsische Innenminister Gerhard Glogowski wurden nicht müde zu erklären, die »sogenannten« Demonstranten gegen die Castor-Transporte seien »Kriminelle«, mit denen die Polizei »fertig werden« müsse. Ziemlich unbeachtet blieb die Bürgerinitiative Lüchow-Dannenberg, die mit friedlichen bzw. legalen Mitteln versuchte, den Castor-Transport und das Zwischenlager zu verhindern und sich von den Anschlägen auf den Bahnverkehr distanzierte. Zum Bombenanschlag auf die Strecke Lüneburg–Dannenberg Ende April 1996 sagte der Sprecher der Bürgerinitiative, die Entwicklung sei Besorgnis erregend und politisch kontraproduktiv. Nur in einem massenhaften und friedfertigen Protest sehe die Initiative eine Chance, den

Atomkraftgegner soll für zerschnittene Bahnschiene zahlen

Ahaus (dpa/lni) - Ein Atomkraftgegner aus Bremen muß sich heute (Freitag) in einem Zivilprozeß vor dem Amtsgericht Ahaus wegen einer zerschnittenen Bahnschiene verantworten. Der Mann hatte im März 1998 gegen den Castor-Transport in das westfälische Zwischenlager Ahaus protestiert, indem er sich an die Bahngleise kettete. Für die daraufhin von der Polizei zerschnittene Schiene fordert die Deutsche Bahn AG 6 230 Mark Schadensersatz.

Bereits am vergangenen Dienstag war gegen den Beschuldigten am Amtsgericht Ahaus ein Strafprozeß wegen Nötigung eröffnet worden. Nach Verlesung der Anklageschrift hatte der Richter das Verfahren vertagt.
dpa/lni win zl bl yy ba

131751 Mai 99

Reichlich 6 000 Mark Schadenersatz fordert die Deutsche Bahn laut dieser dpa-Nachricht.

Atommülltransport nach Gorleben zu verhindern. Auch Greenpeace distanzierte sich vom gewalttätigen Vorgehen anderer Personen.

Die Berichterstattung der Medien nach dem Eintopf-Prinzip »Von jedem etwas« führte dazu, dass alle Vorkommnisse im Zugverkehr den Castor-Gegnern zugeschoben wurden, selbst wenn sie nicht von ihnen ausgingen, auch wenn es Anschläge wegen ganz anderer Motive oder überhaupt keine Anschläge gab. Unter der Fülle der Schreckensnachrichten ging unter, dass es auch friedliche Castor-Gegner gibt.

Die Nachrichtenagentur dpa mengte in ihre Nachricht »Anschlag auf Castor-Bahnstrecke – Zug konnte Bahnhof noch erreichen« am 23. September 1996 folgende Passage:

»Ebenfalls gesperrt wurde die ICE-Strecke Hannover–Göttingen bei Lamspringe, nachdem ein Intercity-Express am Montagmorgen die Oberleitung heruntergerissen hatte. Die Ursache dafür ist nicht bekannt. »Es kann sich auch um einen technischen Defekt handeln«, sagte ein Sprecher der Bahnpolizei.«

Na, bitte, die Überschrift gab den Sachverhalt nicht wieder, aber wer registriert das schon, wenn er an der letzten Zeile angelangt ist.

Am 15. Januar 1997 sägten zwischen Niedervellmar und Ihringshausen (Strecke Göttingen– Kassel) Unbekannte einen Oberleitungsmast an, der sich über die Gleise neigte. Als um 23.40 Uhr ein Güterzug mit der Geschwindigkeit von 120 km/h die Strecke befuhr, schlug der Mast gegen die Stirnseite der Lokomotive. Er wurde nach unten gedrückt und 100 m mitgeschleift. Der Lokomotivführer hatte das Hindernis kurz hinter einem Tunnel nicht erkennen können. Unweit des Tatorts fand die Polizei einen Erpresserbrief. Danach schloss sie aus, dass der Anschlag von Castor-Gegnern verübt worden war.

Am 1. Mai 1997 kam es im Fernverkehr Berlin–Hannover zu Verspätungen von mehr als einer Stunde, weil ICE-Züge umgeleitet werden mussten. An drei Stellen in Brandenburg waren Hakenkrallen auf die Oberleitung geworfen worden, um »den Naziaufmarsch in Leipzig« zu behindern, wie es in einem Bekennerschreiben hieß.

Gleichwohl machte die »Berliner Zeitung« bei dieser Nachricht vom 2. Mai 1997 auf die Anschläge auf Castor-Transporte aufmerksam.

ICE 593 »Walter Gropius« verursachte am 5. Februar 1998 zwischen Mering und Nannhofen (Strecke München–Augsburg) einen Oberleitungsschaden. Tatsächlich ging er auf Materialermüdung einer Klemme zurück, wie die Deutschen Bahn mitteilte, die hinzufügte, ein Anschlag sei ausgeschlossen. Am 8. Februar 1998 kam es erneut zu stundenlangen Verspätungen, diesmal zwischen Berlin und Hannover. Auch hier ging die Deutsche Bahn nicht von Sabotage aus. Ursache sei – wieder – ein technischer Defekt an einer Klemme gewesen.

Anfang 1998 wurde die Deutsche Bahn mehrfach mithilfe von Bomben, die sich jeweils als Attrappen herausstellten, von einem Unbekannten erpresst, der »Rache für den Castor-Transport« androhte und anderthalb Millionen Mark forderte. Er wurde gefasst (siehe 11. Abschnitt). Der als Michael bezeichnete Straftäter hatte dieses Motiv nur vorgeschoben.

Die Kriminalisierung der »Castor-Szene« führte letztlich dazu, dass im Bewusstsein der Öffentlichkeit alle Demonstranten in einen Topf geworfen werden. Dazu mag auch die Nachricht der Nachrichtenagentur dpa mit der Überschrift »Widerstand gegen Atomtransporte wird militanter« beigetragen haben, die von einigen großen Tageszeitungen übernommen worden ist.

Heinz Dürr, Vorstandsvorsitzender der Deutschen Bahn AG, kommentierte am 5. Mai 1996 in der »Bild am Sonntag«: »Protest gegen Atomtransport sei das [das = die Anschläge auf die Bahn - E. P.], heißt es. Für mich sind das böse, kriminelle Taten. Da wird vorsätzlich die Gesundheit, ja, das Leben völlig Unbeteiligter aufs Spiel gesetzt – nicht von Atomkraftgegnern, sondern von skrupellosen Gewalttätern und Polit-Terroristen…«

Schließlich verunglimpfte Dürr die Umweltbewegung, indem er die Eisenbahn als umweltfreundliches Massenverkehrsmittel bezeichnete und den Umweltschützern unterstellte, sie ließen es zu, dass »Leute aus der Umweltbewegung« ihrem Verkehrsmittel schweren immateriellen und materiellen Schaden zufügten.

Dürrs Rabulistik mag dem Umstand geschuldet sein, dass Teile der Bevölkerung, sofern sie als Bahnreisende durch die Aktionen nicht aufgehalten werden, die Anschläge tolerieren. Das muss man vermuten, da zwei Tage vor dem Dürr-Kommentar der DB-Nahverkehrsvorstand Klaus Daubertshäuser auf einer Gewerkschaftsveranstaltung sagte: »Was in der Öffentlichkeit zum Teil als Kavaliersdelikt abgetan wird, sind absolut kriminelle Taten.«

Je nach der politischen Ausrichtung der Zeitungen wurde die Szene der Atomkraftgegner kriminalisiert. War die Diffamierungskampagne, die Atomkraftgegner mit Terroristen gleichsetzte, vielleicht bestellt, um die Entscheidung der Bundesregierung und den exorbitanten Aufwand zum Schutz der Castor-Transporte zu rechtfertigen? 1997 lag die Zahl der dafür eingesetzten Beamten der Polizei und des Bundesgrenzschutzes bei 19.000, die einen Sammeltransport von sechs Castor-Behältern zu schützen hatten. 111 139 528,50 DM musste das Land Niedersachsen für den Castor-Transport nach Gorleben im März 1997 aufbringen, nicht einmal die Kosten für die Polizisten aus anderen Bundesländern gerechnet. Darunter zeichnete sich übrigens die Berliner Polizei durch große Brutalität aus. Nur: Nicht das Land trägt die Kosten, sondern der Steuerzahler.

Luftfahrtunternehmen verweigern den Transport der Fracht, wenn sich durch sie ein Risiko für die Sicherheit der Luftfahrt ergibt. Nicht jedoch das Bundesunternehmen Deutsche Bahn. Mit jedem Castor-Transport galt es, ein Exempel zu statuieren. Reimar Paul schrieb am 6. Januar 1997 im »Neuen Deutschland«: »Nach Einschätzung der Bürgerinitiative Lüchow-Dannenberg wollen Politik und Atomwirtschaft mit dem geplanten Sammeltransport bewusst eine nicht mehr beherrschbare Situation im Wendland schaffen, um dann den Widerstand der Bevölkerung mit aller Gewalt ein für alle mal zu brechen.«

Reimar Paul berichtete in dem Beitrag des »Neuen Deutschland«, Birgit Huneke, die Vorsitzende der Bürgerinitiative Lüchow-Dannenberg, sei vom Bundesamt für Verfassungsschutz als linksextremistisch und gewalttätig bezeichnet worden. Ein Vorstandsmitglied der Bürgerinitiative fand in seinem Schuppen Zubehörteile für ein Schweißgerät und vermutete, ihm sei »Beweismaterial« untergeschoben worden. Durch solche »Funde« – ein anonymer Anruf bei der Polizei genügt für eine Hausdurchsuchung – solle der Vorstand der Bürgerinitiative in ein kriminelles Licht gerückt werden, war die Meinung des BI-Sprechers Wolfgang Ehmke. Diese Bürgerinitiative sollte sich zu Hass-Figuren eignen.

Wie ist in diesem speziellen Fall der Castor-Transporte die Attentatsszene zu charakterisieren? Im Mittelpunkt steht die erwähnte Bürgerinitative, die ungeachtet aller Diffamierungen in keinen Zusammenhang mit den Anschlägen auf die Bahn zu bringen ist. Sie führt auch keinen »Bauernkrieg« gegen die Atompolitik. Aber es gibt genügend andere Protestierer, die zu strafbaren Mitteln greifen, um den Staat zu ramponieren. Ihnen kann das Polizeiaufgebot nicht groß genug sein, das ihre Bedeutung demonstriert. Sie kennen sich mit der Eisenbahntechnik aus und bilden sich weiter, auch im Internet, wo es den »Leitfaden zur Behinderung von Bahntransporten« oder die »Tipps zur Zugsabotage für Fortgeschrittene« gibt. Nachdem 1996 durch eine heruntergerissene Oberleitung ein Lokomotivführer verletzt worden war, sich die Täter auch dafür entschuldigten, herrscht angeblich seit Mitte 1998 Einverständnis bei der Anti-Kernkraftbewegung, Personen nicht zu gefährden. Statt dessen werden Autos beschädigt. Im Berliner Autonomenblatt »Interim« priesen die Autoren das Bewerfen fabrikneuer Autos in Güterzügen mit Steinen als lustig und relativ risikolos an. »Das Schöne daran: Es ist fast unmöglich vorbeizuwerfen, und jeder Stein beschädigt gleich mehrere Fahrzeuge.« »Militante Kernkraftgegner setzen [...] ganz offensichtlich verstärkt darauf, ihre Gewaltaktionen als wesentlichen Faktor neben dem »massenhaften Bürgerinnenprotest« in die Anti-Castor-Kampagne einbringen zu können«, verrät eine Analyse des Bundesamtes für den Verfassungsschutz von 1996.

Spätestens nach dieser Analyse ist nach der Rechtsverfolgung zu fragen. Das Ergebnis ist erstaunlich. Je militanter Kernkraftgegner auftraten, je größer die Störungen des Bahnbetriebs waren, je mehr Politiker die Strafverfolgung verlangten (Peter Hintze, weiland CDU-Generalsekretär 1996: »Jeder Einzelne ist strafrechtlich zur Rechenschaft zu ziehen und voll an den Kosten zu beteiligen, die sein rechtswidriges Verhalten verursacht.«), desto beschämender sind die Ergebnisse der Strafverfolgungsbehörden. Sie tendieren gegen null!

Stefan Dietrich stellte am 11. Oktober 1996 in der »Frankfurter Allgemeinen Zeitung« fest: »An der Unfähigkeit der Polizei kann es nicht liegen, dass es in mehreren Jahren nicht gelungen ist, auch nur einen Täter [...] zu überführen.«

Woran dann? 1995 gab es in Niedersachsen 491 Morde, mehr als 92 Prozent von ihnen wurden aufgeklärt. Bei den 40.000 Delikten Raub, Körperverletzung, Freiheitsberaubung lag die Aufklärungsquote bei 83 Prozent. Bei den Anschlägen von

Kernkraftgegnern auf Anlagen der Bahn (kein Demonstrationsrecht, sondern Sabotage!) ist die Aufklärungsquote 0 Prozent!

Auf meine Frage nach den Ermittlungen in Niedersachsen antwortete am 3. Februar 1999 das Innenministerium:

»Wesentliches Merkmal der von Ihnen thematisierten politisch motivierten Kriminalität ist ein von den Straftätern angestrebtes Höchstmaß an Konspiration und Abschottung bei der Vorbereitung und der konkreten Durchführung der Straftaten. Dieser Umstand und die Tatsache, dass es sich bei dem ›Angriffsobjekt‹ um das mehrere Tausend Kilometer umfassende Streckennetz der Deutschen Bahn AG handelt, macht es den Sicherheitsbehörden nahezu unmöglich, die in Rede stehenden extremistischen Anschläge zu verhindern sowie zunehmend schwieriger, Ermittlungsansätze zu gewinnen, die Strukturen des Kreises potenzieller Tatverdächtiger zu erhellen und letztendlich auch einen Tatnachweis zu führen.«

Was brachten die Ermittlungen des Generalbundesanwalts? Antwort der Pressesprecherin im Frühjahr 1999: »Wir ermitteln nicht aktuell, lediglich, ob ein fester Kern die Szene beherrscht. Alles andere ist Sache der Länder.« Die Deutsche Bahn AG setzte – laut ihrer Presse-Information vom 3. Mai 1996 – 50.000 Mark Belohnung zur Ergreifung der Täter aus. Wer bekam die Belohnung? Antwort vom Zentralbereich Konzernkommunikation: »Damals wurde zwar die Summe von DM 50.000 ausgesetzt, aber nie bezahlt, da die Täter nicht ergriffen wurden.«

Jahrelang war vom üblichen Verfahren bei Straftaten, Ermittlung – Anklage – Verurteilung, so gut wie nichts zu erfahren. Konnten oder sollten die Täter nicht ergriffen werden? Konnte oder sollte nicht bekannt werden, wer die Hakenkrallen in die Oberleitung wirft? Im Bekanntenkreis äußerte jemand, auf dieses Thema angesprochen: Die Polizei wird es wohl selbst sein! Ob diese Meinung ernst gemeint war, sei dahingestellt, sicherlich ist sie absurd. Aber außer der offiziellen Stellungnahme über die Schwierigkeit, die Täter zu fassen, kann man fragen, wem nützte oben genannte Täuschung, falls es sie gibt? Doch nur denjenigen, die schon immer der Meinung waren, Kernkraftgegner seien kriminell.

Wenn jemand bestraft wurde, dann der und mit aller Härte, der von der Polizei mühelos ergriffen werden konnte, wie zwei Greenpeace-Aktivisten, die das Landgericht Paderborn 1997 wegen Sachbeschädigung zu Geldstrafen verurteilte. Beide hatten vor dem Kernkraftwerk Würgassen einen Stahlkasten auf dem Gleis befestigt, um den Transport des Castor-Behälters nach La Hague zu behindern. Wegen der »ausgeklügelten Befestigungsapparatur« musste das Gleisstück ausgewechselt werden – Kosten 25 000 Mark.

Öffentlichkeitswirksam wurden einige wenige Täter präsentiert, mit Kanonen auf Spatzen geschossen. Koni Link gehörte zu einer Gruppe, die sich seit 1987 sonntagnachmittags vor dem Kernkraftwerk Grundremmingen traf und ein Transparent hoch hielt. Link wurde wegen »Zerstörung von Bauwerken« im Juni 1997 vom Amtsgericht Günzburg zu fünf Monaten Freiheitsstrafe verurteilt. Link hatte *versucht,* einige Schrauben im Gleis zu lockern.

Welche merkwürdigen Maßstäbe im Föderalismus bei den Gerichten gelten, illustriert die höchste Strafe, die das Landgericht Lüneburg aussprach, weil ein junger Mann Schienen abgeschraubt und das Schotterbett zerstört hatte: 600 Mark Geldstrafe wegen Sachbeschädigung. Wer in Bayern einen Castorbehälter mit einer Losung bemalte, musste 2400 Mark Geldstrafe bezahlen. Allerdings ist Bayern das einzige Bundesland, von dem einige wenige Ergebnisse bei der Strafverfolgung von

Attentätern bekannt wurden. Dort bildete 1986 das Landeskriminalamt eine zehnköpfige »Ermittlungsgruppe Energie und Bahn«, die sich eine Weile bis zur Festnahme von Attentätern gedulden musste.

1986 wurde trotz aller Appelle an die Bevölkerung und einer 150.000-Mark-Belohnung niemand gefasst. Erst Mitte August 1987 nahm die Polizei drei junge Leute fest, die im Verdacht standen, eine Tutzinger Computerfirma angezündet zu haben. Durch die Geständnisse dieses Trios – des 24-jährigen Dekorateurs Rudolf G., des 20-jährigen Schülers Matthias Z. und der 22-jährigen Steuergehilfin Daniela N. – konnte eine Reihe von Anschlägen aufgeklärt werden, verübt »aus grundsätzlichem Hass gegen das demokratische Staatssystem«:

- der umgestürzte 110-kV-Mast in Aschering, Ortsteil von Pöcking, am 7. September 1986
- der umgekippte Oberleitungsmast nahe der Haltestelle Mühltal (Strecke München–Tutzing) am 5. Oktober 1986
- der umgestützte Hochspannungsmast bei Tutzing-Monatshausen am 14. Oktober 1986
- die entgleiste S-Bahn am 15. März 1987 in Starnberg.

Das Landgericht München II verurteilte das Trio am 31. März 1988 zu neun Jahren, 6 Jahren und 6 Monaten bzw. zu einem Jahr und sechs Monaten Freiheitsstrafen. Verurteilt wurden sie aber nicht nur wegen der oben angeführten Straftaten. Die Drei konnten nicht für alle 1986 in Bayern verübten Attentate verantwortlich sein (60 Strommaste angesägt, zerstört oder anderweitig beschädigt sowie 36 Anschläge auf den Eisenbahnverkehr). Nach weiteren Tätern suchte die Polizei unter anderem, indem sie Anfang Dezember 1986 auf dem Münchner Hauptbahnhof Flugblätter verteilte und die Bürger zur Mithilfe aufrief.

Sie scheinen ohne Ergebnis geblieben zu sein, zumindest nannte das Innenministerium keine. Am 18. Februar 1987 gingen der Polizei zwei andere Täter ins Netz: Ein 21-jähriger Arbeitsloser und ein 19-jähriger Fleischerlehrling, gegen die die Staatsanwaltschaft in Memmingen das Ermittlungsverfahren einleitete. Viereinhalb Stunden nach ihrer Tat – sie hatten bei Burgau (Strecke Augsburg–Stuttgart) ein Eisenstück auf die Oberleitung geworfen, die von einem Güterzug auf 500 m Länge heruntergerissen wurde – waren sie festgenommen worden.

Der Erfolg hatte mehrere Väter. Peter Gauweiler, seinerzeit Staatssekretär im bayerischen Innenministerium, schrieb den »Fahndungserfolg« einer »bestimmten Taktik«, über die er sich ausschwieg, in Zusammenarbeit von örtlichen Polizeibehörden und der Sonderkommission »Energie und Bahn« zu. Laut Gauweiler entsprachen die Festgenommenen »fast typisch« dem bekannten Bild derer, die Anschläge auf Strommasten und Bahnanlagen verübten. Helmut Trometer, Präsident des bayerischen Landeskriminalamtes (LKA), assistierte Gauweiler, die Verdächtigen seien als »militante Gegner« der atomaren Wiederaufarbeitungsanlage in Wackersdorf der Polizei bereits früher aufgefallen. Ganz anders las sich der Bericht des Landeskriminalamtes, nach dem die ermittelnden Polizeibeamten einfach den Fußspuren im Schnee nachgegangen waren, die zu einem 400 m vom Ort des Anschlags abgestellten Kleinwagen führten. Halter des Fahrzeugs war einer der beiden Männer, die das aus Nylonschnur und Flacheisen bestehende Gewicht nach einem Trinkgelage auf die Oberleitung geworfen hatten.

Die Strafverfolgung gegen diese Art von Attentätern in Bayern schien etwas bewirkt zu haben, denn die Zahl der Anschläge nahm ab, oder sie blieben ganz aus, sofern sie den Gegnern der Wiederaufarbeitungsanlage Wackersdorf zuzuordnen waren. Die Anlage ist auch nicht gebaut worden. Wenn trotzdem auf bayerischen Eisenbahnstrecken Hindernisse bereitet wurden, dann sicherlich von jenem Typ Täter, der auch auf anderen Bundesbahnstrecken sein Unwesen trieb und aus ganz anderem Motiv als dem, gegen die Kernkraftwerke zu sein.

Den Mitteilungen Anfang Juli 1999 konnte man entnehmen, dass in jahrelangen Ermittlungen das Bundeskriminalamt jetzt offenbar den Urhebern zahlreicher Bahnanschläge auf die Spur gekommen sei. Am 6. Juli drangen, teilweise vermummt und mit gezogener Pistole, rund 100 Beamte des Bundeskriminalamtes, 200 Beamte der Länderpolizei sowie neun Staatsanwälte in die Wohnungen Verdächtiger in Berlin, Hamburg, Bremen, Lüneburg sowie im Wendland ein. Die Durchsuchungen dauerten bis zu 13 Stunden. Ermittelt wird vom Generalbundesanwalt wegen des Verdachts auf Mitgliedschaft in einer terroristischen Vereinigung sowie wegen des gefährlichen Eingriffs in den Schienenverkehr. Mit Letzterem sind die Anschläge am 7. Oktober 1996 und am 25. Februar 1997 gemeint. Unbekannte hatten an etwa 20 Orten Hakenkrallen auf die Oberleitungen geworfen.

Da es gemeinsame Bekennerschreiben und eine zeitliche Übereinstimmung der Taten gab, schloss die Bundesanwaltschaft auf eine einzige terroristische Organisation. Sieben Personen werden nun seit Juli 1999 als »Führungskader« der Organisation betrachtet. Die Verlautbarungen aus Karlsruhe und aus Wiesbaden erwecken den Eindruck, nun werde den Bahnattentätern das Handwerk gelegt.

Abgesehen von der Merkwürdigkeit, dass sich die Pressestelle des Generalbundesanwaltes dem Autor drei Monate vorher auf die schriftliche Frage, ob noch ermittelt werde und/oder ob es bisher Strafverfahren gegen solche Attentäter gegeben habe, fernmündlich ahnungslos gab, ist ohnehin Skepsis geboten. Noch gilt (oder sollte gelten) das Prinzip von der Präsumtion der Nichtschuld. Solange kein Täter rechtskräftig verurteilt wurde, gilt er als unschuldig. Bis zur Verurteilung oder bis zum Freispruch hat es von der Justiz schon häufig Überraschungen gegeben.

Handskizzen einer Hakenkralle, Kopien von Gleisplänen, Schutzwesten für Bahnmitarbeiter, die bei Hausdurchsuchungen in Berlin, Hamburg, Bremen und Niedersachasen gefunden worden sein sollen, sind noch kein Beweis, dass der Mieter der Wohnung auch der Attentäter war. Das muss ihm erst nachgewiesen werden. Selbst ein Geständnis reicht als Beweis nicht aus, es könnte auch eine Bezichtigung sein, um andere zu schützen. Die Schlagzeile in der »tageszeitung« vom 7. Juli 1999 »Bundesanwälte krallen sich an Bahn-Saboteure« wirkt zwar originell, geht jedoch an der Wirklichkeit vorbei, weil die Verdächtigen eben nur Verdächtige und nicht Bahn-Saboteure sind.

Ermittlungsverfahren hat es, wie bereits dargelegt, öfter gegeben, ohne dass sie zu einem anderen Abschluss als »eingestellt« gekommen wären. So scheint es auch um die bayerischen Erfolge von 1987 zu stehen, die lediglich als »Fahndungserfolge« propagiert wurden. Meine Nachfragen bei der Staatsanwaltschaft in Memmingen brachten kein Ergebnis. Dort wusste man von nichts oder wollte, um sich den Blick in die Aufstellung der abgeschlossenen Strafverfahren zu ersparen, nichts von der Sache wissen. Nur die Strafe wirkt abschreckend, nicht das vorherige strafprozessuale Verfahren. Wenn ein Leitender Staatsanwalt nicht einmal sagen kann, ob der oder die Täter schuldlos waren oder bestraft worden sind, kann man die Anstrengungen der Presseabteilungen, Erfolge zu verkaufen, nur als Beruhigungsmittel für die Öffentlichkeit verstehen.

Übersicht über Kernkraftwerke und Lager in Deutschland

Bundesland	Ort	Art	Betrieb in Jahren	Lager-kapazität bis...
Bayern	Kahl	Kraftwerk	abgeschaltet	
	Karlstein	Brennelemente-fabrik		
	Mitterteich	Zwischenlager		
	Isar 1	Kernkraftwerk	19	2005
	Isar 2	Kernkraftwerk	10	2005
	Niederaibach	Kernkraftwerk	abgeschaltet	
Baden-	Philippsburg 1	Kernkraftwerk	18	1999
Württemberg	Philippsburg 2	Kernkraftwerk	13	2000
	Karlsruhe	Zwischenlager		
	Obrigheim	Kernkraftwerk	29	2000
	Neckarwestheim 1	Kernkraftwerk	22	1999
	Neckarwestheim 2	Kernkraftwerk	9	2001
	Gundremmingen A	Kernkraftwerk	stillgelegt	
	Gundremmingen B	Kernkraftwerk	22	2005
	Gundremmingen C	Kernkraftwerk	13	2005
Rheinland-Pfalz	Ellweiler	Brennelemente-fabrik	stillgelegt	
	Mülheim-Kärlich	Kernkraftwerk	abgeschaltet	
Hessen	Biblis A	Kernkraftwerk	23	1999
	Biblis B	Kernkraftwerk	21	1999
	Hanau	Brennelemente-fabrik	stillgelegt	
Nordrhein-	Duisburg	Brennelemente-fabrik		
Westfalen	Kalkar	Kernkraftwerk	abgeschaltet	
	Hamm-Uentrop	Kernkraftwerk	abgeschaltet	
	Würgassen	Kernkraftwerk	abgeschaltet	
	Ahaus	Zwischenlager		
	Gronau	Brennelemente-fabrik		
Niedersachsen	Grohnde	Kernkraftwerk	13	2002
	Emsland	Kernkraftwerke eins abgeschaltet das zweite in Betrieb;	10	2001
	Schacht Konrad	Endlager		
	Asse II	Endlager im Bau		
	Gorleben	Zwischenlager, Endlager im Bau		
	Krümmel	Kernkraftwerk	14	bis 1999
	Unterweser	Kernkraftwerk	10	2002
	Stade	Kernkraftwerk	26	1999
Schleswig-	Brunsbüttel	Kernkraftwerk	21	2001
Holstein	Brokdorf	Kernkraftwerk	12	2001
Sachsen-Anhalt	Morsleben	Endlager		
Mecklenburg-Vorpommern	Lubmin	5 Kernkraftwerke, Zwischenlager im Bau	abgeschaltet	

10. Er hat doch dem Kronprinzen das Leben gerettet

Wer am 15. September 1998 im Intercity-Express saß, der mit dem prominenten Fahrgast Bundeskanzler Helmut Kohl als erster Zug über die Schnellbahn Berlin–Hannover fuhr, mag sich amüsiert, vielleicht auch darüber mokiert haben, dass so viele Bundesgrenzschützer die Strecke säumten. Züge für hochgestellte Staatsbeamte, die »Staatsfahrten«, erfahren stets einen besonderen Schutz. Der hohe Gast der Bahn soll unbeschadet sein Ziel erreichen. Irgendein Verwirrter oder fanatischer Attentäter, so wurde und wird befürchtet, könnte das Verkehrsmittel der hochgestellten Persönlichkeit als Gelegenheit dafür benutzen, um ihr nach dem Leben zu trachten oder durch die Tat auf sich aufmerksam zu machen.

Den Eisenbahnern werden bei der Staatsfahrt besondere Aufgaben gestellt, die weit über dem Standard der Sicherheitsanforderungen normalen Zugbetriebs liegen. Die Sicherheitsmaßnahmen sind abgestuft, je nachdem, wie groß die staatliche Reglementierung ist oder welchen Rang der Reisende einnimmt. Die Preußischen Staatseisenbahnen hatten die Vorschriften bei Reisen Allerhöchster und Höchster Herrschaften (RAuHH), nach deren Ziffer 80. alle Dienst tuenden Beamten des Stations-, Fahr- und Bahnbewachungsdienstes in ihrer besten Dienstkleidung – wer keine besaß, wenigstens in sauberer Kleidung – zu erscheinen hatten. »Die Bediensteten, die keine Dienstmütze tragen«, so hieß es, »haben bei Annäherung der Allerhöchsten und Höchsten Herrschaften durch Abnehmen der Kopfbedeckung zu grüßen.« Ziffer 60. forderte zur Wachsamkeit auf:

»Entsteht gegen Personen, die ohne Grund im Bahnbereich längere Zeit verweilen oder durch Fragen über Bahn- und Betriebsverhältnisse, über das Verkehren von Sonderzügen oder in anderer Weise auffallen, der dringende Verdacht einer beabsichtigten strafbaren Handlung, so sind sie vorläufig festzunehmen und sofort der nächsten Polizeibehörde zuzuführen.«

Die Umstände mögen mit den Jahrzehnten demokratisiert worden sein, aber Wachsamkeit und Sicherheit wurden bei »Staatsfahrten« sehr wichtig genommen. Für die entsprechenden Vorschriften waren bei der Deutschen Reichsbahn bis 1990 das Büro des Ministers, das Büro des Präsidenten bzw. die Hauptabteilungen I zuständig; die Vorschriften waren Verschluss-Sache.

Die Deutsche Bundesbahn überließ die Regelungen für »Reisen nach Sondervorschrift« der Reisestelle der Hauptverwaltung der Bundesbahn, und die Vor-

Nicht nur beim Einsatz des Kaiserlichen Hofzuges galten besondere Regeln, sondern auch dann, wenn einem Regelzug ein einzelner »Hofwagen« beigestellt worden war. Slg. Preuß

schriften waren in der Dienstvorschrift (DV) 470 zusammengefasst. Sowohl bei Bundes- als auch Reichsbahn ähnelten sich die Vorschriften zur Rangordnung, Zug- und Lokomotivbegleitung, zu den Sicherungsmaßnahmen an der Strecke und auf den Bahnhöfen, und bei beiden Bahnverwaltungen genügten bestimmte Stichworte (offizieller Empfang, Sicherungszug, Sondersicherung), wonach die Beteiligten wussten, was zu tun ist. Auch wurde die Anonymität der reisenden Personen beachtet, das hieß, die Namen erfuhr nur der, der sie unbedingt wissen musste.

Beispielsweise hieß es in der DV 470: »Auf das Stichwort ›offizieller Empfang‹ hin ist dafür zu sorgen, dass die vorgesehene Ausstiegstür des betreffenden Wagens sich beim Halt im Empfangsbahnhof an der vorgesehenen Stelle befindet.

Damit der Empfangsbahnhof den Halteplatz im Voraus genau bestimmen kann, hat der Vorsteher des Bahnhofes, von dem ab Zugbildung oder Bespannung bis zum Empfangsbahnhof nicht mehr verändert werden, dafür zu sorgen, dass die Entfernung vom ersten zu öffnenden Seitenfenster des vorderen Triebfahrzeuges bis zur Aussteigetür des infrage kommenden Wagens durch Kreidestriche auf dem Bahnsteig gekennzeichnet wird. Diese Entfernung ist zu messen und dem Empfangsbahnhof mit dem Zusatz ›Offizieller Empfang‹ zu melden.«

Wie man sich denken kann, reagier(t)en die einzelnen Stellen der Bahn, des Hofes bzw. der Regierung nervös, wenn es zu Abweichungen vom festgelegten Ablauf kam oder kommt. Ein Attentat gar zog und zieht umfangreiche Untersuchungen, Berichte und Auswertungen nach sich. Eine »strenge Untersuchung« war notwendig, wenn beispielsweise der Hofzug oder ein Regelzug, der einen Hofwagen mitführte, außerplanmäßig aufgehalten wurde.

Im Januar 1902 erfuhr des Kaisers und Königs Majestät aus der Zeitung, was dem Kronprinzen bei der Reise von Wildpark nach Bonn zugestoßen war. Erzürnt verlangte der Kaiser von dem für die Königlich Preußischen Staatseisenbahnen zuständigen Königlichen Staatsminister und Minister der öffentlichen Arbeiten, Carl von Thielen, eine Stellungnahme. Sie, am 23. Januar 1902 geschrieben, brauchte nicht zitiert zu werden, gäbe es nicht die Glossen, für die Wilhelm II. berühmt-berüchtigt war. Sie sind in kursiver Schrift zitiert. Auf acht handgeschriebenen Seiten erläuterte der Minister demutsvoll, was mit dem D 10 geschehen war:

»In der Nacht vom 19. zum 20. d. Mts. ist Seine Kaiserliche und Königliche Hoheit der Kronprinz des Deutschen Reiches mit Schnellzug 10 von Wildpark nach Köln-Bonn gefahren. Vor der Station Isselhorst (heute Isselhorst-Avenwedde, Strecke Hannover–Hamm – E. P.) bekam der Zug Haltsignal, weil auf der Strecke zwischen Isselhorst und Gütersloh bei km 122,5 eine Schiene gebrochen war. Der Zug musste infolgedessen in Isselhorst in das falsche Gleis umsetzen und im falschen Gleise von Isselhorst nach Gütersloh fahren. Von Gütersloh ab wurde die Fahrt im richtigen Gleise fortgesetzt. Der Zug hat in Folge dessen eine Verspätung von 15 Minuten bis Hamm erlitten.

Die bisher angestellte Untersuchung hat ergeben, dass die Schiene ausgebrochen ist. Der Bahnmeister, welcher bei seinem Streckenbegang zwischen 9 und 10 Uhr Abends auf der Strecke Gütersloh–Isselhorst nichts gefunden, hatte den Streckenwärtern eingeschärft, kurz vor Durchfahrt des Zuges die Strecke nochmals sorgfältig zu revidieren. Bei dieser Revision ist der Schienenbruch von dem Hilfsbahnwärter Heinrich Wittenstein gefunden. Von diesem Beamten ist die Strecke sofort durch Haltsignale abgesperrt und Meldung nach Station Isselhorst erstattet.

Die Entdeckung des Schienenbruchs erfolgte erst, nach dem der Bahnmeister die vorgeschriebene Meldung nach der letzten Aufenthaltsstation, Bielefeld, erstattet hatte und der Zug von dieser Station abgefahren war. Soweit sich bis jetzt übersehen lässt, liegt ein Verschulden nicht vor.

Dem Hilfsbahnwärter Wittenstein wird von der Direktion wegen der bewiesenen Sorgfalt eine angemessene Belohnung zu Theil werden. *Quatsch! Orden. Er hat dem Kronprinzen das Leben gerettet.*

Der Bruch der Schiene ist frisch und nach dem Befund ist anzunehmen, dass die Schiene erst durch einen kurz vorher vorausgefahrenen Zug gebrochen ist.

Nach den für das Meldeverfahren bestehenden allgemeinen Vorschriften sind mir von den Stationen alle vorkommenden Unfälle und außergewöhnliche Betriebsereignisse die öffentliches Aufsehen zu erregen geeignet sind, darunter auch alle Unfälle, die einen von den Allerhöchsten und Höchsten Personen benutzten Zuge zustoßen, auch wenn sie nicht von schlimmen Folgen waren, sofort telegrafisch zu melden. *Besten Dank! Hoffentlich kommt das oft vor!* Eine solche Meldung war mir von der Störung in dem Lauf des Zuges Seiner Kaiserlichen und Königlichen Hoheit nicht zugegangen, wie anzunehmen und durch die weitere Untersuchung aufzuklären sein wird, weil dem benutzten Zuge selbst ein Unfall nicht zugestoßen war, *Heiliger Bürokratismus!* und der Stationsbeamte die bestimmungsmäßige Voraussetzung für die telegrafische Meldung nicht für gegeben erachtete. *Aber in die Zeitung kam sie doch!* Bei schweren Unfällen habe ich, sobald die Ursache und der Umfang des Falles zu übersehen war, nicht unterlassen, Eurer Majestät sogleich unterthänigste Meldung zu machen. *Nur zu spät* Ich werde solche Meldungen Eurer Majestät Allerhöchster Weisung gemäß in Zukunft ohne Verzug stets telegrafisch erstatten und nach weiterer Aufklärung der in den ersten Meldungen unter dem unmittelbaren Eindruck des Unfalls meist unvollständig dargestellten Fälle erschöpfend schriftlich berichten. Im vorliegenden Falle wurde mir erst durch einen schriftlichen Bericht der Direktion Hannover, der im Laufe des 21. Januar hier einging von dem Vorfall Kenntniss gegeben… *Vielen Dank!*«

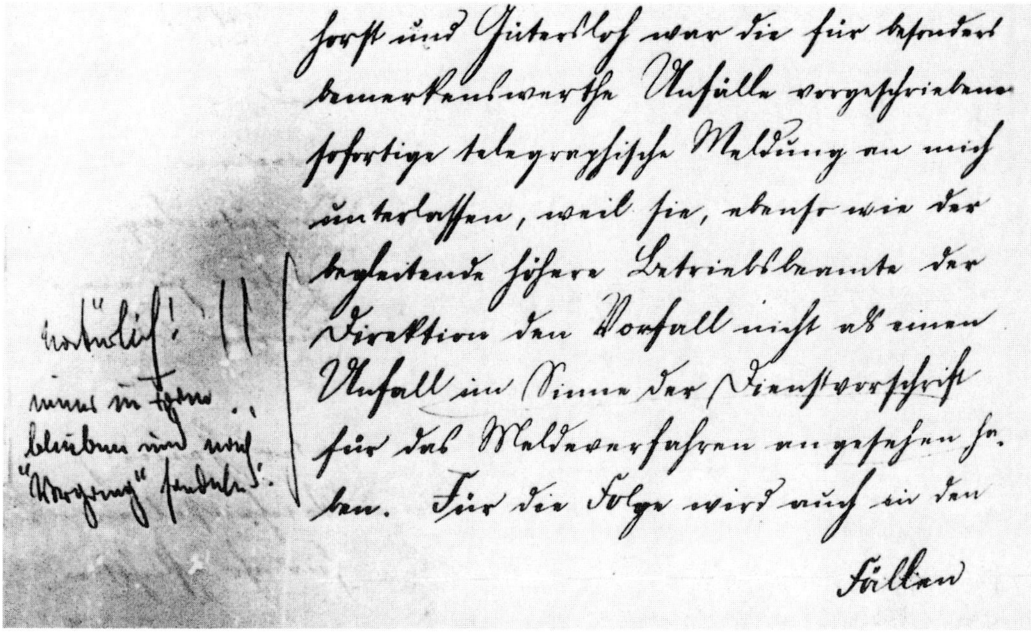

horst und Gütersloh war die für besonders
bemerkenswerthe Unfälle vorgeschriebene
sofortige telegraphische Meldung an mich
unterlassen, weil sie, ebenso wie der
begleitende höhere Betriebsbeamte der
Direktion den Vorfall nicht als einen
Unfall im Sinne der Dienstvorschrift
für das Meldeverfahren angesehen ha-
ben. Für die Folge wird auch in den
Fällen

natürlich! immer in Form bleiben und nach "Vorgang" handeln!

Wie das mit Vorgesetzten so ist: Man kann es Ihnen nicht rechtmachen. Majestät bemerkte zu der Beteuerung, künftig die Vorschriften zu beachten: »natürlich! immer in Form bleiben und nach »Vorgang« handeln!«. Quelle: Staatsarchiv Merseburg

Am 29. Januar 1902 reichte Minister von Thielen, der Bericht war jetzt bereits auf zehn Seiten angeschwollen, den genauen Sachverhalt nach und versuchte dabei die Angelegenheit zu verharmlosen:

»Obwohl [...] das ausgebrochene Stück des Schienenkopfes nicht, wie in meinem allerunterthänigsten Bericht vom 23. d. M. aufgrund der ersten Meldung irrthümlich angenommen wurde, von den Schienenlaschen unterstützt und festgehalten war, so erscheint doch nicht ausgeschlossen, dass auch der Schnellzug 10 ohne Unfall über die Lücke hinweggeglitten wäre, da der Radflansch bei der Überfahrt seine Führung nicht verloren hätte.«

Da das Leben des Kronprinzen demnach nicht gefährdet war, hatte es der Hilfsbahnwärter Heinrich Wittenstein auch nicht gerettet. Trotzdem sind ihm »und dem Weichensteller Heinrich Möller für ihr pflichtbewusstes und umsichtiges Verhalten, durch das ja der Möglichkeit eines Unfalls für den Schnellzug 10 vorgebeugt wurde«, so schrieb von Thielen, »namhafte Geldbelohnungen zu Theil geworden.« Man hatte sich auch des Kaisers Bemerkung zum Orden erinnert, und der Vorstand der Betriebsinspektion hatte Wittenstein zu Kaisers Geburtstag das Allgemeine Ehrenzeichen überreicht.

Von Thielen entschuldigte sich nochmals wegen der unterlassenen sofortigen telegrafischen Meldung, weil die Stationsbeamten zu Isselhorst und Gütersloh »ebenso wie der begleitende höhere Betriebsbeamte der Direktion den Vorfall nicht als einen Unfall im Sinne der Dienstvorschrift für das Meldeverfahren angesehen haben.«

Der Kaiser konnte es sich nicht verkneifen, auf den Rand des Schriftstücks zu kritzeln: *Natürlich! Immer in Form bleiben und nach »Vorgang« handeln.*

Dass man Vorteile hatte, wenn man hoch gestellte Personen vor Gefahren schützte, muss sich unter den Eisenbahnern herumgesprochen haben, denn immer wieder sollen Attentate vorgetäuscht worden sein. Der Zweck der Täuschung war jedoch erst dann erreicht, wenn der Täter die von ihm hergestellte Gefahrenstelle »entdeckte«. Er wusste dann sich und seine Aufmerksamkeit gebührend herauszustellen.

Telegramm des Ministers der öffentlichen Arbeiten von Budde an Seine Majestät am 21. Februar 1905

Eure Kaiserliche und Königliche Majestät haben im Anschluß an das ehrfurchtsvoll wiederbeigefügte Telegramm des Wolff'schen Bureaus vom 10. Februar d. J. zu befehlen geruht, daß der in der telegraphischen Mittheilung erwähnte Streckenläufer, der in der Nähe des Bahnhofs Caternberg Süd den S 96 vor Gefahr bewahrt haben sollte, zum Allgemeinen Ehrenzeichen einzugeben sei, falls er alt genug wäre.

Nach dem Ergebniß der von mir angeordneten Ermittlungen hat der Streckenläufer mit dem Namen Pallaschewski das Attentat auf den Schnellzug selbst in Scene gesetzt und die That eingestanden.

Unter diesen Umständen kann Pallaschewski für eine Allerhöchste Auszeichnung nicht in Frage kommen.

Ein solches Attentat sollte Willy Kluck helfen, sein Leben, das in Schwierigkeit geriet, erträglich zu machen. Er war bei der Bahnmeisterei Schneidemühl (heute polnisch: Pila) beschäftigt und versah den Dienst als Schrankenwärter auf Bude 190. Dieser Dienst und die Nähe zu seiner Wohnung waren ihm ganz angenehm, doch die preußische Eisenbahnverwaltung hatte mit ihm anderes als diese Wohltat im Sinn, denn Kluck war »nicht etatsmäßig« angestellt, musste also von Posten zu Posten

Der Bahnhof Schneidemühl zur Zeit des vorgetäuschten Attentats. Um Leben in das Bild zu bringen, wurde, wie seinerzeit üblich, der Zug in das Motiv kopiert.
Slg. Gottwaldt

Von dem schweren Attentat berichtete die »Deutsche Zeitung«.
Quelle: Staatsarchiv Merseburg

Deutsche Zeitung

Vereiteltes Eisenbahnattentat.

Ein verbrecherischer Anschlag gegen das Kronprinzenpaar?

Schneidemühl, 29. November.

Ein schweres Eisenbahnattentat ist in vorletzter Nacht aufgedeckt worden. Als ein Streckenwärter gegen 1 Uhr nachts die Berliner Strecke revidierte, machte er die Wahrnehmung, daß auf offener Strecke eine 15 Meter lange Schiene gelöst war. Die Verschraubung an der Schiene war beseitigt. Der Wärter benachrichtigte sofort die Station, die dann den zur Abfahrt bereitstehenden Berliner Eilzug noch im letzten Augenblick zurückhielt. Der Eisenbahnzug und die beiden nachfolgenden Züge erlitten Verspätungen. Man nimmt an, daß es sich um einen verbrecherischen Anschlag handelt, da das Kronprinzenpaar ursprünglich beabsichtigt hatte, mit diesem Zug von Danzig nach Berlin zu fahren. In Wirklichkeit wurde die Rückreise aber erst heute vormittag mit dem Nordexpreß ausgeführt.

wechseln. Vom 1. Januar 1913 an sollte er abwechselnd eine Woche in der Kolonne von Bahnunterhaltungsarbeitern arbeiten und eine Woche den Nachtdienst in der Bude 191 übernehmen. »Lieber gehe ich als Hilfsbremser nach Schneidemühl, als dass ich mit lauter jungen Leuten in der Kolonne arbeite«, äußerte Kluck zu seinen Kollegen. Das hatte er voreilig gesagt, denn wäre er nach Schneidemühl übergesiedelt, hätte er zwei Wohnungen mieten müssen. Dazu war er bei seinem geringen Gehalt nicht in der Lage.

Die bisherige, nahe den Buden 190 bis 192 gelegene Wohnung konnte und mochte er nicht aufgeben. In dieses Häuschen hatte ihn die Witwe und kinderlose Tante Bigalski einziehen lassen und zur Bedingung gemacht, mietfrei zu wohnen und Unterhalt zu erhalten. Die Tante wollte, solange sie lebte, unter ihren Angehörigen bleiben und versorgt sein. Unter keinen Umständen wäre sie nach Schneidemühl gezogen. Das hatte Kluck auch den Kollegen mitgeteilt.

Er war in einer Zwickmühle, sah aber einen Ausweg, wenn er den Nachtdienst zwischen 18 und 23 Uhr auf Bude 193 übernehmen konnte. Dort war seit 1. Oktober 1912 in der Zeit von 18 bis 23 Uhr der Schrankenwärterdienst nicht mehr besetzt, stattdessen versahen Klatt und seine Frau einen Bereitschaftsdienst. Einer von ihnen musste, wollte jemand den Übergang passieren, aufstehen und die Schranken öffnen. Den Klatts passten diese Unannehmlichkeiten nicht; außerdem war ihnen der Nachtdienst unheimlich.

Kluck meinte, der Spätdienst würde wieder eingeführt, fände die Verwaltung den richtigen Anwärter. Er könnte es sein. Von 13 bis 18 Uhr würde er in der Kolonne arbeiten und anschließend den Dienst auf Posten 193 übernehmen. Ein weiterer Vorteil: Bediente er auch sonntags die Schranken, erhielte er für diesen Tag die volle Bezahlung und stünde sich dadurch bedeutend besser als bisher.

Das Kronprinzenpaar benutzte oft den Nachtzug Danzig–Berlin. Slg. Gottwaldt

Kluck überlegte: Versuchte jemand ein Attentat auf den Zug, in dem der Kronprinz reist, und er erwerbe sich bei der Abwendung des Anschlags besondere Verdienste, würde sein Wunsch, auf dem alten Posten zu bleiben, bestimmt berücksichtigt werden. Außerdem würde die Verwaltung beim Posten 193 wieder den regulären Spätdienst einfuhren. Denn dass jemand die Schienen manipulieren konnte, war nur dadurch möglich, dass er unerkannt blieb. Die Klatts hatten ja in ihrer Wohnung gesessen oder waren bereits schlafen gegangen. Er, Kluck, wäre der nächste Anwärter, und ihm wie dem Kollegen Klatt wäre geholfen.

Diese Zusammenhänge kannte niemand außer Kluck, als die »Deutsche Zeitung«« am 29. November 1912 aus Schneidemühl gemeldet hatte: »Ein schweres Eisenbahnattentat ist in vorletzter Nacht aufgedeckt worden. Als ein Streckenwärter gegen 1 Uhr nachts die Berliner Strecke revidierte, machte er die Wahrnehmung, dass auf offener Strecke eine 15 Meter lange Schiene gelöst war. Die Beschraubung an der Schiene war beseitigt. Der Wärter benachrichtigte sofort die Station, die dann den zur Abfahrt bereitstehenden Berliner Eilzug noch im letzten Augenblick zurückhielt. [...] Man nimmt an, dass es sich um einen verbrecherischen Anschlag handelt, da das Kronprinzenpaar ursprünglich beabsichtigt hatte, mit diesem Zug von Danzig nach Berlin zu fahren. In Wirklichkeit wurde die Rückreise aber erst heute vormittag mit dem Nordexpress ausgeführt.«

Obwohl niemand von den Allerhöchsten Herrschaften bedroht war, hatte sich Kluck verdient machen können. Das Motiv des Anschlags erschien plausibel, benutzte doch der Kronprinz öfter den nächtlichen Eilzug nach Berlin. Am 27. November 1912 hatte es sich die Kronprinzessin anders überlegt, sie wollte erst mit dem D 8 abreisen, und erst am Nachmittag des 27. November hatte das Kronprinzliche Hofmarschallamt die Nachricht von der Reiseänderung durchgegeben. Kluck, der »Attentäter«, hatte davon nichts erfahren, aber der Anschlag konnte nur dem Kronprinzen gegolten haben. 400 m westlich der Ausfahrweiche des Rangierbahnhofs war die Verbindung einer Schiene (der Laschenbolzen eines Stoßes, die Unterlagsplatten sowie die Schienenschrauben) mit elf Schwellen gelöst worden. Und Kluck hatte durch seine Meldung die Entgleisung des Zuges angeblich verhindert.

Der Salonwagen des Kronprinzen. In Dirschau wurde das Fahrzeug während der 28 Minuten Übergangszeit vom D 593 auf den L 12 »Nord-Express« umgestellt. Slg. Gottwaldt

Wer den Vorfall untersuchte, musste von Amts wegen misstrauisch sein, zumal sich bald herausstellte, dass der unter dem Moos gefundene Schraubschlüssel der Rotte gehörte, die nahe dem Stellwerk Stw gearbeitet hatte. Das eingeritzte K wies sogar auf Klatt von Bude 193 hin. Klatt arbeitete, wie fast alle Schrankenwärter, zeitweise als Bahnunterhaltungsarbeiter. Der Täter musste den Schraubschlüssel handhaben können. Entweder war er Eisenbahner, oder er war früher bei den Preußischen Staatseisenbahnen beschäftigt. Noch tappte die Verwaltung im Dunkeln. Sie setzte erst einmal 500 Mark Belohnung aus.

Man holte sich einen Kriminalpolizisten nach Schneidemühl, der durch seine Analyse möglicher Täter nach der Methode »Wer konnte es sein, wer schied aus« und der Frage nach dem Motiv auf den Eisenbahner Kluck stieß.

Wer war verdächtig? Zunächst Unbekannte, die die Wärter vom Stellwerk Swt in der Nacht vor der Tat bemerkt hatten. Einer hatte die Schrankenbäume des Weges Stöwen–Schneidemühl hoch gehoben und im Stellwerk eine Glocke ausgelöst, worauf die Beamten genauer hinsahen. Auch ein Ehepaar, das man gesehen hatte, wurde genannt. Einen konkreten Verdacht konnten die Eisenbahner aber nicht nennen.

Blieben die Bekannten. Vorsichtshalber hatte die Polizei einen Semrau verhaftet, der im Büro der Bahnmeisterei I gearbeitet und Freifahrtscheine gestohlen hatte. Dafür war er bestraft worden, wurde als Streckenarbeiter beschäftigt, verließ aber seine Stellung, weil er sich, vermutlich wegen der Vorstrafe, unter den Eisenbahnern nicht mehr wohl gefühlt hatte. Sollte er aus Rache der Täter sein? Nein, die Eltern und Geschwister gaben ihm das Alibi; er hatte zur Tatzeit zu Hause geschlafen.

Vier andere Personen wurden verdächtigt, sie konnten aber ihr Alibi nachweisen. Ein unweit des Tatorts wohnender Nysporall war angezeigt worden, »weil er und sein Sohn Polen und Sozialdemokraten waren«, wie es in dem Bericht des Kriminalbeamten hieß, der Sohn war nach Hamburg verreist, doch diese Umstände mochte der Berliner Kriminalist nicht als Verdachtsmomente anerkennen, zumal Nysporall ihm gesagt hatte: »Sozialdemokraten machen so etwas nicht, das tun höchstens Anarchisten.« Die Reise nach Hamburg war auch schon lange geplant worden, weil sich der Sohn wie in jedem Winter dort einen Nebenverdienst verschaffte.

So blieb nach dem negativen Ergebnis aller Ermittlungen die Suche nach dem Motiv, um mit diesem zu einer greifbaren Spur zu kommen. Einen Dummen-Jungen-Streich schloss der Tatbestand aus, ebenso einen Unfug durch eine betrunkene Person. An jenem Abend hatte es nirgendwo ein Trinkgelage oder eine Festlichkeit gegeben. Genauso ergebnislos blieb die Untersuchung, ob ein Geisteskranker oder ein »pervers Veranlagter« infrage kam, bei dem »die Ausführung des Anschlages unbedingt eisenbahntechnische Kenntnisse und Geübtheit in der Handhabung der Werkzeuge vorausgesetzt« verlangten, wie der Kriminalkommissar feststellte, »wie sie solchen Personen schwerlich zugemutet werden können.« So sehr er in Schneidemühl und Umgebung herumhorchte, es fand sich niemand, auf den die Vermutung zutraf.

So blieb ein Täter, der Rache üben wollte, aber auch bei solchem Motiv musste man sich fragen, wem die Rache galt und ob der Täter sein Ziel erreichte. Der Kriminalkommissar erkundigte sich, ob es zwischen Vorgesetzten und Untergebenen, zwischen Gleichgestellten einen Zwist oder eine Gehässigkeit gegeben oder ob ein Vorgesetzter sich durch Schikane missliebig gemacht habe. Nichts in dieser Richtung kam dem Polizisten zu Ohren. Er sah bei den Bahnmeistereien I und II auch die Namen der in den letzten drei Monaten Entlassenen und freiwillig Ausgeschiedenen durch. Das waren zwölf, die entweder ein Alibi besaßen oder sich keineswegs verdächtig gemacht hatten. Wenn einer unter ihnen die Idee hatte, einen Anschlag auf den »Kronprinzenzug« auszuüben – wen wollte er treffen? Den Bahnmeister, dem der Bezirk unterstand? Der hätte von seinen Vorgesetzten weder Vorwürfe noch andere Ungelegenheiten erhalten. Selbst wenn der Täter bei einem Attentat, das zum Eisenbahnunfall führte, das Leben Unschuldiger und ganz Unbeteiligter aufs Spiel setzte, er konnte sein Ziel doch nur erreichen, wenn sich derjenige im Zug befand, auf den er es abgesehen hatte.

Ein politisches Attentat? Wie bereits bemerkt, der Eilzug 14 wurde oft von den kronprinzlichen Herrschaften von Danzig nach Berlin benutzt. Die Veränderung war dem Bahnhof Schneidemühl am Nachmittag des 27. November telegrafisch mitgeteilt worden. Am frühen Abend kam erneut ein Telegramm des Inhalts, dass der Schnellzug Nummer 8 benutzt werde. Einerseits wurden solche Nachrichten geheim gehalten, sodass nur wenige Eisenbahnangestellte und die Polizei von ihnen wussten, andererseits gingen die Nachrichten durch viele Hände und konnten an die Öffentlichkeit gelangen. Politische Attentäter hätten einige Stunden Zeit für ihre Vorbereitungen gehabt und zwar jene Zeit zwischen der Ausgabe des Telegramms und der Vorbeifahrt des Zuges. Sie brauchten aber Helfershelfer unter den Beamten in der Umgebung des Kronprinzen, unter Eisenbahnern oder unter den Polizisten. Ganz ausgeschlossen war, dass Attentäter aufs Geratewohl einen Zug zum Entgleisen bringen wollten, nur weil der Verdacht bestand, in ihm könnte der Kronprinz sitzen.

Politische Attentäter hätten sich den »richtigen Zug« ausgesucht und sie mussten, wenn sie von auswärts kamen, mit den Eisenbahnern Kontakt aufnehmen um das Werkzeug zu besorgen. Das für den Anschlag benutzte Werkzeug stammte doch von der Bahnmeisterei! Niemand unter den Eisenbahnern hatte von solchen Kontakten etwas bemerkt. Oder kamen anarchistische, fanatische Polen infrage, die durch die Ostpolitik der preußischen Regierung im Zorn waren? Nein, solche Leute kannte in Schneidemühl niemand.

Kriminelle konnten beabsichtigt haben, den entgleisten Zug auszurauben und im allgemeinen Durcheinander nach dem Unfall zu plündern. Sie hätten den günstigsten Augenblick gewählt, mussten aber nicht nur über die Reisezüge, sondern auch über die Güterzüge informiert sein.

Den Fahrplan der Reisezüge konnte man den Abfahrts- und Ankunftstafeln entnehmen, über den der Güterzüge hätte zumindest ein Eisenbahner Auskunft geben müssen. In 24 Stunden fuhren rund 80 Züge zwischen Schneidemühl und Kreuz. Am Tattag hatten von Mitternacht an drei Güter- und Viehzüge die Stelle des Anschlags passiert. Danach vergingen 2 1/2 Stunden, bis der Eilzug kam. 2 1/2 Stunden, die zum Lösen der Schrauben und Entfernen der Schiene reichten. Fachleute meinten, 20 Minuten hätten für die Ausführung genügt. Zudem war die Stelle gut gewählt, denn der Wald reichte bis an den Bahnkörper; Anmarsch und Rückzug waren durch ihn gedeckt.

Aber: Verhielten sich Räuber so wie in diesem Falle? Sie hätten entweder einen von ihnen Ausschau halten lassen, ob jemand kommt, abgesehen davon, dass sie Willy Kluck mit seiner Laterne sehr zeitig gesehen hätten. Und sie hätten sich von ihrem Vorhaben allein durch den Gang eines Bahnwärters nicht abbringen lassen. Die Schrauben wären gelockert worden, aber aufgesteckt geblieben, damit der Wärter nicht sehen konnte, was beabsichtigt war. Auf keinen Fall hätten Räuber die Schrauben neben die Schienen gelegt oder sie dort liegen gelassen, und sie wären auch nicht Hals über Kopf geflüchtet. Wenn sie schon so dumm waren, die Schrauben abzulegen und liegen zu lassen, dann hätten Räuber auf gleiche Weise die Unterlagsplatten abgelegt.

Der Berliner Kriminalkommissar schloss aus, dass Kluck die Täter überrascht hatte. Seine Erklärung für das Beiseitelegen der wenigen Schrauben war, dass eine Überraschung vorgetäuscht werden sollte.

Bahnwärter Kluck, der das Attentat entdeckt haben wollte, zog die Aufmerksamkeit des Kriminalisten auf sich, und er machte sich weiter verdächtig. Einerseits hatte er sein Alibi nachgewiesen, andererseits hatte er die Entdeckung zu einer Zeit gemeldet, zu der er noch gar nicht an der Bude 193 sein konnte. Kluck hatte ausgesagt:

»Plötzlich sah ich ein paar Schrauben neben der Schiene liegen. Ich stutzte, hob die Laterne hoch und sah, dass weiter vorwärts noch mehr Schrauben lagen.«

Ohne einen Schritt weiter zu gehen, um sich die Attentatsstelle genauer anzusehen und dadurch Einzelheiten seiner Entdeckung festzustellen oder gar nach einem Täter oder mehreren Tätern Ausschau zu halten, ging er schnurstracks den Weg zur Bude 193, wo neben dem Dienstraum die Familie Klatt wohnte.

Verhielt sich so ein ehemaliger Soldat und Eisenbahner, der neun Jahre im Dienst ist und der durch Jahre hindurch gewohnt ist, in stockdunkler Nacht allein durch Wald und Feld die Strecke zu begehen, fragte sich der Ermittler. Er wusste doch, dass er mit der Meldung, diesen Anschlag auf den Zugverkehr entdeckt zu haben, den ganzen Bahnhof alarmierte, dass er Einzelheiten nennen musste. Instinkt oder dienstliche Routine? Normal wäre es gewesen, der Bahnwärter hätte sich das Vorgefundene genau betrachtet, hätte gelauscht, ob es verdächtige Geräusche gibt, ob er jemanden in der Nähe entdecken konnte, hätte sich auf dem Rückweg noch einmal umgeschaut, und er hätte, zumal er ein gelehriger Schüler des Bahnmeisters gewesen sein soll, die Stelle gesichert, mit seiner Laterne oder mit Knallkapseln, die er bei sich trug. Selbst wenn er den Fahrplan im Kopf hatte, musste er damit rechnen, dass ein Sonderzug oder eine Lokomotivfahrt kommen könnte. Statt dessen ergriff Kluck das Hasenpanier und rannte Hals über Kopf davon.

Vor ihm lagen das Bahnwärterhaus der Familie Klatt und das hell erleuchtete Stellwerk Swt. Auf dem Stellwerk hätte er sofort zahlreiche Helfer gefunden, vor allem Eisenbahner, die sofort die Maßnahmen zum Schutz der Attentatsstelle ergriffen hätten. Kluck mied das Stellwerk und lief zum dunklen Bahnwärterhaus, wo er Klatt erst wecken musste.

Für dieses ungewöhnliche Verhalten hatte der Kriminalkommissar eine Erklärung: Kluck wollte im hellen Licht des Stellwerks nicht sein Gesicht zeigen, im Dunkel der Bude jedoch konnte er die Aufregung und Verlegenheit verbergen und sich sammeln, was ihm jedoch nicht einmal gelang, denn der Stellwerkswärter Hoge bemerkte bei Klucks fernmündlicher Meldung dessen Aufregung, die so stark war, dass er kaum sprechen konnte. Vieles sprach dafür, dass Klatt von Kluck eingeweiht, wenn nicht sogar beteiligt war: Der Schwellenschlüssel, der von Klatt stammte, dass Kluck zu ihm lief, dass die Tat in Klatts Bezirk ausgeführt worden war. Aber man konnte Klatt nichts beweisen.

Selbstverständlich fragte der Kommissar den Bahnwärter Kluck, warum er nicht zum Stellwerk, sondern zu Klatts Bude gegangen war. Die Erklärung: Er wollte Werkzeug holen und mit Klatt den Schaden reparieren. Mit der Meldung von Einzelheiten, die er wegen seiner raschen Rückkehr nicht wissen konnte, wegen des neben dem Gleis abgelegten Werkzeugs (andere Täter hätten es ein paar Schritte mitgenommen und dann weggeworfen) blieb Kluck der Verdächtige.

Der erfahrene Kriminalkommissar schrieb in seinem Bericht:

»Bei fingierten Verbrechen werden die Gewohnheiten der Verbrecher nachgeahmt, aber erfahrungsgemäß meistens nicht getreu genug. Der Vortäuscher trägt hierbei gewöhnlich stark auf, er will die Merkmale des Verbrechens recht deutlich und augenfällig machen. Er pflegt gerade das Tatinstrument als Beweis für das Vorliegen eines Verbrechens schlecht versteckt beim Tatort niederzulegen. Er bringt dabei allerdings vielfach Ursache und Zweck nicht in richtige Verbindung und dieser Umstand wird ihm nicht selten zum Verräter.«

Der Kommissar räumte ein, dass er weniger auf beweisende Logik als auf kriminalistisches Gefühl angewiesen war.

Einmal davon überzeugt, dass Kluck der Täter war, fand sich auch bald das Motiv. Er wurde verhaftet. Ob und mit welcher Strafe er verurteilt wurde, geht aus den Akten des Ministeriums der öffentlichen Arbeiten so wenig hervor wie der Name des findigen und analytisch begabten Berliner Kriminalkommissars.

11. Der Attentäter und sein Motiv

Dass auf die bekannt gewordenen Erpressungen die Tat folgte, dass am 18. Dezember 1998 bei Anklam ein Güterzug entgleiste (siehe 2. Abschnitt), war für die Medien »die Bombe«. Während die Polizei den oder die Täter suchten, spekulierten die Medien, wer hinter diesem Anschlag stecken könnte.

Wenn von den Ermittlungsbehörden und von der Bahn kaum Brauchbares zu erfahren ist, wird gern ein Akademiker gefragt, wer denn der Täter sein könnte. Peter Scherer von der Zeitung »DIE WELT« fragte den Psychiater Prof. Dr. Bernd Gallhofer aus Gießen, der seine Theorie entwickelte: »… die deutsche Gesellschaft [lebt] vor der Jahrtausendwende »in einer Kriminalfilmkultur«, die nicht in erster Linie auf das Verwerfliche strafbarer Handlungen abhebe, »sondern vor allem auf den Kitzel der Macht«. Der kleine Mann auf der Straße erlebe in dieser Welt, dass der Einzelne plötzlich zu einer Bedrohung wichtiger, gar staatsumfassender Einrichtungen werden könne. »Und das erhöht den Thrill ungemein.««

In den weiteren Ausführungen der Ausgabe vom 22. Dezember 1998 erfahren wir, welchen Tätertyp der Professor vermutete: Abenteurer, die am Rande der Gesellschaft stehen, kleine Menschen, die große Macht entfalten können, Geltungsbedürftige, die sich aus der großen Masse herausheben möchten, feige, mittel- bis unterdurchschnittlich begabt.

Der Kölner Stadt-Anzeiger fragte den Verkehrswissenschaftler Prof. Dr. Wulf Schwanhäuser von der Rheinisch-Westfälischen Technischen Universität Aachen, wen er als Täter vermute. Er blieb vorsichtig; seinen Andeutungen kann man entnehmen, dass auch er ahnte, es sei ein Geltungsbedürftiger: »Ich will da nicht ins Detail gehen. Viele wollen aus irgendwelchen Gründen heraus einfach nur die Öffentlichkeit dort treffen, wo sie verletzbar ist. Das sind die Brunnenvergifter. Die anderen wissen, was sie tun müssen, um bei der Bahn enormen Schaden anzurichten und Menschenleben aufs Spiel zu setzen.«

Dieter Krause und Werner Mathes von der Redaktion »stern« fragten mich für das in der Ausgabe vom 30. Dezember 1998 veröffentlichte Interview »Pro Jahr 40 Fälle von Erpressung« ebenfalls nach dem Tätertyp. Nun bin ich weder Wissenschaftler noch verwende ich wissenschaftliche Methoden, sondern recherchiere mit der nötigen Portion journalistischer Neugier, was Menschen bewegt, eine Bahnverwaltung zu erpressen. Addiert man die Tätertypen von Erpressungen und Attentaten der letzten Jahrzehnte, kommt man zu ganz anderen Schlüssen.

Das Interview für das Magazin »stern« wurde am Nachmittag des 22. Dezembers 1998 geführt; am Abend war der Täter gefasst. Ausriss aus »Stern« Nr. 1/1999

MAGAZIN

KRIMINALITÄT

»Pro Jahr 40 Fälle von Erpressung«

STERN-Interview mit dem Berliner Ingenieur Erich Preuß über Bahn-Erpresser, Täter-Typen und die lange Geschichte dieses Verbrechensphänomens

Auf der Raststätte Irschenberg in Bayern war die Irrfahrt zu Ende. Stundenlang hatte d

Zuletzt wohnte er zweiten Ehefr klei

Nicht, wie die beiden Professoren erklärten, Verhaltensgestörte und Geltungsbedürftige machen das Gros der Täter aus, sondern jene, die auf den schnöden Mammon erpicht sind. Ich antwortete dem »stern«: »Wenn wir die politischen Attentäter weglassen, dann sind es drei [Typen von Tätern]. Erstens: Erpresser, denen es nur ums Geld geht. Meist sind es, wie im aktuellen Fall [das war eine Einfügung der Redaktion, da am Abend des Interviews der Täter gefasst worden war], hoch verschuldete Geschäftsleute.« Ich hatte, was Klaus-Peter S. betrifft, ins Schwarze getroffen.

Der »stern« fragte nach dem zweiten Tätertyp. Meine Antwort: »Dem geht's um Geltung und Macht.« [...] »Hochgefährlich, weil unberechenbar, ist der dritte Täter-Typ: die geistig Verwirrten.«

Attentäter sind Geistesgestörte, meint Ritzau in »Katastrophen der deutschen Bahnen«. Das mag sein, aber nicht nur. Auf Erpresser oder Attentäter angesprochen, hat eben jeder hat ein Bild von dem, »der so etwas macht«. Viele stellen ihn sich so vor: den Dolch im Gewand, das Gewehr mit Zielfernrohr im Anschlag, das Sprengstoffpaket im Koffer oder gar das ganze Auto voller Sprengstoff.

Der klassische und eben politische Attentäter meint, beseelt von einer fixen Idee, Geschichte zu machen. Doch der individuelle Terrorakt hat nie etwas Grundlegendes in der Geschichte bewirkt, allenfalls einen Stau, eine Korrektur, die Verschärfung des Regimes, das Auswechseln einer Person. »In der Regel sind Attentäter keine Einzelgänger, sondern Vorgeschickte und Missbrauchte einer Verschwörung, deren Ausmaß sie nicht genau kennen und von deren eigentlichen Hintermännern sie nichts wissen. Oft bemerken sie nicht, dass sie nur der einen oder anderen Gruppierung der herrschenden Klasse als Werkzeug dienen...«, schrieb Peter Jacobs. Das trifft auf den politischen Attentäter zu, selten auf den, der sich die Eisenbahn zum Objekt seiner Straftaten erkor.

Eine weitere These Jacobs': »Imperialistische Geheimdienste und reaktionäre Terrororganisationen haben den Typ des professionellen Attentäters hervorgebracht, der für einen, höchstens zwei Einsätze vorbereitet wird und dann von der Bildfläche verschwindet. Er handelt meist in der Hoffnung, den Ertrag seines tödlichen Handwerks irgendwo in einem milden Klima zu verzehren oder sich als biederer Geschäftsmann niederzulassen oder sich vielleicht gar zu einem honorigen Politiker zu mausern. Dass diese Rechnung fast nie aufgeht, steht auf einem anderen Blatt.«

Bombendrohungen, Sprengstoff- und Brandanschläge haben eins gemeinsam, meint Alfred Jäger: Sie verbreiten Angst und Schrecken. Die Vorstufe zu Anschlägen sind die Drohung und die Ankündigung von schädigenden Ereignissen, sie sollen einschüchtern und Druck ausüben. Jägers Büchlein, das übrigens den Firmen Tipps gibt, wie man sich bei Drohungen und Erpressungen verhält, hinterlässt allerdings den Eindruck, Attentate hätten immer einen politischen Hintergrund.

Eisenbahnattentäter sind – bis auf Ausnahmen (siehe die Beispiele im 7. und 8. Abschnitt) – von kleinem Format. Sie sind wie der politische Attentäter beseelt von ihrer Idee, nämlich der, wie man bequem zu Geld kommt oder sein Geltungsbedürfnis gestalten kann. Allen Attentätern dieses Schlages ist gemeinsam, dass sie meinen, es genüge, eine Stelle bei der Bahn anzurufen, mit einer Bombe oder einem Anschlag zu drohen und eine Forderung zu stellen. Das Vorhaben ist nicht zu Ende gedacht, und der Täter ist feige.

Feige, weil der Attentäter im Gegensatz zu anderen Straftaten seinem Opfer nicht gegenübertritt, sondern aus sicherer Entfernung beobachtet, ob seine Tat erfolgreich war. Die Kriminalität des Erpressers kommt aus der warmen Stube, aus dem Telefon.

Dr. Sabine Müller aus Fürstenwalde offenbarte im Leserbrief einer Tageszeitung ihre These vom Tätertyp und wusste auch, wie ihm abzuhelfen sei.

»Stellen wir uns den relativ wenig gebildeten, gelangweilten, weil arbeitslosen Jugendlichen vor, der die Bahn wieder braucht, um zur Lehre, ins Internat oder sonst irgendwohin zu fahren. Der aber auch nicht das Geld hat, entweder mit der Bahn oder mit einem anderen Verkehrsmittel ein für ihn wichtiges Ziel zu erreichen. Der auch keine Bindungen an Menschen hat, um die er vielleicht Angst hätte, dass ihnen etwas bei der Fahrt mit der Bahn zustoßen könnte. Diese bindungsarmen Jungen können doch letztlich unsere ganze großartige Zivilisation mit ihren Terrorakten infrage stellen! Wäre es da nicht besser, wir würden auf das Grundübel eingehen als nur Flickwerk zu betreiben und zukünftig vielleicht in jedem Zug einen Grenzschützer mitfahren zu lassen oder mit Armee die Gleise aus der Luft zu kontrollieren?

Dieses Geld könnte versuchsweise doch einmal ganz anders eingesetzt werden. Warum bekommt nicht jeder Jugendliche z. B. eine bestimmte Anzahl Freifahrtscheine der Bahn-AG geschenkt? Warum werden von der reichen Bahn-AG nicht Sozialprojekte probiert in Zusammenarbeit mit anderen Jugendvereinen? Die Bahn müsste wieder wie früher das Gefühl vermitteln, ein normales Transportmittel zu sein und nicht in immer mehr Luxus für ein immer mehr ausgewähltes und zahlkräftiges Publikum zu investieren.«[1]

1 Märkische Oder-Zeitung vom 14. Januar 1999

Wie kann jemand des Geldes wegen eine Attentatsidee verfolgen und die Bahn erpressen, ohne daran zu denken, dass irgendwann, spätestens zur Geldübergabe, die Verbindung zwischen Opfer und Täter bzw. Polizei und Täter hergestellt werden muss? Alles, was sich Erpresser als raffinierte Methoden ausgedacht haben, mit deren Hilfe sie das Geld bekommen wollten, ohne dass man ihrer habhaft werde, erwies sich als erfolglos. Und noch etwas, was mancher Attentäter bei der Tatvorbereitung kaum bedenkt: Die Tat ist gelungen. Er wurde nicht dingfest gemacht. Wie aber geht sein Leben weiter? Kann er mit dem Geld in Ruhe leben, ohne an die unschuldigen Opfer zu denken?

Ein weiterer Tätertyp, der »Trittbrettfahrer«, wurde 1998 und 1999 zum Schlagwort der Berichterstattung. Er tritt erst dann auf, wenn bekannt wurde, dass ein Unternehmen erpresst wird. Dann droht auch er mit Entgleisungen von Zügen oder Bomben auf Bahnhöfen, oder er fordert ebenfalls Geld. Aber der Trittbrettfahrer geht nicht an das Gleis oder zum Schließfach des Bahnhofs, er will auch kein Geld, sondern amüsiert sich über die Sicherheitsvorkehrungen und über das Echo in den Medien. Die dieserart erpressten Unternehmen möchten die Trittbrettfahrer nicht anheizen und halten sich mit Erklärungen in der Öffentlichkeit zurück.

Der Trittbrettfahrer ist noch feiger als der Erpresser, weil er sich nicht einmal die Mühe mit einem Plan der Erpressung macht. Er ruft einfach an. Unterdrückte (vom Chef oder der Ehefrau), kleine Lichter, Verlierertypen werden in den Trittbrettfahrern vermutet. Ihre Drohungen sind ebenfalls strafbar, und das Unternehmen muss, wenn auch insgeheim, darauf reagieren. Die Täuschung ist ja nicht sogleich erkennbar.

Vieles ist und bleibt rätselhaft, wenn wir uns mit dem Innenleben von Attentätern und Erpressern befassen. Wie kam es zu dem Schritt vom bürgerlichen Leben in die Illegalität? Wieso nahm er die Mühen und Kosten der Aktionen auf sich, verhandelte mit Unbekannten? Warum nahm er die Tage, Wochen und Monate der Ungewissheit auf sich, verbarg sich hinter einer bürgerlichen Wohlanständigkeit?

Beim politisch motivierten Attentat (siehe 7. und 8. Abschnitt) begreifen wir, wieso sich Menschen zu einer solchen Tat entschließen, wenn wir sie auch nicht billigen. Warum aber Sylvester Matuschka zum Sprengstoff griff, um Züge in die Luft zu jagen (4. Abschnitt) – sein Motiv wird uns verborgen bleiben, es blieb auch den mit dem Fall befassten Kriminalisten, Psychiatern und Psychologen rätselhaft.

Die psychiatrischen Sachverständigen, die Matuschka im Auftrag des Wiener Gerichts untersuchten, erklärten, es gäbe weder zu den Tatzeiten noch während des Prozesses Anhaltspunkte für eine Geisteskrankheit. Auch in seiner Umgebung war Matuschka als »normaler Mensch« bekannt, wenn er auch ein paar sonderbare Gewohnheiten hatte.

Sylvester Matuschka wurde 1892 in Csantavér als Sohn eines Schusters geboren und wurde Lehrer. Er heiratete die Tochter des Lehrers aus Csantavér, und beide unterrichteten die Kinder des Ortes. Matuschka soll in seinem Heimatort sehr beliebt gewesen sein, vor allem wegen seiner ausgezeichneten Konversation. Gern erzählte er, der vom Ersten Weltkrieg als Oberleutnant heimgekehrt war, Kriegsgeschichten. Er war natürlich der Held. Manche meinten, er nehme es mit der Wahrheit nicht so genau. Als die Bürgerwehr gebildet wurde, kam nur einer als Kommandeur in Betracht: Sylvester Matuschka.

Mit der Bürgerwehr hatte es bald ein Ende, als die Serben nach dem Friedensvertrag von Trianon jenen ungarischen Landesteil besetzten und als Währung den Dinar einführten. Noch ehe die Bevölkerung sich darauf umstellte, hatte Matuschka eine Menge Dinar aufgekauft, eröffnete einen Kolonialwarenladen, in dem es keinen Mangel gab. Er wurde reich. Die Schulbehörde indes meinte, er könne nur Lehrer oder Krämer sein. Matuschka verkaufte alles und zog nach Ungarn.

Sylvester Matuschka verteidigt seine dubiosen Gedanken vor dem Gericht. Slg. Preuß

Wie aus dem 4. Abschnitt bereits bekannt, führten ihn die Spekulationen in ein finanzielles Fiasko. Nach außen wirkte er reich, tatsächlich bewegte er sich am Rande des finanziellen Ruins. Indes: Als Motiv für seine Taten kamen diese Umstände nicht in Betracht. Nie hatte Matuschka von den Bahnen Geld gefordert, eher durch seine Zettel und Plakate politische Motive vorgetäuscht. Geltungsbedürfnis und geistige Abartigkeit kommen eher in Betracht.

M. alias Michael wollte, so schien es, die Castor-Transporte der Deutschen Bahn rächen oder verhindern. In Briefen an Kölner Tageszeitungen verlangte er Ende März 1998 von der Bahn 1,5 Millionen Mark und einen Stopp der Castor-Transporte. Um die Ernsthaftigkeit seiner Warnung zu beweisen, deponierte M. am 21. März im Schließfach 2206 des Kölner Hauptbahnhofs eine Bombe, die sich nach der »Entschärfung« mithilfe eines Roboters als Attrappe herausstellte. Die Füllung bestand aus Mehl.

Die Drohung musste ernst genommen werden, denn der Täter sagte, als er die Tageszeitung »Express« anrief, beim nächsten Mal werde Schwarzpulver im Rohr sein. Und es gäbe keine Warnung mehr. Der Hauptbahnhof war abgesperrt worden; Zugverkehr und Reisende wurden behindert.

Nach zwei Wochen hatte die Polizei M. gefasst. Er war Zugmelder bei der Deutschen Bahn, der sich als Wichtigtuer entpuppte und niemals vorhatte, eine wirkliche Bombe zu legen oder Geld zu übernehmen. Am 16. März 1998 hatte er in einem Baumarkt eine Bombenattrappe gelegt, Alarm ausgelöst und sich als Finder gemeldet. Zwei Tage darauf fand er im Regionalexpress Düren–Köln eine »Bombe« und meldete dies der Zugbegleiterin. Weitere zwei Tage danach legte er eine Bombenattrappe bei Mc Donalds und war auch dort der Finder. Beim Bombenlegen am 21. März im Kölner Hauptbahnhof war M. abermals der Entdecker, der sich fernmündlich als T. Bornemann ausgab. Am nächsten Tag rief M. die Kriminalwache an und bekannte sich als der Bombenleger von Köln, forderte 1,5 Millionen Mark. Würden die nicht gezahlt, lege er echte Bomben.

Drei viertel Jahr später, am 7. Dezember 1998, wurde ihm der Prozess gemacht, zu dem er vermummt – mit Strickmütze, Schal und Sonnenbrille – den Saal betrat. Niemand sollte ihn auf dem Weg zum Gericht erkennen; er wollte seinen neuen Arbeitsplatz nicht verlieren. Was er – unverkleidet – gestand, ließ ihn alles andere als Verbrecher erscheinen, sondern als kleinen Wicht, der mit dem Leben uneins war.

Dienstag, 8. Dezember 1998

„Bahnerpresser Michael" vor Gericht – Attrappen in Hauptbahnhof und Zug deponiert

Bewährungsstrafe nach vier Bombendrohungen

Von Albert Huhn

Es war gestern exakt 9.26 Uhr, als im Gebäude des Amts- und Landgericht ein vermummter Mann die Sicherheitsschleuse des besonders gesicherten Teils des Gerichts passierte. Bekleid... ...ngen dunklen M... ...e Augen h... ...brille

des öffentlichen Friedens, lautete der Richterspruch, der dem Antrag des Staatsanwalts entsprach. Als Bewährungsauflage muß der ehemalige Bahnangestellte den angerichteten Schaden wiedergutmachen und sich einer Psychotherapie unterziehen.

„Ich wollte Aufmerksamkeit erregen" – mit diesem schlichten ... begründ... te der von ein...

geräumt. Durch die Bombendrohu... die den Kölner Hauptbahnhof be... kam es zu stundenlangen Verspä... gen, nachdem der B... und von Spren... sucht worde...

Die »Kölnische Rundschau« zeigte am 8. Dezember 1998 in ihrem Bericht über den Prozess gegen M., wie der Hauptbahnhof nach der Bombendrohung abgesperrt werden musste.

Seine Frau hatte sich scheiden lassen und den Freund geheiratet. Seine neue Freundin wollte immer ohne ihn weggehen und betrog ihn. Und auch mit der nächsten Freundin kam er nicht zurecht. In dieser Situation kam er auf die Idee, Bombenattrappen zu basteln. Als die im Baumarkt nicht entdeckt wurde, meldete er sich als Finder. »Ich wollte Aufmerksamkeit erregen.« Immer ging es ihm nur darum.

Und doch wurde er nicht ernst genommen. Als er dem »Express« mitteilte, er fordere von der Bahn 1,5 Millionen Mark, wollte man ihm das nicht glauben. Er musste seine Forderung mit einem Fax bestätigen, das er aus einem Telefonladen abschickte.

Jetzt endlich war er der »Held« in den Zeitungen, wenn dieser auch namenlos blieb. Er rief noch Radio Köln an, ohne daran zu denken, dass man seinen Anruf aufnehmen und jemand die Stimme identifizieren könnte. Ihm blieb die Erfahrung: »Es war seltsam, im Radio meine eigen Stimme zu hören.« Die kannten aber auch andere, nämlich seine Verwandten, die die Polizei auf die Spur führten.

M. fand am Amtsgericht Köln einen gnädig gestimmten Staatsanwalt, der für seinen Strafantrag – wie es eigentlich immer seine Pflicht ist – nicht nur die belastenden Momente, sondern auch die entlastenden zusammentrug. M. hatte seiner Geldforderung keinerlei Nachdruck verliehen, weshalb der Anklagevertreter den Vorsatz der Erpressung als Straftatbestand fallen ließ. Antragsgemäß wurde M. zu einer Strafe von einem Jahr Gefängnis verurteilt, ausgesetzt zur Bewährung in vier Jahren. 17.000 Mark Schaden muss M. seinem ehemaligen Arbeitgeber, der Deutschen Bahn, ersetzen.

Um Ansehen gegenüber einer Frau, hauptsächlich jedoch um Geld ging es auch bei den Straftaten Peter T.'s alias »die Mumien« (siehe 3. Abschnitt), wenn zum Anfang der Ermittlungen auch politische Motive im Spiel zu sein schienen. Der der Erpressung der Bahn und des gefährlichen Eingriffs in den Bahnverkehr Beschuldigte wohnt in Dannenberg, und er kennzeichnete seine Anschläge mit dem Wort ATOM. Da schien die Nähe zu den Castor-Gegner auf der Hand zu liegen.

T. soll zu den Castor-Transporten (siehe auch 9. Abschnitt) viele gute und schlechte Argumente gehört haben. Er hielt sich öfter in einem Hüttendorf im Wendland auf, will »die Leute« tatkräftig mit Geld für Holz und Verpflegung unterstützt und mitdemonstriert haben. Wie sagte er es den Richtern am Landgericht Neuruppin? »Dannenberg ist ein Luftkurort, wir leben von den Touristen, und da setzen sie so ein Ding (Zwischenlager, Endlager - E. P.) dorthin. Ich stehe nach wie vor zu meiner Meinung über die Castor-Transporte. Ich zeige das auf andere Weise. Wie soll man das anders machen? Die Bundesbahn schickt nach wie vor die Scheiße über ihre Gleise.«

Für die Taten T.'s schien das Motiv offenkundig zu sein. Nein, die politische Absicht war es nicht, sondern eine Frau. Die hatte er 1993 beim Funken und bald auch richtig kennen gelernt. Zu ihr war ein inniges Verhältnis entstanden. Was das traute Zusammensein störte, waren weniger die Umstände, dass die Frau noch für zwei Kinder zu sorgen hatte und getrennt von ihrem Ehemann lebte, ohne sich scheiden zu lassen, sondern die prekären Geldverhältnisse.

Die Geldnot der beiden Arbeitslosen vergiftete die Atmosphäre. Sie stritten sich oft. Eine Zeugin erklärte, Peter T. habe Frau Gesine ausgehalten, doch wie sollte er das? Er hatte nicht viel zu bieten. Wenn es zwischen ihnen gedonnert hatte, setzte Gesine Peter vor die Tür. Er schlief im Auto wie ein treuer Hund vor dem Haus. Bei solcher Erniedrigung mag er die Idee geboren haben, seiner Gesine als vermögender Mann zu imponieren. Woher nehmen und nicht stehlen? Die Deutsche Bahn sollte ihn zum bürgerlichen Leben verhelfen. Das erpresste Geld war nicht, wie in vielen anderen Fällen, dazu gedacht, Schulden zu tilgen oder auf den Bahamas zu leben. Peter T.'s Lebensstil war äußerst bescheiden, wie es die Vorsitzende Richterin Dagmar Porath feststellte. Er suchte das Glück in der kleinen Familie; er wollte Geborgenheit. Er versuchte, aus der Umklammerung seiner Familie zu entkommen, aber das gelang ihm nicht.

Peter T. hatte im Gerichtssaal die Aussage zur Sache verweigert, sich aber während der Untersuchungshaft der Staatsanwältin Iris Müller-Lientzen anvertraut, die nun als Zeugin aussagte. Daher wissen wir, dass er das Motiv Machtgefühl (Ich kann Züge anhalten oder zusammenstoßen lassen) verneinte, vielmehr dachte: »Die sollen zahlen, weil das billiger ist als die Anschläge hinzunehmen.«

100.000 Mark hätten ihm genügt. Mit einem solchen Betrag hätte ihn, das fürchtete er, die Bahn als Erpresser nicht ernst genommen. Deshalb forderte er erst anderthalb, später zwei Millionen Mark. Nie hatte er die Absicht, Personen zu gefährden, dementsprechend waren die Anschläge angelegt. Und er verspürte Genugtuung, dass die Polizei ihn nicht fand.

Ein Mensch, der »wenig gerüstet für den Kampf mit dem Leben« war, wie es im Urteil hieß, wurde zum Schrecken der Deutschen Bahn, die nicht wissen konnte, wie harmlos oder fürchterlich der Erpresser ist. Hatte er schlechte Erinnerungen an die Eisenbahn, dass er sie als Objekt gesucht hatte? Die 1. Große Strafkammer am Landgericht Neuruppin hegte diese Vermutung, ohne dass sich eine Bestätigung fand.

Im ersten Mitleid für den intelligenten und auch, wenn er sich zum Sprechen entschloss, redegewandten Peter T. mag man denken, er sei ein Opfer der Wende geworden, der im Leben unter den veränderten gesellschaftlichen Verhältnissen keinen Tritt fand. Das ist voreilig geurteilt, denn T. war bereits in der DDR straffällig geworden. Mit seinem Bruder ging der bei einer Landwirtschaftlichen Produktionsgenossenschaft Beschäftigte des Nachts auf Raubzug, um Mopeds zu stehlen oder Autos zu knacken. T. war kriminiell – in der DDR hatte es niemand nötig, Eigentumsdelikte zu begehen; für jeden war gesorgt – und blieb es.

Anders Hans-Peter L. (der »Maggi-Erpresser«, siehe 1. Abschnitt). Er gehörte zu dem nicht einmal so kleinen Personenkreis, dem es nach 1990 nicht besser ging als zuvor. Der 1955 Geborene, Baumaschinist von Beruf, war bei der Nationalen Volksarmee Leiter eines Schießplatzes, danach in einem großen Baubetrieb angestellt. »Bau und Montage waren die schönste Zeit meines Lebens«, sagte L. 1999 dem Gericht in Magdeburg. 1991 musste der Betrieb ihm kündigen, im nächsten Betrieb hatte er auch wenig Glück, auch nicht im Folgenden, bei dem er sich das Gehalt beim Arbeitsgericht in Halberstadt erstreiten musste. Das Arbeitslosengeld reichte hinten und vorn nicht, die Wohnungsmiete und die Kreditraten für den Pkw blieb er einige Monate schuldig; der Geldmangel nagte an ihm.

Der Vorsitzende Richter gab sich fassungslos. Was L. als Motiv seiner Erpressungen vorbrachte, für ihn war es nicht nachvollziehbar. So groß waren die Schulden doch nicht. Wieso versuchte er Maggi um 100.000 Mark und die Deutsche Bahn um 50.000 Mark zu erpressen? Beabsichtigte L. ein Wohlleben? Zwei Welten saßen sich im Gerichtssaal gegenüber. Unten der Angeklagte mit 1000 Mark netto monatlich und ohne Job, ein verpfuschtes, weil perspektivloses Leben für einen Mann im besten Alter, der bisher unauffällig gelebt hatte, der seinen Unterhalt erarbeiten mochte, den aber niemand auf Dauer beschäftigen wollte. Oben der beamtete Richter mit dem vermutlich zehnfachen verfügbaren Einkommen und einem Arbeitsplatz auf Lebenszeit.

Für den Vorsitzenden Richter entbehrte die zu beurteilende Sache nicht einer gewissen Tragik. »Ihre vermessene Art der Geldübergabe nach dem Motto: Mich kriegt keiner! Wer aber den Brief gelesen hat, fragte sich: Was ist denn das für einer? Den kriegen sie wohl.« Der Empfänger der handgeschriebenen Post sollte denken, dass

Kein Zuschauer und nur wenige lokale Medien interessierten sich für den »gemeingefährlichen« Erpresser L. Foto: Preuß

das Angedrohte ernst gemeint ist. »Dass Sie kein Geld bekamen, war die Entscheidung der Erpressten, nicht Ihre!«, schleuderte der Richter dem Angeklagten entgegen. Der hatte ja nicht nur seinen Anteil gefordert, sondern wollte zur Tarnung neun weitere ganz Unbeteiligte beglücken und hatte – was man nicht vergessen soll – mit der Vergiftung von Lebensmitteln bzw. mit der Entgleisung von Zügen gedroht, weshalb der Vorsitzende Richter dem Erpresser vorhalten konnte: »Wer die Beute benennt, nicht nur 100.000 Mark, sondern mal zehn, also eine Million Mark, wer damit droht, dass andere Menschen zu Tode kommen, der ist gemeingefährlich. Wer es wagt, das zu sagen oder zu schreiben, der ist kein minderschwerer Fall.« Dementsprechend wurde L. hart bestraft. Man muss hinzufügen: Hätte L. nur 5000 Mark erpresst, wäre er erst recht unglaubwürdig geworden. Nur die Maximalforderung (»Nicht kleckern, sondern klotzen«) wird in unserer Gesellschaft beachtet.

Von ganz anderem Zuschnitt als der harmlos wirkende L. aus Thale war doch »Monsieur X« aus Freiburg, der erste Eisenbahnattentäter der Nachkriegszeit in der Bundesrepublik Deutschland, der seinen Drohungen schlimme Taten folgen ließ. Erste Vermutungen: Er konnte ein Eisenbahner sein. Der erste Erpresserbrief im Sommer 1975 war an die Bundesbahndirektion Karlsruhe adressiert, im Brief aber der Name des Bundesbahnbeamten Ziegler mit einer dienstlichen Rufnummer genannt, die in keinem öffentlichen Fernsprechverzeichnis enthalten war. Das veranlasste die Polizei, »Monsieur X« unter den Eisenbahnern zu suchen, und zwar in den Reihen rachedurstiger, verärgerter, »gefeuerter« oder krimineller Bundesbahnbediensteter.

Man nahm Hunderte von ihnen unter die Lupe, ging Personallisten mit den Namen sämtlicher Entlassener durch – ohne Ergebnis. Auch nach der Überprüfung

Berliner Zeitung · Nummer 11 · Donnerstag, 14. Januar 1999 9·

Vermischtes

Bahngleise werden weiter überwacht

Erpresser fordern Freilassung von festgenommenem Täter

FRANKFURT A. M., 13. Januar. Die Bahn wird wieder erpreßt. Unter dem Namen „Fanclub der Freunde der Eisenbahn" verlangen Unbekannte die Freilassung eines vor drei Wochen festgenommenen 46jährigen Bahnerpressers. Das bestätigte die Deutsche Bahn AG am Mittwoch. Ein Erpresserschreiben sei vor einer Woche in Köln eingegangen, teilten die Ermittler und das Unternehmen mit. Weitere Forderungen haben die Täter nach Bahnangaben nicht gestellt.

Kein Sprengsatz gefunden

Seit der von Anschlägen begleiteten Erpressung vor Weihnachten seien immer wieder Drohungen gegen das Unternehmen eingegangen, unterstrich Bahn-Sprecher

BKA-FAHNDUNG

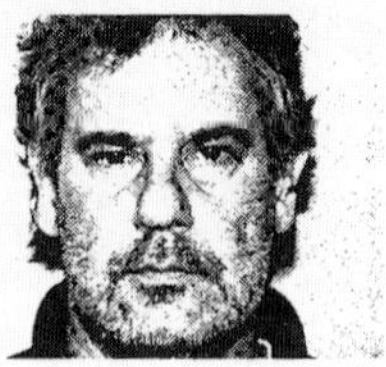

REUTERS

Klaus-Peter S.

Komplize gesucht

Im Zusammenhang mit der Festnahme des Bahnerpressers Klaus-Peter S. bittet das BKA um Hinweise auf Begleitpersonen. Jede Polizeidienststelle nimmt die Hinweise entgegen.

mern ein schwedischer Güterzug entgleist und Millionenschaden entstanden. Der 46jährige hatte seine Schreiben mit „Freunde der Eisenbahn" unterzeichnet, der „Fanclub" bezog sich in dem jetzt eingegangenen Brief offenbar darauf. Die Ermittler gehen davon aus, daß es sich im jüngsten Fall um eine Tat von „Trittbrettfahrern" handelt. Es werde aber weiter geprüft, ob ein Zusammenhang zu der spektakulären Erpressung und den Anschlägen von 1998 bestehe, sagte ein Sprecher der Kölner Polizei.

In dem damaligen Fall sucht das Bundeskriminalamt (BKA) jetzt nach einem weiteren Verdächtigen. Ein BKA-Sprecher sagte: „Es muß einen zweiten Mann geben."

In Nürnberg wurde am Dienstag

Ausriss aus der »Berliner Zeitung (Nr. 11, v. 14.1.1999): Wie Bilder täuschen: Auf dem Reuters-Foto sah S. wie ein Gangster aus, im Gerichtssaal mehr wie ein betulicher Familienvater.

von über 3000 Schreibmaschinen wusste die Bahnpolizei nur, dass keiner der Erpresserbriefe auf einer dieser DB-Maschinen geschrieben worden sein konnte.

Wie wir bereits wissen, war nicht der Zorn auf die Deutsche Bundesbahn das Motiv des Hermann K. alias Monsieur X, sondern allein das Geld. K. war gelernter Buchdrucker und betrieb in Freiburg einen Handel mit sowie die Herstellung von Aquarienartikeln. Das schönste Vergnügen dieses Händlers war das Spiel am Roulette. Er hatte ein »Unverlierbares System« erdacht und versuchte es zu perfektionieren. Seit 1967 besuchte er die Spielbank in Baden-Baden, wo er die Permanenzen mitschrieb und auswertete. Für Gewinn bringende Serien hätte er lange mithalten müssen. Doch dafür fehlte ihm das Geld.

Er fuhr in unterschiedlichen Abständen nach Baden-Baden. Als K. gefasst worden war, ermittelte die Kriminalpolizei anhand der Aufzeichnungen der Spielbank, dass immer dann ein Anschlag auf die Bahn stattfand, wenn K. die Spielbank aufgesucht hatte, was sicherlich kein Zufall war. Sie brauchte solche Zusammenhänge für die Schlüssigkeit ihres Ermittlungsverfahrens, denn K. bestritt jegliche Beschuldigung.

Ums Geld ging es auch beim Attentat am 18. Dezember nahe Klein Bünzow, wo »Freunde der Eisenbahn« einen Güterzug entgleisen ließen (siehe 2. Abschnitt). Der 46-jährige Klaus-Peter S., der bei der versuchten Geldübernahme gefasst wurde, hatte ein bewegtes Leben hinter sich. Der in Lüneburg Geborene erinnerte sich einer guten Kindheit unter fünf Geschwistern. 1961 fuhr der Vater mit ihm und dem jüngeren Bruder nach Magdeburg und blieb gleich in der DDR. Arbeitete er für das Ministerium für Staatssicherheit, und der Boden in Lüneburg war zu heiß geworden? Der Vater zog mit seiner Familie in einen Bauernhof bei Stralsund und 1964 nach Berlin um.

Klaus-Peter S. wurde Kraftfahrer, qualifizierte sich zum Kesselwärter und in einer zweiten Berufsausbildung zum Maschinisten, wurde sogar Meister. Der psychologischen Sachverständigen Ramona Jahn erzählte er etwas von geheimdienstlichen Verpflichtungen und von Auslandsmontage. Nach einer missglückten Ehe wollte er mit seinem Bruder die DDR verlassen, auch die Republikflucht scheiterte. S. wurde 1983 nach dem Westen abgeschoben, sein Vater lebte bereits als Rentner in Schleswig-Holstein.

Nach der Grenzöffnung kam Klaus-Peter S. nach Sachsen, gründete eine Firma für Abriss und Entsorgung von Bauschutt, die 1996 in Konkurs ging. Auch die folgende Firma und ein Immobilienverwertungsunternehmen brachte nichts als Schulden. 1996 lernte er seine zweite Ehefrau Annegret kennen, die sein gewinnendes Auftreten und den Mann von Welt an ihm schätzte. Die Yacht an der kroatischen Adria, Mercedes und Jaguar hinter dem schönen Haus (in das vorn die Gerichtsvollzieher eintraten) und die Hoffnung auf viel Geld aus Belgien und Amerika mögen der Frau aus Chemnitz gefallen haben, die nach einem Betrug an Klienten eines Immobilien- und Schein-Kreditunternehmens ebenfalls verschuldet war. Die Schulden der Familie hatten sich auf sieben Millionen Mark angehäuft; sogar das Telefon hatte die Telekom abgestellt.

Warum sich S. die Deutsche Bahn aussuchte, um an frisches Geld zu kommen und damit wieder ein großer Mann zu sein und gesellschaftlich etwas darzustellen (nur mit Geld ist man heutzutage etwas wert), erhellte der Prozess am Landgericht Berlin nur unvollkommen. Vermutlich erinnerte er sich seiner Fähigkeiten, als er ein Jahr lang Gleisbauarbeiter war. Oder meinte er, nach der Katastrophe von Eschede mit Drohungen leichtes Spiel mit der Deutschen Bahn zu haben? Eine weitere Katastrophe der Art von Eschede wollte die sich bestimmt nicht leisten. Der Bahnvorstand werde schon zahlen, wenn man das »zweite Eschede« an die Wand male.

Für zehn Millionen Mark musste ein Zug entgleisen – bei Klein Bünzow am 18. Dezember 1998.
Foto: BGS/Slg. Pausch

Der Anwalt der Nebenkläger – das waren die Lokomotivführer der von den Attentaten betroffenen Züge – wusste die Gemeingefährlichkeit des S. herauszustellen, der Geld um jeden Preis und dafür auch die Entgleisung eines Zuges wollte. Der Anschlag in Uchtspringe reichte nicht. Ohne danach mit der Bahn Kontakt aufzunehmen, ließ er bei Klein Bünzow den Güterzug entgleisen.

Für den Verteidiger von S. stand der Mandant »in einem Spannungsfeld dubioser Figuren«, war und ist er von einer Krankheit gezeichnet. Während der Plädoyers kursierte unter den Prozessbeobachtern das Gerücht, die Ehefrau Annegret S. habe bei dem Geldanlagenbetrug eine Millionen Mark auf die Seite geschafft. Klaus-Peter S. habe ihr mit noch mehr Geld imponieren wollen. Wahrheit oder Phantasie?

Der merkwürdige, sich über Monate hinziehende Prozess ließ einige Zweifel offen. Zwar resümierte der Vorsitzende Richter Achim Sachs in seiner mündlichen Urteilsbegründung die perfide Taktik des Angeklagten, der die Untersuchungs- und Justizbehörden an der Nase herumgeführt hatte, auf einige Merkwürdigkeiten ging der Richter allerdings nicht ein, wie die Mitwisserschaft der Ehefrau. Die Vorkehrungen, um das angeblich aus Belgien nach Italien überwiesene Geld zu transportieren, waren doch höchst merkwürdig.

Für das Gericht war Klaus-Peter S. der raffinierte, von der Jagd nach Geld getriebene Alleintäter, der auf dem Bodensatz von Tatsachen sein Phantasiegebäude baute. Zu diesen gehörte die aus vier Tschechen oder Russen oder Ukrainer, mit Kalaschnikows bewaffnete Gruppe, die ihn in einem weißen VW – oder war es ein grauer Sintra? – begleitete und zu den Straftaten nötigte. Er nannte Phantasiepersonen, die niemand kannte, schließlich seine ehemaligen Klassenkameraden und endlich, als die keineswegs Tatbeteiligte sein konnten, Personen aus seiner Umgebung, sogar seine Ehefrau als die Drahtzieherin. Für Richter Sachs passte sich der Angeklagte den jeweiligen Ermittlungsergebnissen und Erfordernissen des Verfahrens an.

Klaus-Peter S. machte seine Menschen verachtende Einstellung, gepaart mit der Frechheit, als »Freunde der Eisenbahn« die soziale Ader, etwa Solidarität mit entlassenen Eisenbahnern, zu zeigen, keinen Hehl, wenn er die Deutsche Bahn erpresste. Für den bedingten Tötungsvorsatz – der Zug, ob ICE oder Güterzug, musste entgleisen –, bei den Anschlägen auf empfindliche Bereiche des gemeinschaftlichen Zusammenlebens konnte die Strafkammer nur die Höchststrafe, die lebenslange Freiheitsstrafe, verhängen.

Eine »reife Leistung« nannte der Vorsitzende Richter den Umstand, dass er beim versuchten Mord vier Mordmerkmale (habgierig, aus niedrigen Beweggründen, heimtückisch und gemeingefährlich) gleichzeitig verwirklicht habe. In seiner dreißigjährigen Justizpraxis habe er das noch nicht erlebt. Sichtlich verärgert schien das Gericht über die unzähligen Beweisanträge und die aufgetischten Versionen zu den Tätern, die das Verfahren in die Länge zogen.

Wer Klaus-Peter S. auf der Anklagebank beobachtete, konnte nicht glauben, dass das ein gemeingefährlicher Verbrecher sein sollte, der sich die Erpressung und die Anschläge auf den Zugverkehr allein ausgedachte hatte und deswegen allein unterwegs war. Für Komplizen – Mitwisser ausgenommen – gab es kaum Anhaltspunkte. Die Gier nach Geld hatte den Mann aus Sachsen gründlich verdorben. Vorbei der Traum von einem Restaurant und den Bootsverleih auf Teneriffa, den er seinem Schwager eingeredet hatte.

Otto Schlesinger, einer der Attentäter von Leiferde (siehe 5. Abschnitt), entsprach ebenfalls keineswegs den landläufigen Vorstellungen, die man sich von einem asozia-

Lokaltermin bei Leiferde: Otto Schlesinger zeigt die Stelle, wo er die Laschen löste. Slg. Hörnemann

len Verbrecher machte, wie ihn eine zeitgenössische Zeitung ihren Lesern hinstellte. Schlesinger hatte das Realgymnasium bis zur Obertertia und anschließend die Musikschule in Bamberg, die Musikhochschule in Stuttgart und ein Konservatorium in Leipzig besucht. In Altenburg war er Korrepetitor, um sich zum Kapellmeister ausbilden zu lassen.

Wegen des Todes seines Vaters musste er die Ausbildung aufgeben und wurde schließlich als Zwanzigjähriger für 150 Mark Monatsgehalt Kapellmeister am Theater in Neuhaldensleben. Die nächste Station war Stuttgart, wo er als Musiklehrer bei der Familie eines Großindustriellen sein Geld verdiente. Als der Hausherr erfuhr, dass Schlesinger der Gemahlin nicht nur das Klavierspielen beibrachte, wurde er entlassen und ging auf die Walz. Sie bedeutete seinen sozialen Abstieg. »Es ist einer, dem das Schicksal einen Stein in den Weg legte«, schrieb eine Berliner Zeitung.

Walter Weber, den Schlesinger am 3. Juni 1926 im Obdachlosenasyl Friedrichshafen kennen gelernt hatte, war ebenfalls kein geborener Verbrecher. Weber hatte das Gymnasium bis zur siebenten Klasse besucht und ging in die kaufmännische Lehre. Da er für Musik talentiert war, gab er die Lehre auf und wurde Musiker in der trügerischen Hoffnung, damit könne man gut Geld verdienen. Weber glaubte, als Musiker während der Feriensaison in der Schweiz sein Auskommen zu finden. Gefehlt; wegen Vagabundierens wurde er über die Grenze abgeschoben.

Wie bereits geschildert, kamen beide weniger auf den Gedanken, einen Zug zu berauben, um reiche Männer zu werden, sondern die Hoffnungslosigkeit, die Not trieb sie – »die Unmenschen« (Zeitungszitat!) – zur Tat, die sie von der Not befreien sollte. Das »Berliner Tageblatt« fand Mitlied mit den Attentätern. Als einer gefragt wurde,

Das Attentat von Leiferde hatte bereits während der Gerichtsverhandlung seinen antisemitischen Aspekt. In dem im von der Reichsleitung der NSDAP zusammengestellten »Lexikon der Juden in der Musik« ist Otto Schlesinger ebenfalls genannt. Theo Stengel von der Reichsmusikkammer konnte sich nicht verkneifen, auf das Attentat und den Gnadenakt hinzuweisen.

† **Schlesinger, Otto,** * Stuttgart 7. 1. 1905, erst KM, dann UntM (K), bekannt als Anstifter und Haupttäter des furchtbaren Eisenbahnunglücks bei Leiferde (Hannover) in der Nacht vom 18. zum 19. August 1926, welches 21 Tote, 40 Verletzte, sowie einen Sachschaden von über 100 000 Mark forderte; wurde durch Entscheidung des Schwurgerichts in Hildesheim am 4. 11. 1926 zum Tode verurteilt, jedoch durch Erlaß des Preußischen Staatsministeriums vom 27. 5. 1927 zu lebenslänglichem Zuchthaus begnadigt. Unter den Eingaben, die für Schlesinger gemacht worden sind, befindet sich auch ein Begnadigungsgesuch der Kunstgrößen der Verfallszeit mit dem jüdischen Maler und seinerzeitigen Präsidenten der Preußischen Akademie der Künste, Max Liebermann, an der Spitze, das u. a. auch von den Musik-Juden Siegfried Ochs, Artur Schnabel und Adolf Weißmann mitunterzeichnet ist.

warum er sich denn nicht um Arbeit bemüht habe, und als die knappe, halb geseufzte Antwort »Und ob!«, kam, ahnte auch der Journalist etwas von den größeren Zusammenhängen. Er schrieb, die Antworten des Angeklagten ließen erkennen, wie viel unsere Wirtschaftsordnung diesen Unglücklichen (!) schuldig geblieben ist. Der »Vorwärts« meinte: »Verständlich wird aber das Verbrechen allein aus der Psychologie der Landstraße und des Asyls für Obdachlose. Die Tragik der Arbeitslosigkeit und der Walze klagte in dem schwermütigen Erzählen der Angeklagten bewegt Gesellschaft und Staat an.« Man mag Mitleid fühlen, wenn man sich mit den Tätern der Produkterpressungen und ihren Motiven beschäftigt. Die mit der Erpressung einhergehenden Attentate berühren jedoch die Gesellschaft an ihrem Lebensnerv. Das Gemeinwesen ist in Gefahr, wenn die Attentate auf die Züge eine allgemeine Furcht ausgelöst hätten und die Züge gemieden worden wären, weil jedermann befürchtet, Opfer eines Anschlags zu werden. Das gilt genauso für Attentate auf Flugzeuge, Schiffe, Straßen. Ob Notlage oder Geldgier die Täter zu den Verbrechen treiben, die Gesellschaft muss sich wehren.

Quellen- und Literaturverzeichnis

Amelung, Nicole: Die Oetker-Entführung. Geständnis des Dieter Zlof: die Geschichte der 21-Millionen-Erpressung. Neuss 1997

Balzert, Rudolf und Rettinghaus, Helmut: Die Bahnpolizei. Eine Chronik. Vom Flügelrad zum Bundesadler, Groß Umstadt 1986

Bühler, Fritz: 250 000.– DM von »Wendelin«. In: Kriminalistik, Zeitschrift für die gesamte Kriminalistik, Wissenschaft und Praxis, Hamburg/Heidelberg, Seiten 413 ff.

Chlastacz, Michel und Viall, René: Tain-l'Hermitage und Marseille, Les attentats qui ont endeuillé la Saint-Sylvestre (Die Anschläge vom Silvesterabend). In: La vie du rail, Paris

Eik, Jan, und Mittmann, Wolfgang: Tatort Eisenbahnunterführung. Das seltsame Attentat von Burkau. Entstehung und Demontage einer Legende. Originalfeature. 1994

Funke, Arno: Mein Leben als Dagobert, Berlin 1998

Gennat: Denkschrift, Berlin 1932

Haehling von Lanzenauer, Reiner: Der Eisenbahnattentäter Monsieur X, Heidelberg 1980

Hadrmeier, Werner, Schneider, Ascanio: Direttissima Italien, Zürich und Wiesbaden 1989

Heiges, Karl: Der Bahnschutz ruft! Baruth (Mark) 1937

Heinrich, O. F.: Fahrt frei für FD 122. Die Geschichte eines Jungen, der einen Zug aufhält, Stuttgart 1950

Jacobs, Peter: Spuren ins Dunkle. Attentate und Attentäter zwischen Dallas und Rom, Berlin 1986

Jäger, Alfred: Bombendrohungen, Sprengstoff- und Brandanschläge auf Unternehmen, Köln 1988

Kaul, Friedrich Karl: Es knistert im Gebälk, Berlin 1961

Mittmann, Wolfgang: Fandung. Große Fälle der Volkspolizei, 1998

Pintér, István: Matuska, Schweinitzer és áldozat. In: Tükör, Budapest 1981

Prodöhl, Günter: Kriminalfälle ohne Beispiel. 1. Folge. Berlin 1963

Ritzau, Hans-Joachim: Katastrophen der deutschen Bahnen, Teil I und II, Pürgen 1992 und 1993

Ritzau, Hans-Joachim: Schatten der Eisenbahngeschichte, Pürgen 1987

Schläpfer und Hardegger: Erpreßte - Polizei - Erpresser. In: Kriminalistik, Hamburg/Heidelberg 1979

Schmidt, Werner: Achtung! … hier spricht der Erpresser »Dagobert«, Berlin 1994

Strauß, Walter: Rädersang und Schienenklang. 25 Lebenslieder der Lokomotive nebst einaktigen Festspiel. Berlin 1928

Weber, Max Maria von: Die Technik des Eisenbahnbetriebes in Bezug auf die Sicherheit desselben. Leipzig 1854

Preußische Staatseisenbahnen, Dienstanweisung für Schaffner, 1912

Zeitungen und Zeitschriften:
Berliner Tageblatt vom 18. Juni 1932
Berliner Zeitung vom 17./18. Oktober 1998
Der Montag, Berlin, vom 20. Juni 1932
Der Spiegel, Hamburg, 13/1976, S. 308 f., 23/1977, Seite 126 f., 33/1980, S. 82 f.
Deutsche Allgemeine Zeitung vom 14. Juni 1932
Deutsche Verkehrs-Zeitung, Hamburg, vom 6. März 1997
Die Reichsbahn, Berlin 1931, Ausgabe vom 12. August; 1932, Ausgabe vom 13. Januar
Die Woche, Hamburg 1999, vom 22. Januar 1999
DIE ZEIT, Hamburg, vom 16. März 1979
Horizont, Berlin 1982, mit der überarbeiteten Übersetzung des Beitrags von István Pintér in »Tükör«
Stern, Hamburg, 30. Dezember 1998
Süddeutsche Zeitung, München, Jahrgang 1975 und 1977
Unfallmeldedienst und Unfallhilfe im Ernstfalle. In: Der Eisenbahnfachmann, Berlin 1932 Seiten 564 - 567
Und weitere Tageszeitungen
Andere Quellen:
Deutsche Reichsbahn-Gesellschaft: Die Deutsche Reichsbahn im Geschäftsjahr 1925 (1. Oktober 1924 bis 31. Dezember 1925), Berlin 1926
Bundesarchiv (BA) DM 1-1422, DM 1-2836, DM 1-2838

Verzeichnis der Ortsnamen